▲ Chapter 18 综合案例：品牌鞋包电商广告设计

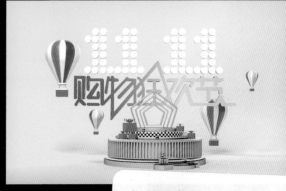

▲ Chapter 20 综合案例

▲ Chapter 17 综合案例：洗护用品展示广告

▲ Chapter 19 综合案例：汽车产品展示设计

▲ 实例 使用【灯光】【区域光】制作夜晚休息室灯光

▲ 实例 使用【IES 灯】制作射灯

中文版 Cinema 4D R21 从入门到精通
（微课视频 全彩版）
本书精彩案例欣赏

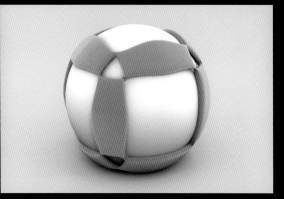

▲ 实例：使用【收缩包裹】制作创意小球

▲ 实例：使用【反射】制作彩色渐变化妆品材质

▲ 实例：使用几何体艺术组合模型

▲ 实例：使用【反射】【透明】制作玻璃、浅黄色香水、花朵材质

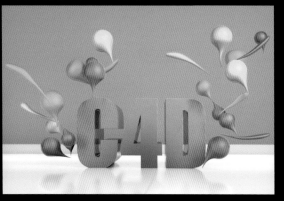

▲ 实例：制作烤漆材质

▲ 实例：使用铁锈贴图制作艺术陶瓷花瓶

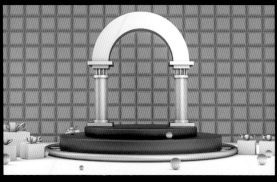

▲ 实例：使用【反射】制作金色金属材质

▲ 实例：使用【反射】制作塑料材质

▲ 实例：使用关键帧动画制作 LOGO 动画

▲ 实例：使用关键帧动画制作球体变形动画

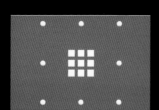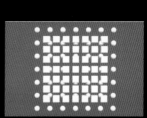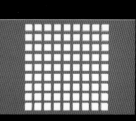

▲ 实例：使用关键帧动画制作球体和立方体动画

▲ 实例：使用关键帧动画制作融球动画

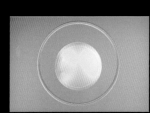

▲ 实例：使用关键帧动画制作位移和旋转动画

▲ 实例：使用【破碎】制作地面破碎效果

  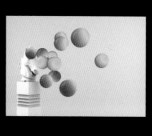 

▲ 实例：使用【发射器】【风力】【湍流】制作炫彩粒子球

▲ 实例：使用【发射器】【风力】制作广告

▲ 实例：使用【发射器】【样条约束】制作心形花瓣动画

 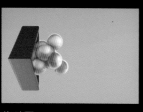 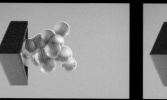 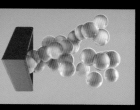

▲ 实例：使用【发射器】制作吹泡泡动画

▲ 实例：使用【发射器】制作橘子掉落效果

   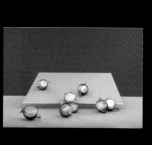

▲ 实例：使用【刚体】【碰撞体】制作掉落的茶壶

唯美

中文版Cinema 4D R21
从入门到精通
（微课视频　全彩版）

157集视频讲解+**手机扫码**看视频+**在线交流**

☑电商广告设计灵感集锦☑常用贴图☑配色宝典☑Cinema 4D快捷键索引
☑色谱表☑Photoshop基础视频☑3ds Max基础视频☑快捷键速查
☑工具速查

唯美世界　曹茂鹏　编著

中国水利水电出版社
www.waterpub.com.cn
·北京·

内 容 提 要

《中文版 Cinema 4D R21 从入门到精通（微课视频 全彩版）》基于 Cinema 4D R21 版本，系统讲述了 Cinema 4D 三维绘图的基本操作和建模、动画、渲染、角色、粒子、插画等核心技术，以及 Cinema 4D 在电商广告设计、影视动画设计、CG 游戏、室内设计等诸多领域中的实际应用，是一本 Cinema 4D 的完全自学教程，也是一本视频教程。全书共 20 章，其中第 1～8 章详细介绍了 Cinema 4D 各工具和命令的使用方法及多种建模方式，包括内置几何体建模、样条建模、生成器建模、变形器建模和多边形建模等；第 9～11 章详细介绍了摄像机与渲染器的设置、灯光与环境的创建、材质与贴图的应用；12 章详细讲解了 Cinema 4D 中比较有特色的工具，即运动图形；第 13～16 章，主要讲解了动画功能，包括关键帧动画、炫酷的粒子、趣味动力学、角色与毛发；第 17～20 章则通过 4 个具体的大型设计案例完整展示了使用 Cinema 4D 进行实际项目设计的全过程。

《中文版 Cinema 4D R21 从入门到精通（微课视频 全彩版）》的各类学习资源有：

（1）157 集同步视频 + 素材源文件 + 手机扫码看视频。

（2）赠送《电商广告设计灵感集锦》《常用贴图》《配色宝典》《色谱表》《Cinema 4D 快捷键索引》等电子书。

（3）赠送《Photoshop 必备知识点视频精讲（146 集）》《Photoshop CC 常用快捷键速查表》《Photoshop CC 常用工具速查表》《3ds Max 基础视频（72 集）》。

《中文版 Cinema 4D R21 从入门到精通（微课视频 全彩版）》适合作为三维设计初学者的自学教材，也可作为相关学校、培训机构的教学用书，还可作为对 Cinema 4D 有一定使用经验的读者的参考书。Cinema 4D R22、Cinema 4D R20、Cinema 4D R19、Cinema 4D R18、Cinema 4D R17 等版本的读者也可参考学习。

图书在版编目（CIP）数据

中文版 Cinema 4D R21 从入门到精通：微课视频：全彩版 / 唯美世界，曹茂鹏编著 . — 北京：中国水利水电出版社，2021.1

ISBN 978-7-5170-9064-9

Ⅰ . ①中… Ⅱ . ①唯… ②曹… Ⅲ . ①三维动画软件—教材　Ⅳ . ①TP391.414

中国版本图书馆 CIP 数据核字 (2020) 第 213649 号

丛 书 名	唯美
书　　名	中文版Cinema 4D R21从入门到精通（微课视频 全彩版） ZHONGWENBAN Cinema 4D R21 CONG RUMEN DAO JINGTONG
作　　者	唯美世界　曹茂鹏　编著
出版发行	中国水利水电出版社 （北京市海淀区玉渊潭南路1号D座 100038） 网址：www.waterpub.com.cn E-mail: zhiboshangshu@163.com 电话：（010）62572966-2205/2266/2201（营销中心）
经　　售	北京科水图书销售中心（零售） 电话：（010）88383994、63202643、68545874 全国各地新华书店和相关出版物销售网点
排　　版	北京智博尚书文化传媒有限公司
印　　刷	北京天颖印刷有限公司
规　　格	203mm×260mm　16开本　23.25印张　846千字　2插页
版　　次	2021年1月第1版　2021年1月第1次印刷
印　　数	0001—6000册
定　　价	99.80元

前　言

Preface

Cinema 4D是一款著名的三维设计软件，广泛应用于电商广告设计、CG设计、影视特效、三维动画、产品设计、室内设计、建筑设计、多媒体制作、游戏等领域，其中将Cinema 4D用于电商广告设计、影视动画等制作的用户人群最多。随着计算机技术的不断发展，Cinema 4D软件也不断向智能化和多元化方向发展。

本书以Cinema 4D R21版本为基础进行编写，通常低版本的Cinema 4D软件也能打开高版本的Cinema 4D文件。但是建议读者安装与本书同样的软件版本以便更好地使用本书文件，若版本过低，在打开本书文件时，有可能会出现错误。

本书显著特色

1. 配套视频讲解，手把手教你学习

本书配备了157集同步教学视频，涵盖全书所有实例和重要知识点，如同老师在身边手把手教你，可以让学习更轻松、更高效。

2. 二维码扫一扫，随时随地看视频

本书重要知识点和实例均录制了视频，并在书中的相应位置处设置了二维码。通过扫码，读者可以随时随地在手机上看视频（若个别手机不能播放，可下载后在计算机上观看）。

3. 内容非常全面，注重学习规律

本书涵盖了Cinema 4D常用工具、命令常用的相关功能；同时采用"知识点+实例+综合案例+技巧提示"的模式编写，符合轻松易学的学习规律。

4. 实例非常丰富，强化动手能力

大、中、小型实例共117个，实用性强。通过实例加深印象，熟悉实战流程。最后4章的大型商业综合案例则是为将来的设计工作奠定基础。

5. 案例效果精美，注重审美熏陶

Cinema 4D只是工具，设计好的作品一定要有美的意识。本书实例案例效果精美，目的是加强对美感的熏陶和培养。每个案例都精挑细选，唯美大气、赏心悦目。

6. 配套资源完善，便于深度、广度拓展

除了提供配套视频和素材源文件外，本书还根据设计师必学的内容赠送了大量教学与练习资源，具体如下：

（1）《电商广告设计灵感集锦》《常用贴图》《配色宝典》《色谱表》《Cinema 4D快捷键索引》。

（2）Photoshop是设计师必备软件之一，是抠图、修图、效果图制作的主要工具。为了方便读者拓展学习，本书特赠送了《Photoshop必备知识点视频精讲（146集）》《Photoshop CC常用快捷键速查表》《Photoshop CC常用工具速查表》。

（3）3ds Max是三维设计师必备软件之一，是建模、渲染、动画的主要工具。为了方便读者拓展学习，本书特赠送了《3ds Max基础视频（72集）》。

（本书不附带光盘，以上所有资源均需通过下面"本书服务"中介绍的方式下载后使用）

7. 专业作者心血之作，经验技巧尽在其中

作者系艺术学院讲师、Adobe® 创意大学专家委员会委员、Corel中国专家委员会委员、CSIA中国软件行业协会专家委员会委员、中国大学生广告艺术节学院奖评审委员，设计、教学经验丰富。作者将大量的经验技巧融于书中，可以提高读者的学习效率，少走弯路。

8. 定制学习内容，短期内快速上手

Cinema 4D功能强大，命令繁多，全部掌握需要较长时间。如果想在短期内学会使用Cinema 4D进行效果图制作的基础知识，可优先学习目录中标注【重点】的内容。

9. 提供在线服务，随时随地可交流

本书提供公众号、QQ群等多渠道互动、答疑、下载服务。

本书服务

1. Cinema 4D R21软件获取方式

本书提供的下载文件包括教学视频和源文件等，教学视频可以演示观看，源文件可以用来查看实例的最终效果。要按照书中实例操作，必须先安装Cinema 4D软件。读者可以通过如下方式获取Cinema 4D R21简体中文版：

（1）登录https://www.maxon.net/zh网站下载试用版本，也可购买正版软件。

（2）可到网上咨询、搜索购买方式。

2. 关于本书资源获取方式和相关服务

（1）关注右侧的微信公众号（设计指北），然后输入"C4D09064"，并发送到公众号后台，即可获取本书资源的下载链接。将此链接复制到计算机浏览器的地址栏中，根据提示下载即可。

（2）加入本书学习QQ群：635929202（请注意加群时的提示，并根据提示加群），可在线交流学习。

说明：为了方便读者学习，本书提供了大量的素材资源供读者下载，这些资源仅限于读者个人学习使用，不可用于其他任何商业用途；否则，由此带来的一切后果由读者个人承担。

关于作者

本书由唯美世界组织编写，曹茂鹏、瞿颖健承担主要编写工作，其他参与编写的人员还有瞿玉珍、董辅川、王萍、杨力、瞿学严、杨宗香、曹元钢、张玉华、李芳、孙晓军、张吉太、唐玉明、朱于凤等。

最后，祝读者在学习路上一帆风顺！

编　者

目 录
Contents

扫一扫，看视频

认识Cinema 4D R21

本章内容简介

　　本章是开启Cinema 4D世界的第1章，在这里我们需要简单了解Cinema 4D的应用方向，认识在各个领域都能大放异彩的Cinema 4D。因为Cinema 4D是一款三维制图软件，所以其工作流程较为特殊，本章即熟悉一下Cinema 4D的工作流程。

重点知识掌握

- 熟悉Cinema 4D的应用领域
- 了解Cinema 4D的创作流程

通过本章学习，我能做什么?

　　本章主要带领大家初步认识Cinema 4D，了解其应用领域，以及在学会Cinema 4D之后可以从事的相关行业。

佳作欣赏

1.1 Cinema 4D R21 的应用领域

Cinema 4D R21 的功能非常强大，适用于多个领域，包括电商广告设计、建筑设计、工业产品设计、栏目包装、影视动画、游戏、插画等。

1.1.1 Cinema 4D R21 应用于电商广告设计

Cinema 4D最常用于制作电商广告设计，其强大的渲染功能可使电商产品更具吸引力。图1-1～图1-4所示为本书最后讲解的电商广告相关案例效果。

图1-1　　　　　　　图1-2

图1-3　　　　　　　图1-4

1.1.2 Cinema 4D R21 应用于建筑设计

建筑设计一直是蓬勃发展的行业，随着数字技术的普及，建筑行业对于效果图制作的要求越来越高，不仅要求逼真，而且要具有一定的艺术感和审美价值，而Cinema 4D正是建筑效果图表现的不二之选。图1-5和图1-6所示为优秀的建筑效果图作品。

图1-5　　　　　　　图1-6

1.1.3 Cinema 4D R21 应用于工业产品设计

随着经济的发展，产品的功能性已经不是吸引消费者的唯一要素，产品的外观在很大程度上能够提升消费者的好感度。因此，产品造型设计逐渐成为近年来的热门行业，使用Cinema 4D可以进行产品造型的演示和操作功能的模拟，大大提升产品造型展示的效果和视觉冲击力。图1-7和图1-8所示为优秀的产品造型设计作品。

图1-7　　　　　　　图1-8

1.1.4 Cinema 4D R21 应用于栏目包装

栏目包装可以说是节目、频道"个性"的体现，成功的栏目包装能够突出节目特点，确立栏目品牌地位，增强辨识度。栏目包装的重要性不言而喻。对于影视栏目包装的从业人员，需要使用影视后期制作软件After Effects制作影视特效，很多时候为了使栏目包装更吸引观众眼球，3D元素的运用也是必不可少的。3D元素的制作就可以使用Cinema 4D。图1-9和图1-10所示为优秀的栏目包装作品。

图1-9

图1-10

1.1.5 Cinema 4D R21 应用于影视动画

随着3D技术的发展，3D元素被越来越多地应用到电影和动画作品中，广受人们欢迎。Cinema 4D由于其在造型及渲染方面的优势，不仅可以制作风格各异的卡通形象，而且能够用来模拟实际拍摄时无法实现的效果。图1-11和图1-12所示为优秀的影视动画效果。

图 1-11　　　　　　　　　图 1-12

1.1.6　Cinema 4D R21应用于游戏

游戏行业一直是3D技术应用广泛的先驱型行业，随着移动终端的普及和硬件技术的发展，从计算机平台到手机平台，用户对于3D游戏视觉体验的要求也越加提升，由此带来的是精美的3D角色和场景、细腻的画质、绚丽的视觉特效等。从角色到道具，再到场景，这些3D效果的背后都少不了Cinema 4D的身影。图1-13和图1-14所示为优秀的游戏作品。

图 1-13　　　　　　　　　图 1-14

1.1.7　Cinema 4D R21应用于插画

插画设计不算是一个新的行业，但是随着数字技术的普及，插画绘制的过程更多地从纸上转移到计算机上。伴随着3D技术的发展，三维插画也越来越多地受到插画师的青睐。使用Cinema 4D可以轻松营造真实的空间感和光照感，更能制作出无限可能的3D造型。图1-15和图1-16所示为优秀的3D插画作品。

图 1-15　　　　　　　　　图 1-16

[重点] 1.2　Cinema 4D的创作流程

Cinema 4D的创作流程主要包括建模、渲染、灯光材质贴图、动画、渲染作品5大步骤。

1.2.1　建模

在Cinema 4D中要想制作出效果图，首先需要在场景中制作出3D模型，该过程就称为建模。建模的方式有很多，如利用Cinema 4D常见几何体创建立方体、球体等常见几何形体，利用多边形建模制作复杂的3D模型，利用"样条"制作一些线形的对象等。关于建模方面的内容可以学习本书建模章节（第4 ～ 8章），如图1-17所示。

图 1-17

1.2.2　渲染

要想得到精美的3D效果图，渲染是必不可少的一个步骤。简单来说，渲染就是将3D对象的细节、表面的质感、场景中的灯光呈现在一张图像中的过程。在Cinema 4D中，通常需要使用某些特定的渲染器来实现逼真效果的渲染。在渲染之前需要进行渲染设置，切换到相应渲染器之后才能使用其特有的灯光、质材等功能。这部分知识可以在本书第9章中学习，如图1-18所示。

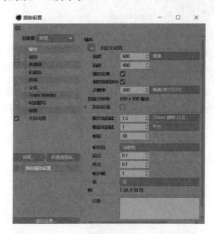

图 1-18

1.2.3　灯光材质贴图

模型建立完成后Cinema 4D的工作就完成了吗？并没有，3D的世界里不仅要有3D模型，而且要有灯光，没有灯光的

3

世界是一片漆黑的。灯光的设置不仅能够照亮3D场景，更能够起到美化的作用。除此之外，还需要对3D模型表面进行颜色、质感、肌理等属性的设置，以模拟出逼真的模型效果。这部分可以在本书第10～11章中学习，如图1-19所示。

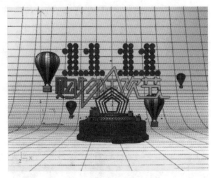

图 1-19

1.2.4 动画

Cinema 4D具有非常强大的"动画"功能，不仅可以制作简单的位移动画、缩放动画，而且可以制作角色动画、动力学动画、粒子动画等。这些功能常用于制作电商广告动画、产品演示动画、栏目包装动画、影视动画、建筑浏览动画。这部分知识可以在本书第13～16章中学习，如图1-20所示。

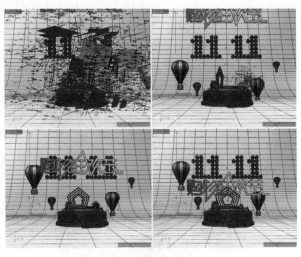

图 1-20

1.2.5 渲染作品

经过了建模、渲染、灯光材质贴图、动画的制作，下面可以进行场景的渲染，单击【渲染到图片查看器】按钮，即可对画面进行渲染。最终效果如图1-21所示。

图 1-21

中文版Cinema 4D R21从入门到精通（微课视频 全彩版）

扫一扫，看视频

Cinema 4D界面

本章内容简介

本章主要讲解Cinema 4D界面的各个部分，目的是认识界面中各个模块的名称、功能、熟悉各种常用工具的具体位置，为下一章学习Cinema 4D的基本操作做铺垫。

重点知识掌握

- 熟悉Cinema 4D的界面布局
- 熟练使用菜单栏、工具栏、视图等各个模块

通过本章学习，我能做什么？

通过本章的学习，我们应该做到熟知Cinema 4D界面中各个工具的位置与基本的使用方法，能够在学习过程中找到需要使用的Cinema 4D的某项功能。这也是在学习Cinema 4D具体操作之前必须做到的。

佳作欣赏

2.1 第一次打开Cinema 4D

在成功安装Cinema 4D之后，可以双击Cinema 4D图标█打开Cinema 4D软件。图2-1所示为正在打开的过程。

图 2-1

Cinema 4D界面中主要包括【菜单栏】【工具栏】【视图】【左侧工具栏】【材质编辑器】【位置/尺寸/旋转】【对象/场次/内容浏览器】【属性/层/构造】【动画】9大部分，如图2-2所示。

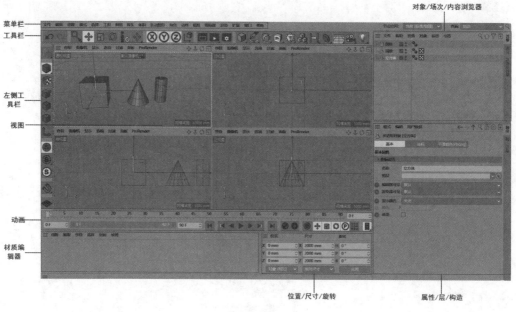

图 2-2

2.2 菜单栏

菜单栏位于Cinema界面最上方，每个菜单的标题表明了该菜单中命令的用途。菜单栏中包含18个命令，分别为【文件】【编辑】【创建】【模式】【选择】【工具】【网格】【样条】【体积】【运动图形】【角色】【动画】【模拟】【跟踪器】【渲染】【扩展】【窗口】【帮助】，如图2-3所示。

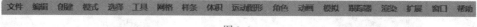

图 2-3

1. 【文件】菜单

【文件】菜单中包括很多操作文件的命令，如【新建项目】【打开项目】【关闭项目】【保存项目】等，如图2-4所示。

2. 【编辑】菜单

在【编辑】菜单中可以对文件进行编辑操作，如撤销、重做、剪切、复制等命令，如图2-5所示。

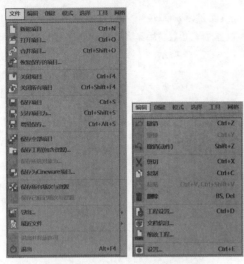

图 2-4　　　　　图 2-5

3. 【创建】菜单

在【创建】菜单中可以创建参数对象、样条、变形器、灯光等，如图2-6所示。

4. 【模式】菜单

在【模式】菜单中可以设置捕捉、执行、坐标等，如图2-7所示。

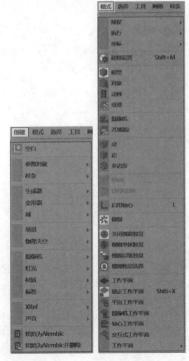

图 2-6　　　　　图 2-7

5. 【选择】菜单

【选择】菜单中的命令主要用于在编辑多边形建模时选择不同的方式，如图2-8所示。

6. 【工具】菜单

【工具】菜单中包括【移动】【缩放】【旋转】等命令，如图2-9所示。

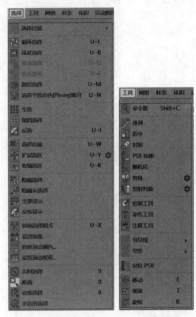

图 2-8　　　　　图 2-9

7. 【网格】菜单

【网格】菜单中包括挤压、倒角、内部挤压等多边形建模常用的工具，如图2-10所示。

8. 【样条】菜单

【样条】菜单主要用来创建样条，并进行样条编辑，如图2-11所示。

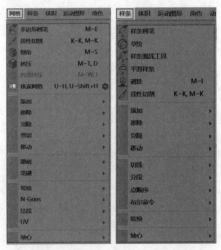

图 2-10　　　　　图 2-11

9.【体积】菜单

【体积】菜单包括体积生成、体积网格等体积工具，如图2-12所示。

10.【运动图形】菜单

【运动图形】菜单包括效果器和运动图形类型，如图2-13所示。

图2-12   图2-13

11.【角色】菜单

【角色】菜单主要用来制作角色动画，包括约束、角色、关节工具、蒙皮、肌肉等，如图2-14所示。

12.【动画】菜单

【动画】菜单主要用于切换动画播放模式、回放、记录等，如图2-15所示。

图2-14   图2-15

13.【模拟】菜单

【模拟】菜单主要用来创建动力学、粒子、力场、毛发对象等，如图2-16所示。

14.【跟踪器】菜单

【跟踪器】菜单主要用于跟踪设置，包括运动跟踪、对象跟踪等，如图2-17所示。

图2-16   图2-17

15.【渲染】菜单

【渲染】菜单主要用于渲染场景，包括渲染活动视图、区域渲染等，如图2-18所示。

16.【扩展】菜单

【扩展】菜单主要用于设置脚本等，如图2-19所示。

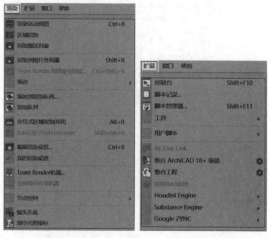

图2-18   图2-19

17. 【窗口】菜单

【窗口】菜单主要用于设置自定义布局、内容浏览器、场次管理器等，如图2-20所示。

18. 【帮助】菜单

【帮助】菜单主要用于显示帮助、在线学习、检查更新等，如图2-21所示。

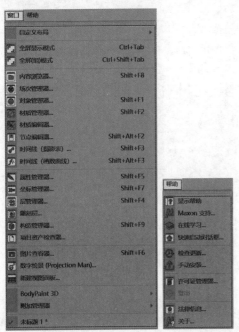

图2-20　　　　图2-21

【重点】2.3 工具栏

工具栏中包括很多Cinema 4D 中用于执行常见任务的工具和对话框。工具栏位于主窗口的菜单栏下面，工具名称如图2-22所示。

图2-22

2.3.1 撤销和重做工具

在Cinema 4D中操作失误时，可以单击【撤销】按钮向前返回到上一步操作(快捷键为 Ctrl+Z)；也可单击【重做】按钮向后返回一步(快捷键为 Ctrl+Y)。

2.3.2 选择类工具

长按【框选】按钮，可以设置选择对象的方式，如

图2-23所示。

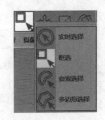

图2-23

- 实时选择：在　(实时选择)模式下，按住鼠标左键拖曳，触碰到的对象都会被选中，如图2-24所示。

图2-24

- 框选：在　(框选)模式下，按住鼠标左键拖曳，矩形选择框碰触到的对象都会被选中，如图2-25所示。

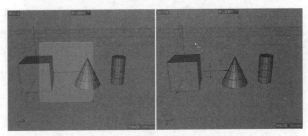

图2-25

- 套索选择：在　(套索选择)模式下，按住鼠标左键拖曳，可以绘制出套索区域，套索区域碰触到的对象都会被选中，如图2-26所示。

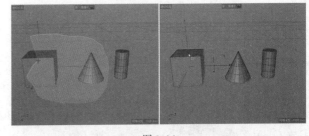

图2-26

- 多边形选择：在　(多边形选择)模式下，多次单击，并且绘制的多边形其开始位置和结束位置要闭合，该区域碰触到的对象都会被选中，如图2-27所示。

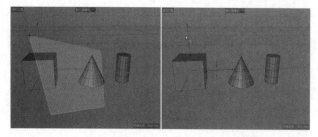

图 2-27

2.3.3 移动、旋转、缩放工具及复位PSR、上次使用的工具

【移动】【旋转】【缩放】工具是对模型进行编辑最常用的工具。

1. 移动

使用【移动】工具▣，可以沿X、Y、Z 3个轴向的任意轴向移动（快捷键为E）。

2. 旋转

使用【旋转】工具▣，可以沿X、Y、Z 3个轴向的任意轴向旋转（快捷键为R）。

3. 缩放

使用【缩放】工具▣，可以沿X、Y、Z 3个轴向的任意轴向缩放（快捷键为T）。

4. 复位PSR

对模型进行移动、缩放、旋转后，单击【复位PSR】▣按钮，可以复位模型到之前的状态。

5. 上次使用的工具

单击该按钮显示上次使用的工具，如果上次使用的是【选择】工具▣，那么会显示▣图标。

2.3.4 坐标类工具

工具栏中包括4个坐标类工具按钮，如图2-28所示。

图 2-28

默认情况下，3个按钮▣▣▣保持激活状态，表示对象可以沿X轴、Y轴、Z轴3个轴向在拖曳视图时移动、旋转、缩放。若取消激活某些轴向，将只允许在激活的轴向中移动、旋转、缩放。

例如，默认3个按钮▣▣▣激活时，使用▣（旋转）工具，在视图中空白位置拖曳，即可使模型在X、Y、Z 3个轴向都产生旋转效果，如图2-29所示。

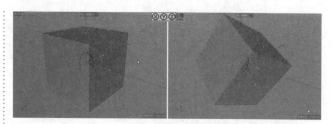

图 2-29

但是仅激活Y而取消X、Z▣▣▣时，使用▣（旋转）工具，在视图中空白位置拖曳，即可使模型只在Y轴方向产生旋转效果，如图2-30所示。

图 2-30

▣（坐标系统）：用于切换坐标的方式，包括▣（全局）和▣（局部）。当模型进行旋转后，使用▣（局部）坐标系统方式进行移动时，模型会按照本身的局部方向进行移动，如图2-31所示。

图 2-31

当模型进行旋转后，使用▣（全局）坐标系统方式进行移动时，模型会按照Cinema 4D视图中的全局坐标方向进行移动，如图2-32所示。

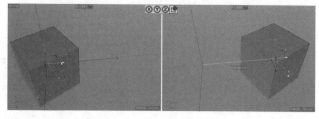

图 2-32

2.3.5 渲染类工具

Cinema 4D中用于渲染的工具包括▣（渲染活动视图）、▣（渲染到图片查看器）、▣（编辑渲染设置），如图2-33所示。此部分内容在本书第9章讲解。

图 2-33

1. 渲染活动视图

该方式常用于测试渲染，单击该按钮即可在视图中渲染图像。如果在渲染过程中单击了视图，那么渲染就会停止，如图 2-34 所示。

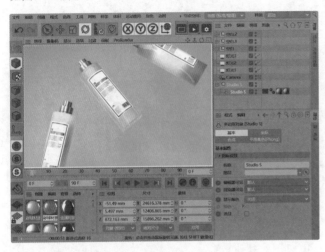

图 2-34

2. 渲染到图片查看器

单击该按钮可以弹出【图片查看器】窗口，在该窗口中进行渲染，单击左上方的【将图像另存为】 按钮即可保存图像，如图 2-35 所示。

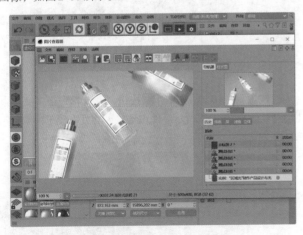

图 2-35

3. 编辑渲染设置

单击该按钮可以弹出【渲染设置】窗口，可以在该窗口中设置渲染器参数，如图 2-36 所示。

图 2-36

2.3.6　几何体工具

长按工具栏中的【立方体】 按钮，可以看到有10余种几何体工具，如图 2-37 所示。例如，单击【圆锥】按钮，即可创建一个圆锥模型，如图 2-38 所示。

图 2-37

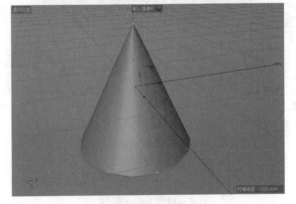

图 2-38

2.3.7　样条工具

长按工具栏中的【样条画笔】 按钮，可以看到有20余种样条工具，如图 2-39 所示。例如，单击【星形】按钮，即可创建一个星形样条，如图 2-40 所示。

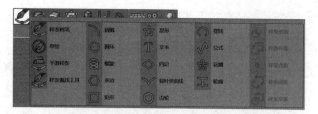

图 2-39

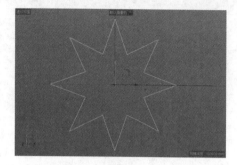

图 2-40

2.3.8 生成器建模工具

长按工具栏中的【细分曲面】 按钮，可以看到很多生成器建模工具，如图2-41所示。使用这些工具可以产生很多模型效果，如晶格、布尔等。

图 2-41

2.3.9 样条三维化工具

长按工具栏中的【挤压】 按钮，可以看到很多样条三维化工具，如图2-42所示。通过合理使用这些工具，可以将二维样条变成三维模型。

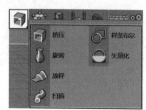

图 2-42

2.3.10 运动图形工具

长按工具栏中的【克隆】 按钮，可以看到很多运动图

形工具，如图2-43所示。使用这些工具可以产生很多特殊效果，如克隆模型、模型破碎等。

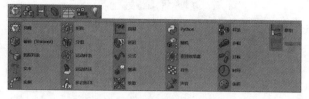

图 2-43

2.3.11 体积工具

长按工具栏中的【体积生成】 按钮，可以看到很多体积工具，如图2-44所示。

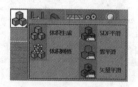

图 2-44

2.3.12 域工具

长按工具栏中的【线性域】 按钮，可以看到很多域工具，如图2-45所示。

图 2-45

2.3.13 变形器建模工具

长按工具栏中的【扭曲】 按钮，可以看到很多变形器建模工具，如图2-46所示。使用这些工具可以使三维模型产生形态变化的效果。

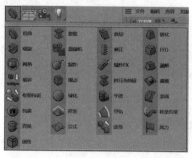

图 2-46

2.3.14 场景辅助工具

长按工具栏中的【地面】按钮，可以看到很多场景辅助工具，如图2-47所示。使用这些工具可以使场景更完善，如天空、背景等。

图 2-47

2.3.15 摄像机工具

长按工具栏中的【摄像机】按钮，可以看到很多摄像机工具，如图2-48所示。使用这些工具可以固定角度、制作景深、制作摄像机游离动画、制作3D电影等。

图 2-48

2.3.16 灯光工具

长按工具栏中的【灯光】按钮，可以看到很多灯光工具，如图2-49所示。不同的灯光类型会产生不同的光照感觉。

图 2-49

【重点】2.4 视图

Cinema 4D界面中间最大的区域就是视图，默认情况下

视图包括4部分，分别是透视视图、顶视图、右视图、正视图，如图2-50所示。

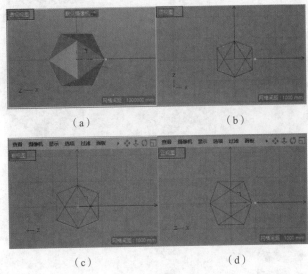

（a）　　　　　　　　　（b）

（c）　　　　　　　　　（d）

图 2-50

如果想修改当前视图，只需要在当前视图的上方选择【摄像机】菜单，切换需要的视图类型，如【左视图】即可，如图2-51所示。此时该视图就变为【左视图】，如图2-52所示。

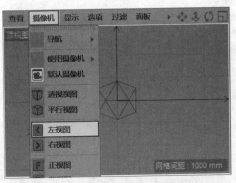

图 2-51

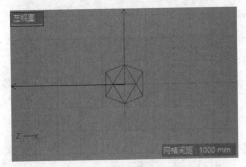

图 2-52

单击视图左上方的7个菜单，能分别弹出7个下拉菜单，用于设置【查看】【摄像机】【显示】【选项】【过滤】【面板】【ProRender】，如图2-53～图2-59所示。

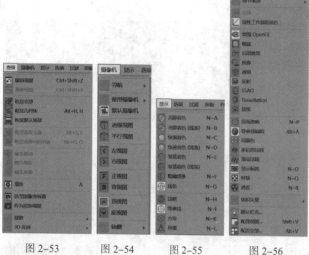

图 2-53　　图 2-54　　图 2-55　　图 2-56

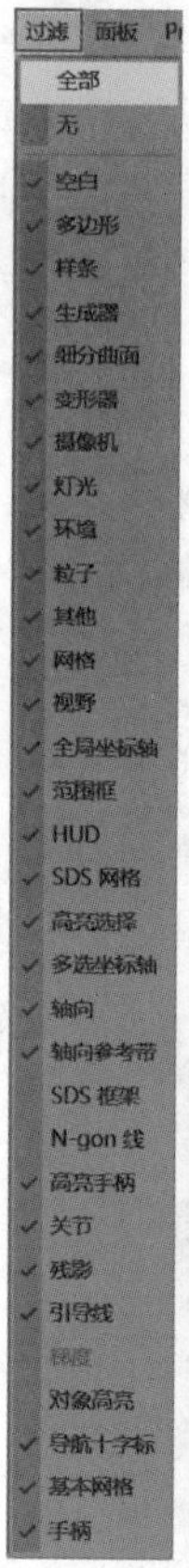

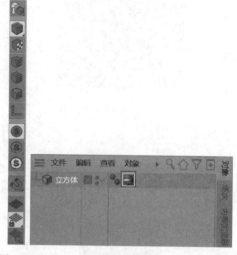

图 2-57 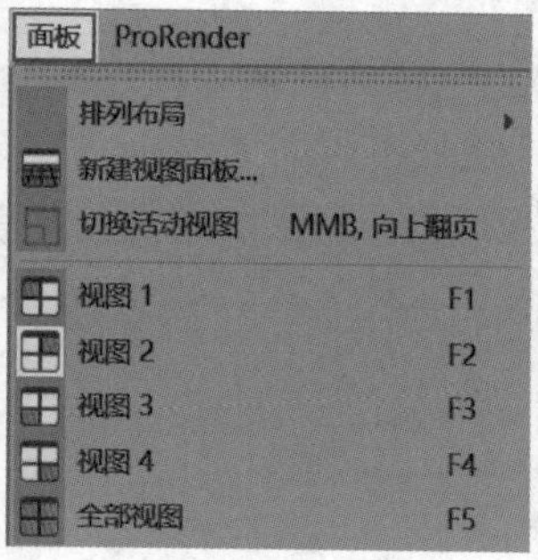　　　图 2-58 　　　　图 2-59

2.5 左侧工具栏

Cinema 4D界面左侧工具栏中包含很多工具，可以将模型转为可编辑多边形，可以选择不同的对象级别，还可以进行独显、使用捕捉等，如图2-60所示。

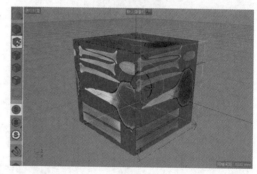

- （转为可编辑对象）：选择模型，单击该按钮后，即可将模型转为可编辑对象，此时可以对模型的点、边、多边形进行编辑。该内容将在本书第8章中详细介绍。
- （纹理）：为模型赋予材质后，选择对象后方的【材质标签】按钮，如图2-61所示。设置一种合适的投射方式（如【立方体】），然后激活【纹理】按钮，即可进行旋转或移动，如图2-62和图2-63所示。

图 2-60　　　　　图 2-61

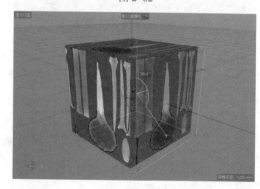

图 2-62

图 2-63

- （模型）：在该模式下可以选择场景中的任意模型。
- （点）／（边）／（多边形）：在选择模型并将其转为可

编辑对象后，可以单击该按钮对点/边/多边形进行编辑。

- ⬜（启用轴心）：单击该按钮，即可移动轴心位置，如图 2-64 所示。<mark>注意：需要单击【转为可编辑对象】⬜按钮，轴心移动完成后，需要再次单击【启用轴心】⬜按钮</mark>。

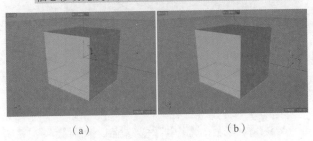

（a） （b）

图 2-64

- ⬤（关闭视窗独显）：单击该按钮，场景中将不应用独显，对象将都显示，如图 2-65 所示。

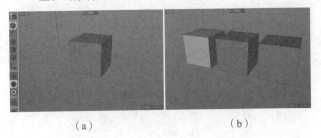

（a） （b）

图 2-65

- ⬤（视窗单体独显）：选择模型，单击该按钮，此时只显示该模型，如图 2-66 所示。

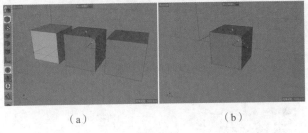

（a） （b）

图 2-66

- ⓢ（视窗独显选择）：激活【视窗单体独显】⬤和【视窗独显选择】ⓢ按钮，此时单击任意对象，场景则仅显示该对象，如图 2-67 所示；单击空白位置则显示全部对象。

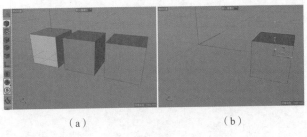

（a） （b）

图 2-67

- ⬤（启用捕捉）：长按该按钮，可以选择相应的捕捉方式。

- ⬤（工作平面）：激活该按钮，则使用工作平面模式。
- ⬤（锁定工作平面）：激活该按钮，可锁定工作平面；长按该按钮，可以选择相应的工具。
- ⬤（平直工作平面）：激活该按钮，此时的工作平面网格变为垂直效果，如图 2-68 所示。如果要重新切换为水平工作平面，那么需要长按【锁定工作平面】⬤按钮，并选择【对齐工作平面到 Y】，如图 2-69 所示。此时恢复正常，如图 2-70 所示。也可以长按【平直工作平面】⬤按钮，选择【轴心工作平面】。

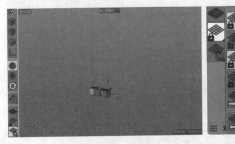

图 2-68 图 2-69

图 2-70

2.6 材质编辑器

材质编辑器用于设置材质和贴图，该工具在 Cinema 4D 界面左下方，如图 2-71 所示。执行【创建】|【新的默认材质】命令，如图 2-72 所示，此时双击新出现的材质球，如图 2-73 所示，即可打开材质编辑器，进行材质属性的设置，如图 2-74 所示。

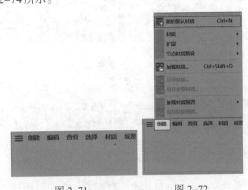

图 2-71 图 2-72

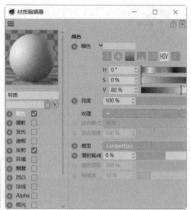

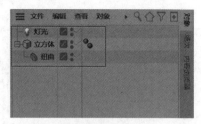

图 2-73 图 2-74

视图中的对象名称、标签等，以及设置对象与对象之间的层级关系，如图 2-77 所示。

图 2-77

每个对象右侧有两个点，单击两次上方的点，当其变为红色时 █ ▌ ，表示在视图中隐藏该对象，但是在渲染时依旧能渲染出该对象；如果单击右侧的 █ ，使其变为 ✕ ，那么可以在视图中隐藏该对象，并且也无法渲染出来。

【重点】2.7 位置/尺寸/旋转

在 Cinema 4D 界面下方可以看到位置、尺寸、旋转参数，此处用于显示当前选择模型的位置、尺寸、旋转具体参数，如图 2-75 所示。

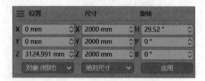

图 2-75

除了显示参数之外，还可以在文本框中输入数值，并按 Enter 键，改变模型的相应状态。例如，设置【旋转】的【H】为 0°，按 Enter 键，可以看到立方体发生了旋转，如图 2-76 所示。

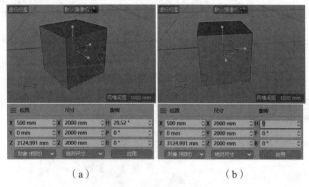

（a） （b）

图 2-76

【重点】2.8 对象/场次/内容浏览器

对象/场次/内容浏览器位于界面右上角，主要用于显示

2.9 属性/层/构造

属性/层/构造位于界面右下方，用于修改对象的参数，如图 2-78 所示。

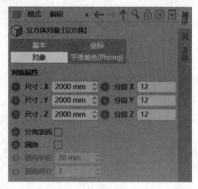

图 2-78

2.10 动画

Cinema 4D 界面下方包含很多动画工具，包括自动关键帧、记录活动对象、时间轴、播放等，如图 2-79 所示。该内容将在本书第 13 章中介绍。

图 2-79

Chapter
03
第3章

扫一扫，看视频

Cinema 4D基本操作

本章内容简介

本章主要内容包括文件基本操作、对象基本操作和视图基本操作。在Cinema 4D中，在学习具体的对象创建与编辑之前，首先需要学习文件的打开、导入、导出等功能；接下来尝试在文件中添加一些对象，通过本章大量基础案例学习对象的移动、旋转、缩放等基础操作；在此基础上简单了解操作视图的切换的操作方法，为后面章节中学习模型创建做准备。

重点知识掌握

● 熟练掌握文件的打开、保存、导入、导出等基本操作
● 熟练掌握对象的创建、删除、移动、缩放、复制等基本操作
● 熟练掌握视图的切换等基本操作

通过本章学习，我能做什么？

通过本章的学习，我们能够完成一些文件的基本操作。例如，打开已有的文件，向当前文件中导入其他文件或将所选模型导出为独立文件。通过学习对象的基本操作，我们能够对Cinema 4D中的对象进行选择、移动、旋转、缩放，还能够在不同的视图下观察模型效果。

佳作欣赏

3.1 认识Cinema 4D基本操作

本节将了解Cinema 4D的基本操作知识，包括基本操作的类型、为什么要学习基本操作。

3.1.1 Cinema 4D基本操作内容

1.文件基本操作
文件基本操作是对整个软件的基本操作，如保存文件、打开文件等。

2.对象基本操作
对象基本操作是对对象的操作，如移动、旋转、缩放、复制等。

3.视图基本操作
视图基本操作是对视图操作的变换，如切换视图、旋转视图等。

3.1.2 学习Cinema 4D基本操作的原因

Cinema 4D的基本操作非常重要，如果本章知识学得不够扎实，那么在后面进行建模时就会比较困难，容易出现操作错误。例如，选择并移动工具的正确使用方法如果掌握不好，在建模移动物体时，就可能移动得不够精准，模型位置会出现很多问题。因此，本章内容一定要反复练习，为后面建模章节做好准备。

[重点] 3.2 文件基本操作

文件基本操作是指对Cinema 4D文件的操作方法，如打开文件、保存文件、导出文件等。

3.2.1 实例：打开文件

扫一扫，看视频

案例路径：Chapter 03　Cinema 4D基本操作
→实例：打开文件

在Cinema 4D中打开文件的方法主要有两种。

方法1：

步骤 01 双击本书中的文件【实例：打开文件.c4d】，如图3-1所示。

图3-1

步骤 02 等待一段时间，文件即被打开，如图3-2所示。

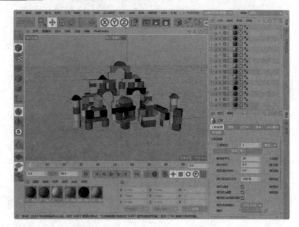

图3-2

方法2：

步骤 01 双击桌面上的Cinema 4D启动图标，打开软件，如图3-3所示。

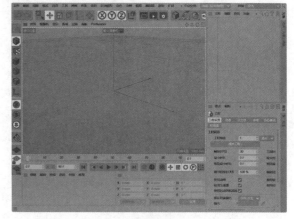

图3-3

步骤 02 找到本书的场景文件【实例：打开文件.c4d】，并将其拖曳至界面中，如图3-4所示。

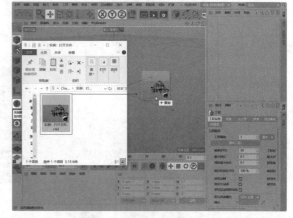

图3-4

步骤 03 等待一段时间，文件即被打开，如图3-2所示。

3.2.2　实例：保存文件

案例路径：Chapter 03　Cinema 4D基本操作
→实例：保存文件

在使用Cinema 4D制作作品时，要养成随时保存的好习惯，建议每10分钟保存一次。

扫一扫，看视频

步骤 01 长按【立方体】 ⬛ 按钮，单击 球体 按钮，如图3-5所示。

图 3-5

步骤 02 长按【立方体】 ⬛ 按钮，单击 平面 按钮，如图3-6所示。

图 3-6

步骤 03 此时创建了一个球体和一个平面模型，如图3-7所示。

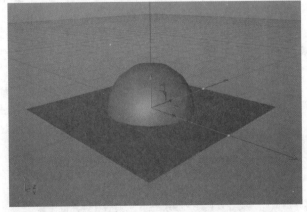

图 3-7

步骤 04 选择平面模型，沿Y轴向下移动，如图3-8所示。

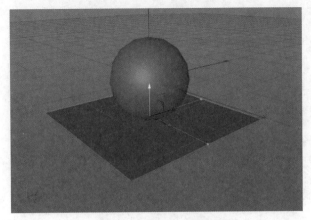

图 3-8

步骤 05 执行【文件】|【保存项目】命令，如图3-9所示。

图 3-9

步骤 06 在弹出的窗口中设置文件保存位置，并命名，单击【保存】按钮，如图3-10所示。

步骤 07 在刚才设置保存路径的位置就可以看到【实例：保存文件.c4d】，如图3-11所示。

图 3-10

实例：保存文件.c4d

图 3-11

3.2.3　实例：导出和导入.fbx格式的文件

在制作作品时，可将一些常用的模型导出，以方便以后Cinema 4D的使用；还可以将其导入其他软件中，作为中间格式使用。常用的模型导出格式有.fbx、.obj、.3ds等。

扫一扫，看视频

Part 01　导出文件

步骤 01 打开本书场景文件【场景文件.c4d】，如图3-12所示。

图 3-12

步骤 02 执行【文件】|【导出】|【FBX（*.fbx）】命令，如图 3-13 所示。

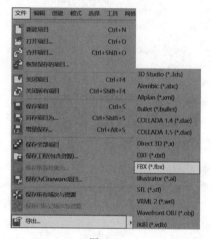

图 3-13

步骤 03 在弹出的【FBX 2019.5 导出设置】对话框中单击【确定】按钮，如图 3-14 所示。在弹出的【保存文件】对话框中设置文件导出的位置和名称，单击【保存】按钮，如图 3-15 所示。

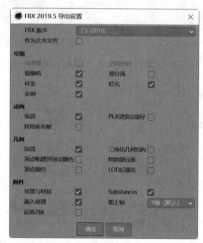

图 3-14

图 3-15

Part 02　导入文件

步骤 01 长按【立方体】按钮，单击平面按钮，如图 3-6 所示。

步骤 02 执行【文件】|【合并项目】命令，如图 3-16 所示。选择本书文件 01.fbx，单击【打开】按钮，如图 3-17 所示。

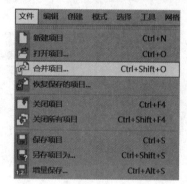

图 3-16

图 3-17

步骤 03 在弹出的【FBX 2019.5 导入设置】对话框中单击【确定】按钮，如图 3-18 所示。

步骤 04 导入之后的效果如图 3-19 所示。

中文版Cinema 4D R21从入门到精通（微课视频 全彩版）

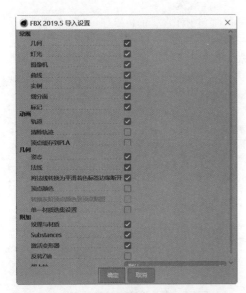

图 3-18

图 3-19

图 3-20　　　　　　　　图 3-21

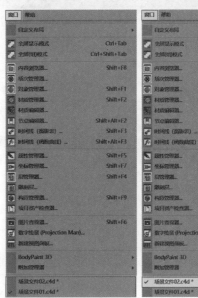

图 3-22　　　　　　　　图 3-23

> 💡 提示：合并项目
>
> 【合并项目】不仅可以将.fbx格式的文件导入Cinema 4D中，而且可以将.c4d格式的文件合并到Cinema 4D中。

3.2.4 实例：将一个文件中的模型复制到另外一个文件中

在Cinema 4D中如果需要将一个场景中的几个模型复制到另外一个场景中，则可以执行如下操作。

扫一扫，看视频

步骤 01 打开两个文件【场景文件01.c4d】【场景文件02.c4d】，如图3-20和图3-21所示。

步骤 02 将【场景文件02.c4d】中的几个礼物盒子复制到【场景文件01.c4d】中。选择【窗口】，在弹出的下拉菜单中可以看到当前Cinema 4D中打开的文件，如图3-22所示。如果想切换至【场景文件02.c4d】中，只需执行【窗口】|【场景文件02.c4d】命令，如图3-23所示。

步骤 03 此时进入【场景文件02.c4d】，选择左侧的3组礼物盒子，如图3-24所示。

步骤 04 按Ctrl+C组合键复制，然后执行【窗口】|【场景文件01.c4d】命令，如图3-25所示。

图 3-24　　　　　　　　图 3-25

步骤 05 此时进入【场景文件01.c4d】，如图3-26所示。

步骤 06 按Ctrl+V组合键粘贴，最后移动模型的位置，如

图3-27所示。

图3-26

图3-27

3.2.5 实例：保存所有场次和资源

扫一扫，看视频

有时在制作Cinema 4D作品时场景中有很多的模型、贴图、灯光等，贴图的位置很可能分布在计算机的很多位置，并没有整理在一个文件夹中，因此比较乱。【保存所有场次与资源】就很好地解决了该问题，可以将Cinema 4D文件快速地打包在一个文件夹中，其中包含该文件的所有素材。

步骤 01 打开本书【场景文件.c4d】，如图3-28所示。

步骤 02 执行【文件】|【保存所有场次与资源】命令，如图3-29所示。

图3-28

图3-29

步骤 03 弹出【保存文件】对话框，设置文件需要保存的位置和名称，单击【保存】按钮，如图3-30所示。

图3-30

步骤 04 此时在刚才保存的位置即可找到自动整理的文件，包括.c4d格式的源文件、tex文件夹的贴图及.ies格式的光域网文件，如图3-31所示。也就是说，执行本案例操作后，会自动将本例应用到的贴图文件、灯光文件等都整理在一个文件夹中，方便管理。

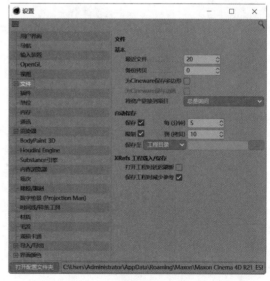
图3-31

3.2.6 实例：设置Cinema 4D的自动保存

扫一扫，看视频

Cinema 4D是一款复杂的、功能较多的三维软件，因此在运行时可能会出现文件错误。除此之外，还可能会遇到计算机突然断电等问题。这可能会造成当前打开的Cinema 4D文件关闭，而此时我们可能没有及时保存，因此设置文件的自动保存是很有必要的。

步骤 01 执行【编辑】|【设置】命令，在弹出的【设置】窗口中选择【文件】，选中【自动保存】中的【保存】复选框，如图3-32所示。

图3-32

中文版Cinema 4D R21从入门到精通（微课视频 全彩版）

步骤 02 设置【保存至】为【自定义目录】，并单击 按钮，即可重新设置一个保存位置，如图3-33所示。设置好之后，在使用Cinema 4D时就会每5分钟自动保存一次文件。

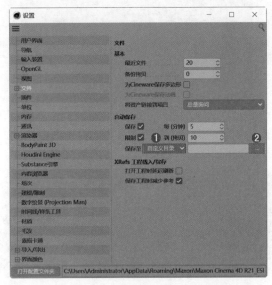

图 3-33

【重点】3.3 对象基本操作

对象基本操作是指对场景中的模型、灯光、摄像机等对象进行创建、选择、复制、修改、编辑等操作，是完全针对对象的常用操作。本节将介绍大量的Cinema 4D常用对象基本操作技巧。

3.3.1 实例：创建一组模型并修改参数

案例路径：Chapter 03 Cinema 4D基本操作
→实例：创建一组模型并修改参数

学习Cinema 4D的最基本操作，首先要从了解如何创建模型开始。

扫一扫，看视频

步骤 01 单击工具栏中的【立方体】 按钮，创建一个长方体，如图3-34所示。

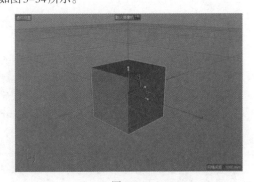

图 3-34

步骤 02 长按【立方体】 按钮，单击 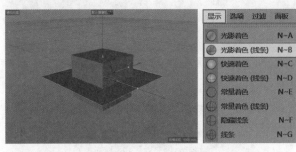 平面 按钮，如图3-6所示。

步骤 03 此时的模型效果如图3-35所示。

步骤 04 在透视视图中执行【显示】|【光影着色（线条）】命令，如图3-36所示。

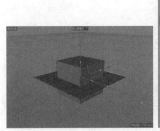

图 3-35　　　　　　　　　图 3-36

步骤 05 模型的网格即显示出来，如图3-37所示。

步骤 06 选择立方体模型，在【属性/层/构造】中设置【尺寸.X】为1000mm，【尺寸.Y】为1000mm，【尺寸.Z】为1000mm，如图3-38所示。

图 3-37　　　　　　　　　图 3-38

步骤 07 此时立方体变小，如图3-39所示。

步骤 08 沿Y轴向上移动立方体，最终模型如图3-40所示。

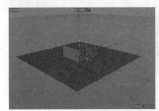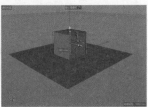

图 3-39　　　　　　　　　图 3-40

3.3.2 实例：删除模型

案例路径：Chapter 03 Cinema 4D基本操作
→实例：删除模型

删除是Cinema 4D的基本操作，按Delete键即可完成。除了删除单个模型外，还可以选择多个模型进行删除。

扫一扫，看视频

步骤 01 打开本书场景文件【场景文件.c4d】，如图3-41所示。

步骤 02 单击可以选择一个模型，按住Shift键并单击可以选择多个模型，如图3-42所示。

图 3-41　　　　　　　　　图 3-42

步骤 03 按Delete键即可删除，如图3-43所示。

图 3-43

3.3.3　实例：准确地移动火车位置

案例路径：Chapter 03　Cinema 4D基本操作→实例：准确地移动火车位置

使用工具栏中的 + （移动）工具可以对物体进行移动，可以沿单一轴线进行移动，也可以沿多个轴线移动。但是为了更精准，建议沿单一轴线进行移动（当鼠标指针移动到单一坐标，该坐标变为白色时，代表已经选择了该坐标）。

Part 01　准确地移动火车位置

步骤 01 打开本书场景文件【场景文件.c4d】，如图3-44所示。

步骤 02 在【对象/场次/内容浏览器】中选择【火车】，如图3-45所示。

图 3-44　　　　　　　　　图 3-45

步骤 03 使用 + （移动）工具，此时出现坐标，如图3-46所示。

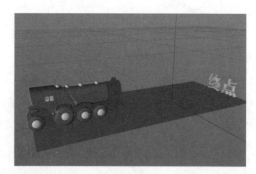

图 3-46

步骤 04 将鼠标指针移动到X轴位置，沿X轴向右侧进行移动，如图3-47所示。

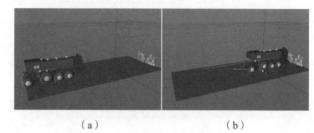

（a）　　　　　　　　　　（b）

图 3-47

Part 02　错误的移动方法

步骤 01 建议读者不要随便移动，如不能沿准确的轴向移动（如沿X、Y、Z 3个轴向移动），容易出现位置错误，如图3-48所示。但是在透视图中似乎看不出任何位置的错误。

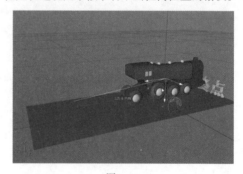

图 3-48

步骤 02 此时在4个视图中查看效果，可发现火车已经在地面以上很高的位置，如图3-49所示。因此，在建模时一定要随时查看4个视图中的模型效果，因为透视视图的某些特殊视角看似无错误，其实或许已经出现位置错误。

步骤 03 除了查看4个视图之外，还需要在建模时经常进入透视视图。按住Alt键，然后拖曳鼠标，即可旋转视图。如图3-50所示，发现火车的位置从某一些角度看，已经错误。所以，要将鼠标指针放在其中一个轴向后再进行移动，如果将鼠标指针放在空白位置或模型上任意位置进行移动，那么特别容易出现移动不精准的问题。

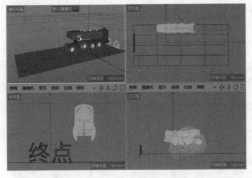

图 3-49

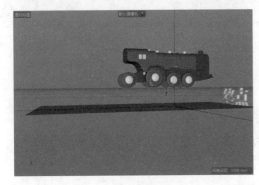

图 3-50

3.3.4 实例：准确地旋转模型

案例路径：Chapter 03 Cinema 4D基本操作
→实例：准确地旋转模型

扫一扫，看视频

使用◎（旋转）工具可以将模型进行旋转，
与✛（移动）工具的操作类似，建议读者在旋转
时都沿单一轴线旋转，这样会更准确。

Part 01 准确地旋转模型

步骤 01 打开本书场景文件【场景文件.c4d】如图3-51所示。

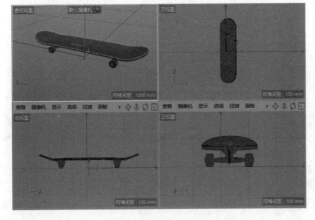

图 3-51

步骤 02 在【对象/场次/内容浏览器】中选择【组001】，如
图3-52所示。

图 3-52

步骤 03 使用◎（旋转）工具单击模型，将鼠标指针移动
到B轴位置，按住鼠标左键并拖动即可在B轴进行旋转（旋
转过程中按住Shift键，即可每5°增加一次旋转度数），如
图3-53所示。

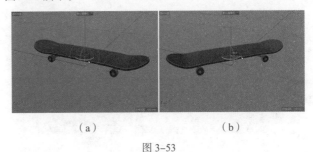

（a） （b）

图 3-53

Part 02 错误的旋转方法

使用◎（旋转）工具单击模型，将鼠标指针随便放到模型
附近或移动到模型以外，按住鼠标左键并拖动，此时模型已
经在多个轴向被旋转，如图3-54所示。

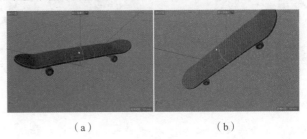

（a） （b）

图 3-54

3.3.5 实例：缩放方形盘子尺寸

案例路径：Chapter 03 Cinema 4D基本操作
→实例：缩放方形盘子尺寸

扫一扫，看视频

使用⊞（缩放）工具沿3个轴向缩放物体，
即可均匀缩小或放大；沿1个轴向缩放物体，即
可在该轴向压扁或拉长物体。

步骤 01 打开本书场景文件【场景文件.c4d】，如图3-55所示。

步骤 02 在【对象/场次/内容浏览器】中选择【方盘子】，如
图3-56所示。

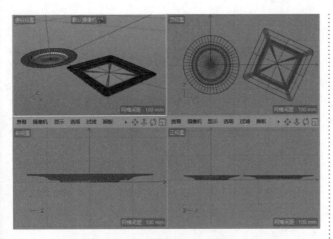

图 3-55

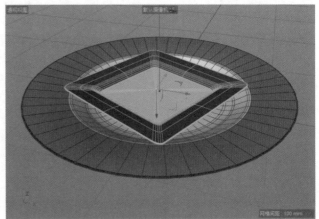

图 3-59

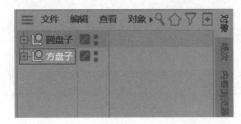

图 3-56

步骤 03 使用 ■(缩放)工具将鼠标指针移动到模型外面,拖曳鼠标,即可沿X、Y、Z 3个轴向缩小方盘子,如图3-57所示。

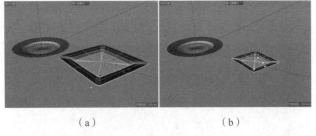

（a）　　　　　　　　　（b）

图 3-57

步骤 04 在顶视图中,使用 ✛(选择并移动)工具沿X轴移动方盘子,如图3-58所示。

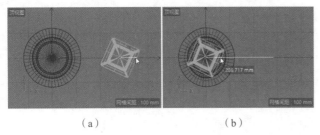

（a）　　　　　　　　　（b）

图 3-58

步骤 05 此时方盘子已经准确地放到了大盘子中,如图3-59所示。

3.3.6 实例:修改模型的轴心位置

案例路径:Chapter 03　Cinema 4D基本操作→实例:修改模型的轴心位置

将模型的轴心设置到模型的中心位置,可以方便对模型进行移动、旋转、缩放等操作。

扫一扫,看视频

步骤 01 打开本书场景文件【场景文件.c4d】,如图3-60所示。

步骤 02 在【对象/场次/内容浏览器】中选择【组001】,如图3-61所示。

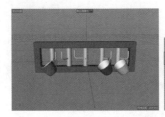

图 3-60　　　　　　　图 3-61

步骤 03 单击界面左侧的【启用轴心】 ■ 按钮,激活【启用轴心】 ■ 按钮,此时即可以移动轴心位置,如图3-62所示。

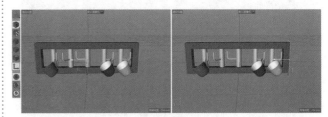

图 3-62

步骤 04 再次单击界面左侧的【启用轴心】 ■ 按钮,图标变为 ■。此时使用 ◎(旋转)工具选择模型时,会看到模型沿右侧轴心位置进行旋转,如图3-63所示。

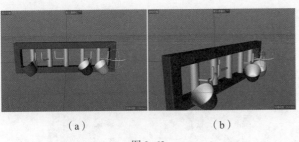

（a） （b）

图 3-63

第 3 章 Cinema 4D基本操作

提示：还有什么方法可以改变轴

执行【网格】|【轴心】|【轴对齐】命令，如图 3-64 所示。

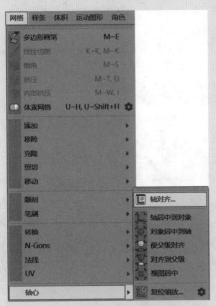

图 3-64

在弹出的【轴对齐】窗口中修改 X、Y、Z 的数值，单击【执行】按钮完成操作，如图 3-65 所示。

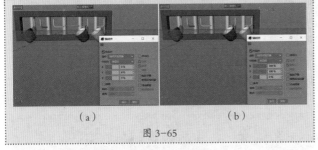

（a） （b）

图 3-65

3.3.7 实例：复制文件盒模型

案例路径：Chapter 03 Cinema 4D基本操作 →实例：复制文件盒模型

Cinema 4D中有多种复制方法，在本案例中将学习 5 种常见的复制方法。

扫一扫，看视频

方法 1：拖曳复制

步骤 01 打开本书场景文件【场景文件.c4d】，如图 3-66 所示。

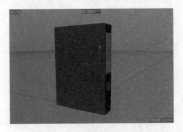

图 3-66

步骤 02 选择模型，按住 Ctrl 键并拖曳模型，即可复制模型，如图 3-67 所示（拖曳时建议沿着单一轴向，会更精准）。

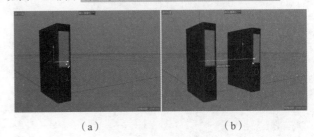

（a） （b）

图 3-67

方法 2：原地复制

选择模型，按 Ctrl+C 组合键复制，如图 3-68 所示；按 Ctrl+V 组合键粘贴，即可完成原位置的复制，如图 3-69 所示；最后只需要移动模型，即可看到复制出的模型，如图 3-70 所示。

图 3-68 图 3-69

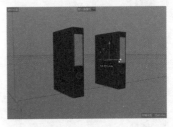

图 3-70

方法 3：沿直线复制

步骤 01 选择模型，执行【工具】|【复制】命令，如图 3-71 所示，此时模型并没有复制。

步骤 02 在【属性/层/构造】中可以看到复制的参数，如图 3-72 所示。

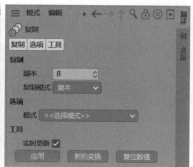

图 3-71 　　　　　　　　　图 3-72

步骤 03 直线复制。设置【模式】为【线性】，【移动】为200mm、0mm、0mm，在【副本】文本框中输入5，按Enter键，如图3-73所示。

步骤 04 此时即沿着直线复制出了5个新的模型，共计6个模型，如图3-74所示。

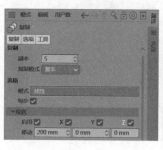
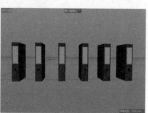

图 3-73 　　　　　　　　　图 3-74

方法4：沿圆复制

步骤 01 选择模型，执行【工具】|【复制】命令。在【属性/层/构造】中设置【模式】为【圆环】，【半径】为300mm，在【副本】文本框中输入5，并按Enter键，如图3-75所示。

步骤 02 此时即围绕圆形复制出了5个新的模型，共计6个模型，如图3-76所示。

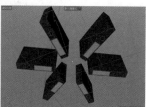

图 3-75 　　　　　　　　　图 3-76

方法5：沿样条路径复制

步骤 01 单击【样条画笔】按钮，在顶视图中绘制一个曲线样条，如图3-77所示。

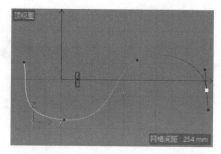

图 3-77

步骤 02 选择模型，执行【工具】|【复制】命令。在【属性/层/构造】中设置【模式】为【沿着样条】，拖曳【对象/场次/内容浏览器】中的【样条】到【属性/层/构造】中的【样条】后方。在【副本】文本框中输入5，并按Enter键，如图3-78所示。

步骤 03 此时即沿着样条复制出了5个新的模型，共计6个模型，如图3-79所示。

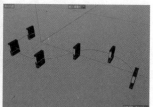

图 3-78 　　　　　　　　　图 3-79

3.3.8 实例：使用旋转复制命令制作植物

案例路径：Chapter 03　Cinema 4D基本操作→实例：使用旋转复制命令制作植物

扫一扫，看视频

步骤 01 打开本书场景文件【场景文件.c4d】，如图3-80所示。

步骤 02 选择【叶子01】，可以看到轴心在该叶子的中心，如图3-81所示。

图 3-80 　　　　　　　　　图 3-81

步骤 03 单击界面左侧的【启用轴心】按钮，激活【启用

中文版Cinema 4D R21从入门到精通（微课视频 全彩版）

轴心】L按钮，此时可以移动轴心位置到该叶子的最右侧，如图3-82所示。

图3-82

步骤 04 再次单击界面左侧的【启用轴心】L按钮，图标变为L，此时使用◎（旋转）工具选择【叶子01】，按住Ctrl键并沿H轴拖曳，即可进行旋转复制，如图3-83所示。

图3-83

步骤 05 继续复制制作出剩余叶片，最终效果如图3-84所示。

图3-84

提示：还有什么方法可以进行旋转复制

在修改完成轴心位置之后，还可以使用更快捷的方法进行旋转复制。

（1）选择【叶子01】，执行【工具】|【复制】命令。在【属性/层/构造】中设置【模式】为【圆环】，【半径】为0mm，在【副本】文本框中输入8，并按Enter键，如图3-85所示。

（2）此时即围绕圆形复制出了8个新的模型，共计9个模型，如图3-86所示。

（3）继续调整【叶子02】的轴心位置，如图3-87所示。

（4）选择【叶子02】，执行【工具】|【复制】命令。在【属性/层/构造】中设置【模式】为【圆环】，【半径】为0mm，

在【副本】文本框中输入3，并按Enter键，如图3-88所示。

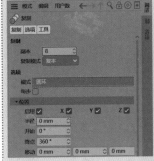

图3-85　　　　　　　　图3-86

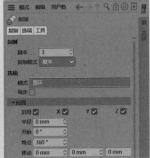

图3-87　　　　　　　　图3-88

（5）此时即围绕圆形复制出了3个新的模型，共计4个模型，如图3-89所示。

（6）最终模型如图3-90所示。

图3-89　　　　　　　　图3-90

3.3.9　实例：捕捉开关准确地创建模型

案例路径：Chapter 03　Cinema 4D基本操作
→实例：捕捉开关准确地创建模型

Cinema 4D中的捕捉工具很多，可以捕捉顶点、边、多边形、轴心等。

扫一扫，看视频

步骤 01 打开本书场景文件【场景文件.c4d】，如图3-91所示。

步骤 02 单击【启用捕捉】按钮，将鼠标指针移动至窗口的顶端，如图3-92所示。

步骤 03 此时弹出捕捉窗口，该窗口中包含很多种捕捉工具，激活不同的捕捉工具能捕捉不同的效果。激活【启用捕捉】【3D捕捉】【顶点捕捉】，如图3-93所示。

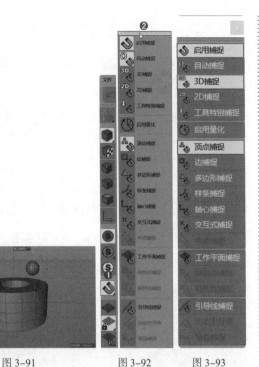

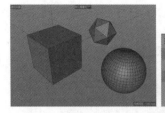

图 3-95

图 3-96

图 3-97

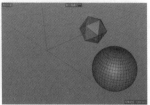

图 3-98

图 3-91   图 3-92   图 3-93

步骤 04 此时移动球体模型的位置，可以看到当球体距离管道模型上的点很近时，会被自动吸附到该点的中心位置，如图 3-94 所示。

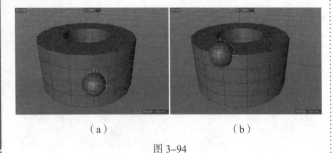

（a）   （b）

图 3-94

3.3.10 实例：隐藏和显示对象

扫一扫，看视频

案例路径：Chapter 03 Cinema 4D基本操作
→实例：隐藏和显示对象

方法1：

步骤 01 打开本书场景文件【场景文件.c4d】，如图 3-95 所示。

步骤 02 单击两次【立方体】后方的第一个 ■ 按钮，如图 3-96 所示。

步骤 03 此时该按钮变为红色，如图 3-97 所示。

步骤 04 立方体模型即被隐藏，如图 3-98 所示。由此可知，需要隐藏哪个对象就单击两次将其变为 ■；再单击一次变为灰色时 ■，对象又被显示出来。

方法2：

步骤 01 选择立方体，单击界面左侧的【视窗单体独显】 S 按钮，如图 3-99 所示。

步骤 02 此时除了选择的立方体没有被隐藏外，其他对象都被隐藏，如图 3-100 所示。

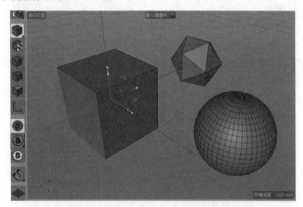

图 3-99

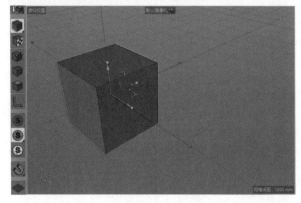

图 3-100

步骤 03 如果想显示出刚才隐藏的对象，只需要单击【关闭视窗独显】 ● 按钮，如图 3-101 所示。

中文版Cinema 4D R21从入门到精通（微课视频 全彩版）

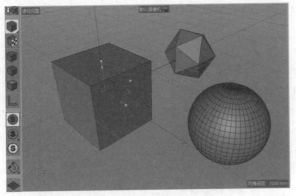

图 3-101

3.3.11 实例：更改贴图位置

有时打开Cinema 4D文件时会弹出错误提示对话框，或者视图中某一些模型的贴图没有显示，看起来像是贴图路径错误，此时就需要为该文件更换路径位置。

步骤 01 打开本书场景文件【场景文件.c4d】，如图3-102所示。

步骤 02 单击【渲染到图片查看器】▶按钮进行渲染时会提示资源错误，表示存在贴图位置出错的问题，如图3-103所示。

图 3-102

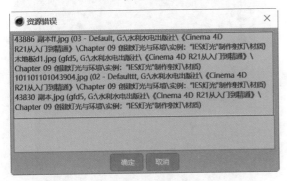

图 3-103

步骤 03 此时可修改贴图位置。执行【窗口】|【项目资产检查器】命令，如图3-104所示。

图 3-104

步骤 04 框选列表中所有的贴图，单击【重新链接资产】按钮，在弹出的【浏览文件夹】对话框中将贴图位置指定到正确的文件夹中，单击【确定】按钮，如图3-105所示。

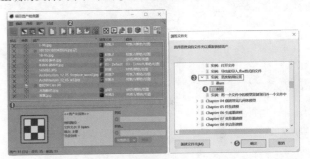

图 3-105

步骤 05 再次单击【渲染到图片查看器】▶按钮进行渲染时，可以看到贴图已识别出来，如图3-106所示。保存文件之后再次打开该文件时，就不会提示贴图位置的错误了。

图 3-106

视图基本操作是指对Cinema 4D中的视图区域内的操作，包括设置视图的显示效果、更改界面颜色、切换视图、透视图操作等。熟练应用视图基本操作，可以在建模时及时发现错误，及时更改。

3.4.1 实例：自定义界面颜色

扫一扫，看视频

打开Cinema 4D时，界面非常深，接近黑色。本书为了使读者体验更好，将界面设置为浅灰色，界面看起来更清爽、舒适。

步骤01 打开Cinema 4D软件，其界面颜色默认为深灰色。如果需要将其修改为浅灰色，可以使用【编辑】|【设置】命令，如图3-107所示。

步骤02 单击【界面颜色】前方的田按钮，并选择【界面颜色】，修改颜色为浅灰色，如图3-108所示。

图 3-107　　　　　　图 3-108

步骤03 此时界面已经变为浅灰色，如图3-109所示。

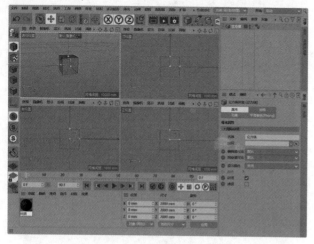

图 3-109

步骤04 如果想继续修改界面中的细节元素的颜色，可以选择【界面颜色】或【编辑颜色】，并修改相应的元素颜色，如图3-110所示。

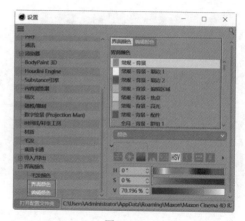

图 3-110

3.4.2 实例：修改系统单位

扫一扫，看视频

案例路径：Chapter 03　Cinema 4D基本操作→实例：修改系统单位

默认的系统单位为cm（厘米），可以根据实际需求更改系统单位，如设置为mm（毫米）。

步骤01 创建一个【立方体】，如图3-111所示。

步骤02 选择立方体，在【属性/层/构造】中可以看到模型的单位为cm（厘米），如图3-112所示。

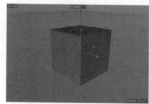

图 3-111　　　　　　图 3-112

步骤03 执行【编辑】|【设置】命令，如图3-107所示。

步骤04 弹出【设置】窗口，选择【单位】，设置【单位显示】为【毫米】，如图3-113所示。

图 3-113

步骤 05 再次选择立方体，在【属性/层/构造】中可以看到模型的单位为mm（毫米），如图3-114所示。

图 3-114

3.4.3 实例：切换视图

案例路径：Chapter 03 Cinema 4D基本操作
→实例：切换视图

Cinema 4D界面默认状态是4个视图，分别是透视视图、顶视图、右视图、正视图。

1. 切换为4个视图或1个视图

步骤 01 打开本书场景文件【场景文件.c4d】，如图3-115所示。

步骤 02 要切换为4个视图或1个视图，只需在要切换的视图中按鼠标中键即可，如图3-116所示。

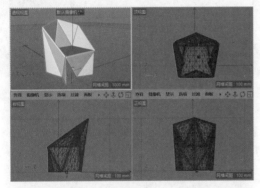

图 3-115

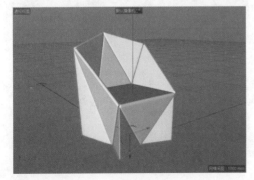

图 3-116

2. 旋转视图

以透视视图为例，在透视视图中按住Alt键并拖曳，即可旋转视图（不是旋转模型），如图3-117所示。

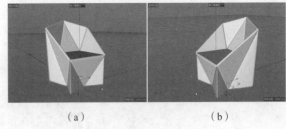

（a）　　　　　　（b）

图 3-117

3. 平移视图

在透视视图中按住Alt键并拖曳，即可平移视图（不是移动模型），如图3-118所示。

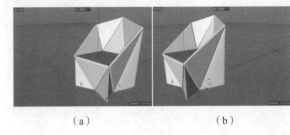

（a）　　　　　　（b）

图 3-118

4. 缩放视图

在透视视图中滚动鼠标中轮，即可缩放视图（不是缩放模型），如图3-119所示。

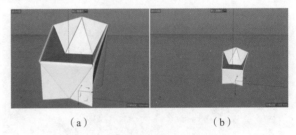

（a）　　　　　　（b）

图 3-119

5. 切换视图

步骤 01 例如，需要将右视图切换为底视图，只需要在右视图中执行【模式】|【底视图】命令即可，如图3-120所示。

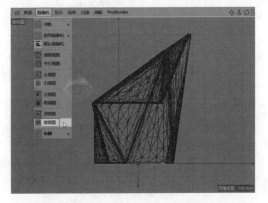

图 3-120

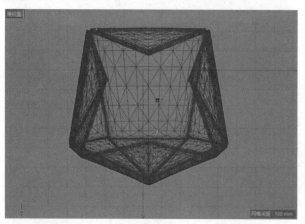

图 3-121

3.4.4　实例:切换模型的显示方式

扫一扫,看视频

案例路径:Chapter 03　Cinema 4D基本操作
→实例:切换模型的显示方式

在Cinema 4D中创建模型时,建议在顶视图、右视图、正视图中使用【线条】方式显示,在透视视图中使用【光影着色(线条)】方式显示。

步骤 01 打开本书场景文件【场景文件.c4d】,如图3-122所示。

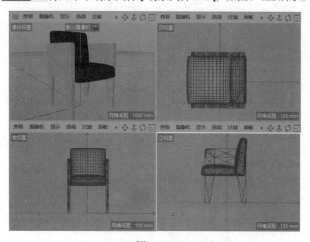

图 3-122

步骤 02 进入透视视图,选择【显示】菜单,在弹出的下拉菜单中可以看到此时模型是【光影着色】显示,模型是三维显示,但模型表面没有线框,如图3-123所示。

步骤 03 执行【显示】|【光影着色(线条)】命令,此时可以看到模型是三维显示,并且模型表面显示出了黑色线条,如图3-124所示。

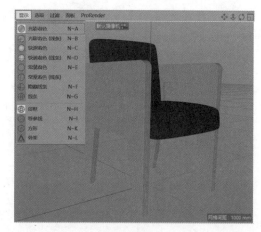

图 3-123

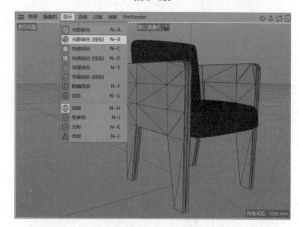

图 3-124

步骤 04 执行【显示】|【线条】命令,此时可以看到模型仅以线条方式显示,这种方式可以透过模型正面看到背面,如图3-125所示。

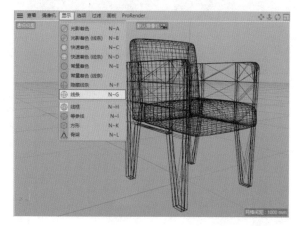

图 3-125

中文版Cinema 4D R21从入门到精通(微课视频 全彩版)

Chapter
04
第4章

内置几何体建模

本章内容简介

建模是3D世界中的第一步操作，在Cinema 4D中有很多种建模方式，其中几何体建模是Cinema 4D中最简单的建模方式。Cinema 4D内置多种常见的几何形体，如立方体、球体、圆柱、平面、圆锥体等。通过这些几何形体的组合，可以制作出一些简单的模型。

重点知识掌握

- 熟练掌握各类几何体的创建方法
- 熟练掌握几何体的综合应用

通过本章学习，我能做什么？

通过学习本章内容，我们可以完成对几何体类型的创建、修改，并且可以使用多种几何体类型搭配在一起组合出完整的模型效果，使用几何体建模可以制作一些简易家具、墙体模型、CG模型、电商广告模型、产品模型等。

佳作欣赏

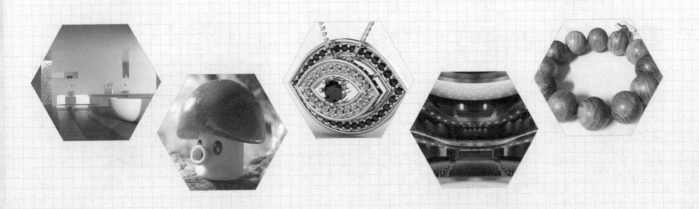

4.1 了解建模

本节将讲解建模的基本知识,包括建模概念、建模的几种方式等。

4.1.1 建模概述

建模是指使用Cinema 4D相应的技术手段建立模型的过程。图4-1～图4-4所示为优秀的建模作品。

图4-1   图4-2

图4-3   图4-4

4.1.2 建模原因

建模是Cinema 4D中创作作品的第一步,作品有了模型后,就可以对模型设置材质、贴图、围绕模型进行灯光和渲染,为模型设置动画等。因此,模型是创作的基础,可见建模的重要性。

4.1.3 常用的建模方式

常用的建模方式有很多,包括几何体建模、样条建模、生成器建模、变形器建模、多边形建模等。本书将对这几种建模方式进行重点讲解。

4.2 认识几何体模型

几何体建模是Cinema 4D最简单的建模方式,本节将了解几何体建模概念、适合制作的模型、几何体面板等知识。

4.2.1 几何体模型概述

几何体模型是指通过创建几何体类型(如长方体、球体、圆柱体等),进行物体之间的摆放、参数的修改,从而创建模型。

4.2.2 几何体建模适合制作的模型

几何体建模多用于制作简易家具模型,如小茶几、桌子、镜子模型等,如图4-5～图4-7所示。

图4-5   图4-6   图4-7

【重点】4.2.3 认识几何体面板

在Cinema 4D中建模时会反复应用到几何体面板。几何体面板位于界面工具栏中。长按该按钮即可弹出更多的几何体选项,如图2-37所示。

4.3 几何体模型的类型

扫一扫,看视频

Cinema 4D内置的工具类型共18种,其中立方体、圆锥、圆柱、平面、球体、圆环、管道、空白是应用较多的工具。

【重点】4.3.1 立方体

立方体是由长度、宽度、高度3个元素决定的模型,是常用的模型之一。立方体常用来模拟方形物体,如桌子、建筑物、书架等,如图4-8所示。

(a)桌子   (b)建筑物   (c)书架

图4-8

立方体的参数比较简单,包括【尺寸】【分段】等,如图4-9和图4-10所示。

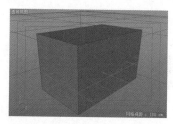

图4-9

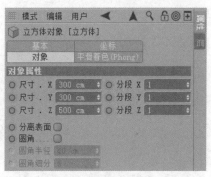

图4-10

重点参数：

- 尺寸X/尺寸Y/尺寸Z：立方体对象的长度、高度和宽度。
- 分段X/分段Y/分段Z：X、Y、Z轴的分段数量。
- 分离表面：选中该复选框，并将该模型转换为可编辑对象后，在移动模型的面时会产生分离效果。
- 圆角：选中该复选框，立方体的四周会产生圆角过渡效果，如图4-11所示。利用该方法可制作沙发垫、骰子等。

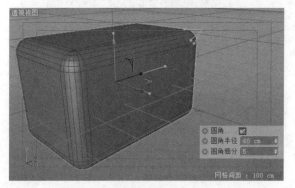

图4-11

- 圆角半径：圆角的半径数值。
- 圆角细分：圆角的分段数值，数值越大圆角越光滑。图4-12所示为不同参数的对比效果。

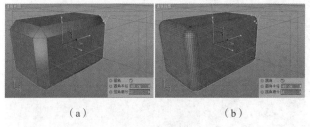

（a）　　　　　　　　　　　（b）

图4-12

[重点]4.3.2　圆锥

圆锥是由上半径（半径2）和下半径（半径1）及高度组成的模型，可用来模拟路障、冰激凌、圆锥体等，如图4-13所示。

（a）路障　　　（b）冰激凌　　　（c）圆锥体

图4-13

圆锥的参数主要包括【顶部半径】【底部半径】【高度】【高度分段】【旋转分段】【方向】等，如图4-14和图4-15所示。

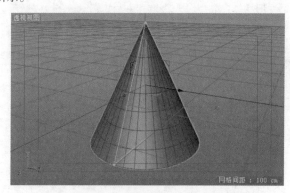

图4-14

图4-15

重点参数：

- 顶部半径：设置圆锥顶部的半径，数值为0时顶部为最尖锐状态。
- 底部半径：设置圆锥底部的半径。
- 高度：设置圆锥的高度。
- 高度分段：设置圆锥模型横向的分段数量。
- 旋转分段：设置圆锥模型纵向的分段数量。

 提示：切片的作用

默认创建的是完整的圆锥模型，如果想创建部分圆锥，那么可以选中【切片】复选框。如图4-16所示为取消选中【切片】复选框和选中【切片】复选框的对比效果。

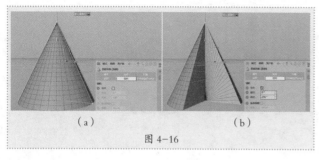

（a）　　　　　　　　　　（b）

图 4-16

[重点]4.3.3　圆柱

圆柱是指具有一定半径、一定高度的模型。圆柱常用来模拟柱形物体，如桌面、餐桌、罗马柱等，如图4-17所示。

（a）桌面　　　（b）餐桌　　　（c）罗马柱

图 4-17

圆柱的参数主要包括【半径】【高度】【高度分段】【旋转分段】【方向】等，如图4-18和图4-19所示。

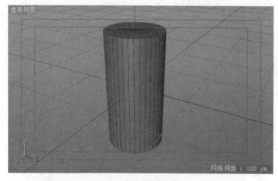

图 4-18

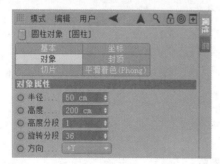

图 4-19

重点参数：

● 半径：设置圆柱的半径参数。

● 高度：设置圆柱的高度参数。

4.3.4　圆盘

圆盘用于创建中间空心的圆盘模型，其参数主要包括【内部半径】【外部半径】【圆盘分段】【旋转分段】【方向】等，如图4-20和图4-21所示。

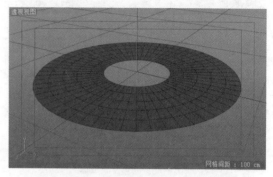

图 4-20

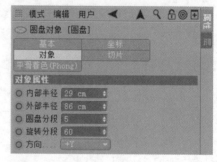

图 4-21

重点参数：

● 内部半径：设置圆盘模型的最内侧半径数值。
● 外部半径：设置圆盘模型的最外侧半径数值。
● 圆盘分段：设置圆盘循环的分段。
● 旋转分段：设置垂直于圆盘分段的分段数量。
● 方向：设置轴向。

[重点]4.3.5　平面

平面是只有宽度和高度的模型。可用平面来模拟纸张、背景、地面等，如图4-22所示。

（a）纸张　　　（b）背景　　　（c）地面

图 4-22

平面的参数主要包括【宽度】【高度】【宽度分段】【高度分段】等，如图4-23和图4-24所示。

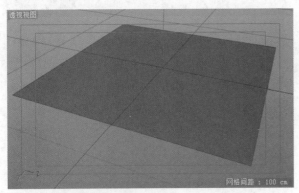

图4-23

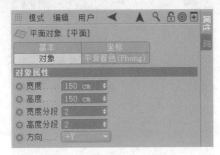

图4-24

重点参数：

● 宽度：设置平面模型的宽度数值。

● 高度：设置平面模型的高度数值。

4.3.6　多边形

多边形用于创建多边形模型。多边形的参数主要包括【宽度】【高度】【分段】【三角形】等，如图4-25和图4-26所示。

重点参数：

● 宽度：设置多边形模型的宽度数值。

● 高度：设置多边形模型的高度数值。

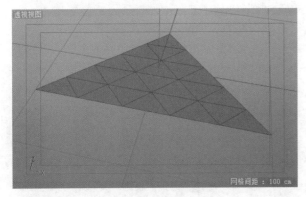

图4-25

图4-26

● 分段：设置模型的分段，数值越大，分段越多。

● 三角形：选中该复选框，模型将变为三角形。

【重点】4.3.7　球体

利用球体可以制作半径不同的球体模型。常用球体来模拟球形物体，如篮球、手串、水果等，如图4-27所示。

（a）篮球　　　　（b）手串　　　　（c）水果

图4-27

球体的参数主要包括【半径】【分段】【类型】等，如图4-28和图4-29所示。

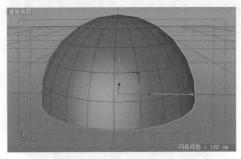

图4-28

图4-29

重点参数：

● 半径：设置球体的半径大小。

● 分段：设置球体的分段数量。

- 类型：设置球体的类型，包括标志、四面体、六面体、八面体、二十面体、半球体。

4.3.8 圆环

圆环是由内半径（半径2）和外半径（半径1）组成的模型，其横截面为圆形。圆环可用来模拟甜甜圈、游泳圈、镜框等，如图4-30所示。

（a）甜甜圈　　　（b）游泳圈　　　（c）镜框

图4-30

圆环的参数主要包括【圆环半径】【圆环分段】【导管半径】【导管分段】等，如图4-31和图4-32所示。

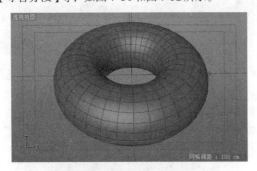

图4-31

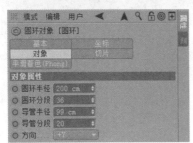

图4-32

重点参数：

- 圆环半径：设置圆环的半径大小，而非圆环本身半径。
- 圆环分段：设置圆环的分段数量。
- 导管半径：设置圆环本身的半径。
- 导管分段：设置导管分段数值。

4.3.9 胶囊

胶囊用于创建胶囊状模型。胶囊的参数主要包括【半径】

【高度】【高度分段】【封顶分段】【旋转分段】等，如图4-33和图4-34所示。

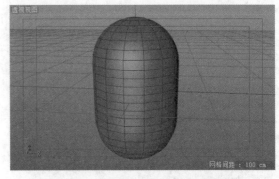

图4-33

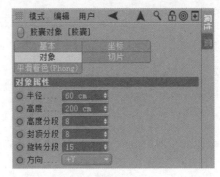

图4-34

重点参数：

- 半径：设置胶囊的半径大小。
- 高度：设置胶囊的高度数值。
- 高度分段：设置胶囊的高度分段数量。
- 封顶分段：设置胶囊的封顶分段数量。
- 旋转分段：设置胶囊的旋转分段数量。

4.3.10 油桶

油桶用于创建油桶模型。油桶的参数主要包括【半径】【高度】【高度分段】【封顶高度】【封顶分段】【旋转分段】等，如图4-35和图4-36所示。

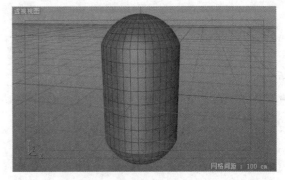

图4-35

中文版Cinema 4D R21从入门到精通（微课视频 全彩版）

图 4-36

图 4-39

重点参数:

封顶高度:设置油桶模型的顶部和底部的高度。

4.3.11 管道

管道是由内半径(半径2)和外半径(半径1)组成的模型,其横截面为方形。管道可用来模拟圆形沙发、灯罩、胶带等,如图4-37所示。

（a）圆形沙发　　　（b）灯罩　　　（c）胶带

图 4-37

管道的参数主要包括【内部半径】【外部半径】【旋转分段】【封顶分段】【高度】【高度分段】【圆角】等,如图4-38和图4-39所示。

重点参数:

- 内部半径:设置管道内部的半径数值。
- 外部半径:设置管道外部的半径数值。
- 圆角:选中该复选框,管道的边缘将产生圆角效果。

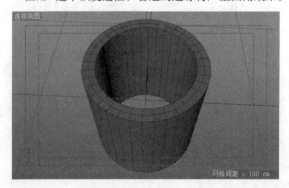

图 4-38

4.3.12 角锥

角锥是由宽度、深度、高度组成的,底部为四边形的锥状模型。角锥的参数主要包括【尺寸】【分段】【方向】等,如图4-40和图4-41所示。

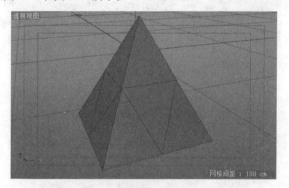

图 4-40

图 4-41

重点参数:

- 尺寸:设置角锥模型的尺寸大小。
- 分段:设置角锥的分段数量。

4.3.13 宝石

宝石是一种比较奇异的模型,可以模拟珠宝、吊坠、珠帘等,如图4-42所示。

（a）珠宝

（b）吊坠

（c）珠帘

图 4-42

宝石的参数主要包括【半径】【分段】【类型】等，如图4-43和图4-44所示。

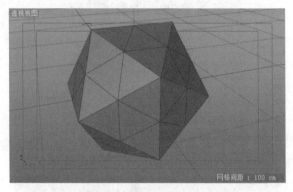

图 4-43

图 4-44

重点参数：

- 半径：设置宝石的半径数值。
- 分段：设置宝石模型的分段数。
- 类型：设置宝石的类型，包括四面、六面、八面、十二面、二十面、碳原子，如图4-45所示。

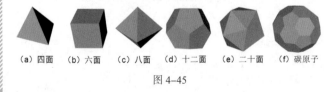

（a）四面　（b）六面　（c）八面　（d）十二面　（e）二十面　（f）碳原子

图 4-45

4.3.14　人偶

利用人偶可以制作人偶骨架模型。人偶的参数主要包括【高度】【分段】等，如图4-46和图4-47所示。

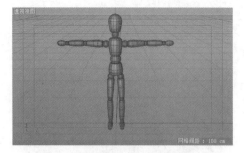

图 4-46

图 4-47

重点参数：

高度：设置人偶模型的高度。

4.3.15　地形

利用地形可以制作起伏山地地形模型。地形的参数主要包括【尺寸】【宽度分段】【深度分段】【粗糙皱褶】【精细皱褶】【缩放】【地平面】【海平面】等，如图4-48和图4-49所示。

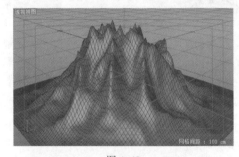

图 4-48

图 4-49

重点参数：

- **尺寸**：设置地形模型的X、Y、Z轴向的尺寸大小。
- **宽度分段**：设置地形模型的宽度分段数量。
- **深度分段**：设置地形模型的深度分段数量。
- **粗糙皱褶**：设置地形中较大的皱褶数量。图4-50所示为设置不同粗糙皱褶的对比效果。

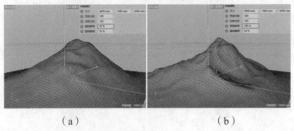

（a） （b）

图4-50

- **精细皱褶**：设置地形中较为细小的皱褶数量。图4-51所示为设置不同精细皱褶的对比效果。

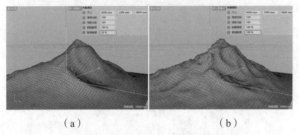

（a） （b）

图4-51

- **缩放**：该数值用于控制地形的上下起伏重复度。图4-52所示为设置不同缩放数值的对比效果。

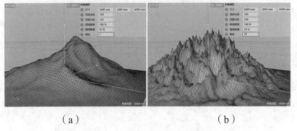

（a） （b）

图4-52

- **海平面**：增大海平面数值，会使模型产生海平面升高而部分山体被水淹没的效果。图4-53所示为设置不同的海平面数值的对比效果。

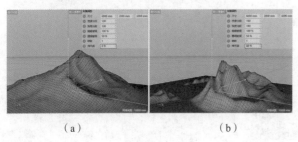

（a） （b）

图4-53

- **地平面**：默认数值为100%，显示为正常山脉效果。数值越小，山脉越趋于平面。
- **多重不规则**：取消选中该复选框，山脉变得更缓和。图4-54所示为选中和取消选中【多重不规则】复选框的对比效果。

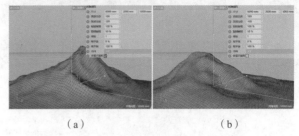

（a） （b）

图4-54

- **随机**：设置不同的随机数值，即可产生不同的地形变化。
- **限于海平面**：取消选中该复选框，地形则显示为波涛汹涌的海效果，如图4-55所示。

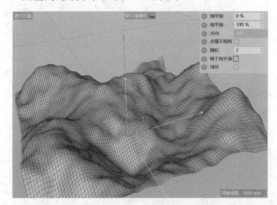

图4-55

- **球状**：选中该复选框，则显示为球体，如图4-56所示。

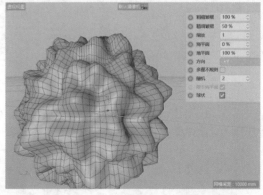

图4-56

4.3.16 贝塞尔

利用贝塞尔可以制作柔软的模型效果。图4-57所示为单击 ▣（点）级别，并移动点位置的效果。

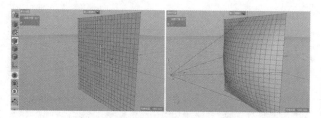

图 4-57

贝塞尔的参数主要包括【水平细分】【垂直细分】等，如图 4-58 所示。

图 4-58

重点参数：

● 水平细分：设置水平分段数。
● 垂直细分：设置垂直分段数。
● 水平网点：设置贝塞尔的水平网点个数。
● 垂直网点：设置贝塞尔的垂直网点个数。图 4-59 所示为设置水平网点、垂直网点为 3 和 10 的对比效果。

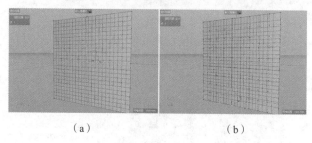

（a）　　　　　　　　　（b）

图 4-59

● 水平封闭：选中该复选框，即可将模型水平封闭闭合。图 4-60 所示为选中【水平封闭】复选框前后的对比效果。

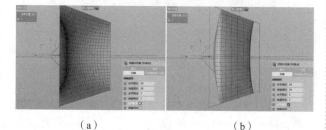

（a）　　　　　　　　　（b）

图 4-60

● 垂直封闭：选中该复选框，即可将模型垂直封闭闭合。

4.3.17　引导线

引导线适用于平面、空间捕捉，配合自动捕捉工具使用。其参数如图 4-61 所示。

图 4-61

【重点】4.3.18　空白

利用【空白】可将几个模型组合在一起。

（1）创建一个【空白】，按住鼠标左键并拖曳球体和立方体模型到【空白】上，出现↓图标时松开鼠标，如图 4-62 所示。

图 4-62

（2）此时选择【空白】，即可同时选中这些模型，如图 4-63 所示。

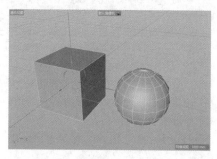

图 4-63

实例：应用【空白】将模型组合在一起

案例路径：Chapter 04　内置几何体建模→实例：使用【空白】将模型组合在一起

本例使用【空白】将几个模型组合在一起，

中文版Cinema 4D R21从入门到精通（微课视频 全彩版）

方便管理，如图4-64所示。

图4-64

（1）创建3个模型，如图4-65所示。

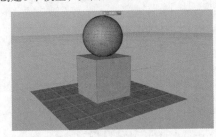

图4-65

（2）将这3个模型分别命名为平面、球体、立方体，如图4-66所示。

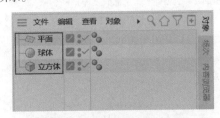

图4-66

（3）长按 按钮，单击【空白】 按钮，如图4-67所示。

图4-67

（4）此时即可创建一个【空白】，如图4-68所示。

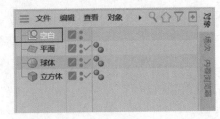

图4-68

（5）按住鼠标左键并拖曳这3个模型到【空白】上，出现 图标时松开鼠标，如图4-69所示。

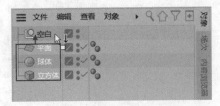

图4-69

（6）此时3个模型与【空白】的关系如图4-70所示。

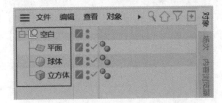

图4-70

除了以上方法外，还可以选中刚才的3个模型，按Alt+G组合键进行成组，可以看到这3个模型也被自动放置在了【空白】的下方，如图4-70和图4-71所示。

图4-71

实例：使用【圆柱】【管道】【圆锥】制作播放按钮

案例路径：Chapter 04　内置几何体建模→实例：使用【圆柱】【管道】【圆锥】制作播放按钮

本实例使用【圆柱】【管道】【圆锥】创建并修改参数，制作三维播放按钮，如图4-72所示。

扫一扫，看视频

图4-72

步骤01 执行【创建】|【参数对象】|【圆柱】命令，如图4-73所示。创建完成后在【对象】选项卡中设置【半径】为2cm，【高度】为0.2cm，【旋转分段】为50，如

图 4-74 所示。

图 4-73

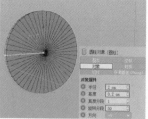

图 4-74

步骤 02 执行【创建】|【参数对象】|【管道】命令，如图 4-75 所示。在【对象】选项卡中设置【内部半径】为 1.5cm，【外部半径】为 1.6cm，【旋转分段】为 50，【高度】为 0.1cm，【高度分段】为 1，如图 4-76 所示。

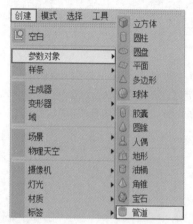

图 4-75

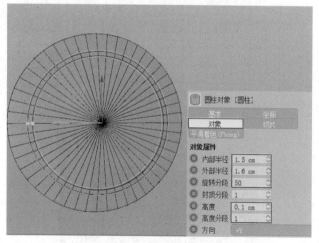

图 4-76

步骤 03 执行【创建】|【参数对象】|【圆锥】命令，如图 4-77 所示。创建完成后在【对象】选项卡中设置【顶部半径】为 1.3cm，【底部半径】为 1.3cm，【高度】为 0.1cm，【高度分段】为 1，【旋转分段】为 3，【方向】为 -Y，如图 4-78 所示。

图 4-77

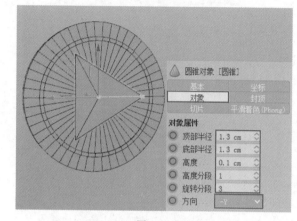

图 4-78

步骤 04 案例最终效果如图 4-79 所示。

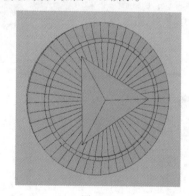

图 4-79

实例：使用【胶囊】制作云朵

案例路径：Chapter 04　内置几何体建模→实例：使用【胶囊】制作云朵

扫一扫，看视频

本实例创建胶囊并复制，制作三维云朵模型，如图 4-80 所示。

步骤 01 执行【创建】|【参数对象】|【胶囊】命令，如图 4-81 所示。创建完成后进入【对象】选项卡，设置【半径】为 59cm，【高度】为 118cm，【高度分段】为 1，【封顶分段】为 14，【旋转分段】为 20，【方向】为 -Z。进入【切片】选项

中文版 Cinema 4D R21 从入门到精通（微课视频 全彩版）

卡，选中【切片】复选框，如图4-82所示。

图 4-80

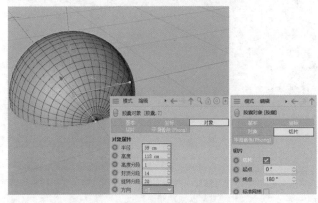

图 4-81

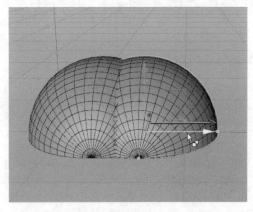

图 4-82

步骤 02 选中创建的模型，按住Ctrl键和鼠标左键，将其沿着X轴向左平移并复制，放置在合适的位置后释放鼠标，如图4-83所示。

图 4-83

步骤 03 选中复制的模型，进入【对象】选项卡，修改其【半径】为73cm，【高度】为146cm，如图4-84所示。利用同样的方法继续复制并修改模型参数。案例最终效果如图4-85所示。

图 4-84

图 4-85

实例：使用【圆锥】【圆环】【圆柱】【立方体】【管道】制作热气球

案例路径：Chapter 04　内置几何体建模→实例：使用【圆锥】【圆环】【圆柱】【立方体】【管道】制作热气球

本实例使用【圆锥】【圆环】【圆柱】【立方体】【管道】制作热气球，如图4-86所示。

扫一扫，看视频

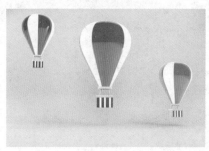

图 4-86

步骤 01 执行【创建】|【参数对象】|【圆锥】命令，如图4-77所示。创建完成后进入【对象】选项卡，设置【顶部半径】为15cm，【底部半径】为128cm，【高度】为210cm，【高度分段】为21，【旋转分段】为26，【方向】为–Y。进入【封顶】选项卡，勾选【顶部】和【底部】，设置【封顶分段】为12、【圆角分段】为22、设置【顶部】的【半径】为1cm、【高

度】为0cm，设置【底部】的【半径】为125cm、【高度】为105cm，如图4-87所示。

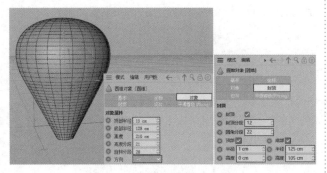

图 4-87

步骤 02 执 行【创建】|【参数对象】|【圆环】命令，如图4-88所示。创建完成后进入【对象】选项卡，设置【圆环半径】为17cm，【圆环分段】为22，【导管半径】为5cm，如图4-89所示。

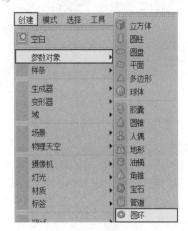

图 4-88

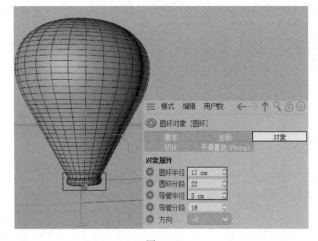

图 4-89

步骤 03 执 行【创建】|【参数对象】|【圆柱】命令，如图4-73所示。创建完成后进入【对象】选项卡，设置【半径】

为1cm，【高度】为30cm，如图4-90所示。

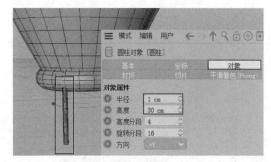

图 4-90

步骤 04 在选中圆柱的状态下将其进行适当角度的旋转，如图4-91所示。使用同样的方法继续创建圆柱并进行适当的旋转，效果如图4-92所示。

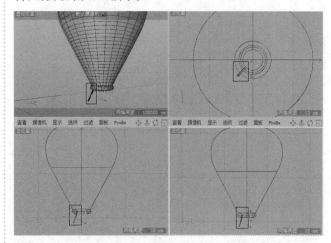

图 4-91

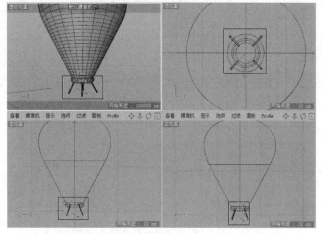

图 4-92

步骤 05 执行【创建】|【参数对象】|【立方体】命令，创建一个立方体。创建完成后进入【对象】选项卡，设置【尺寸.X】为50cm，【尺寸.Y】为36cm，【尺寸.Z】为50cm。设置完成后将其移动、旋转至合适的位置。效果如图4-93所示。

中文版Cinema 4D R21从入门到精通（微课视频 全彩版）

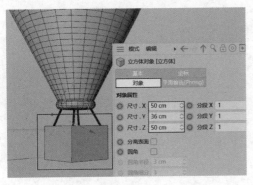

图 4-93

步骤 06 执行【创建】|【参数对象】|【管道】命令，创建一个管道。创建完成后进入【对象】选项卡，设置【内部半径】为34cm，【外部半径】为37cm，【旋转分段】为4，【高度】为6cm，【高度分段】为1，如图4-94所示。设置完成后将其移动至合适的位置。

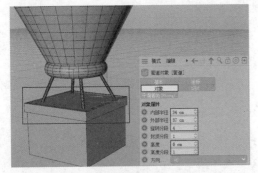

图 4-94

步骤 07 案例最终效果如图4-95所示。

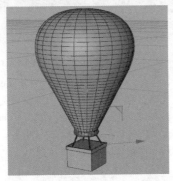

图 4-95

实例：使用【圆柱】【立方体】【管道】制作拱门

案例路径：Chapter 04　内置几何体建模→实例：使用【圆柱】【立方体】【管道】制作拱门

拱门是电商广告设计中常见的元素，常用在促销广告、店庆等活动中。本实例使用【圆柱】【立方体】【管道】制作拱门，如图4-96所示。

扫一扫，看视频

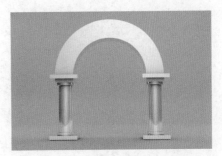

图 4-96

步骤 01 执行【创建】|【参数对象】|【立方体】命令，创建一个立方体。创建完成后进入【对象】选项卡，设置【尺寸.X】为1500mm，【尺寸.Y】为200mm，【尺寸.Z】为1500mm，如图4-97所示。

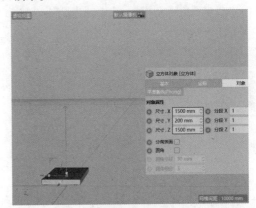

图 4-97

步骤 02 执行【创建】|【参数对象】|【圆柱】命令，创建一个圆柱。创建完成后进入【对象】选项卡，设置【半径】为500mm，【高度】为150mm，【高度分段】为1，【旋转分段】为30，如图4-98所示。

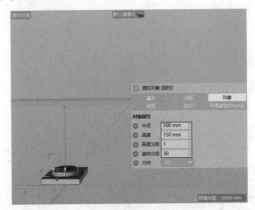

图 4-98

步骤 03 执行【创建】|【参数对象】|【圆柱】命令，创建一个圆柱。创建完成后进入【对象】选项卡，设置【半径】为400mm，【高度】为2500mm，【高度分段】为1，【旋转分段】为60，如图4-99所示。

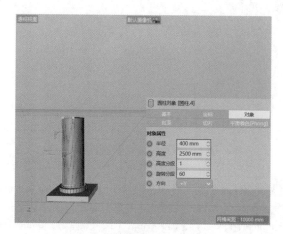

图 4-99

步骤 04 选中模型中间的圆柱，按住Ctrl键，沿Y轴拖曳复制一份，如图4-100所示。

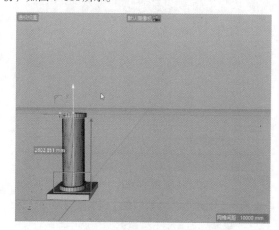

图 4-100

步骤 05 选中模型底部的立方体，按住Ctrl键，沿Y轴拖曳复制一份，如图4-101所示。

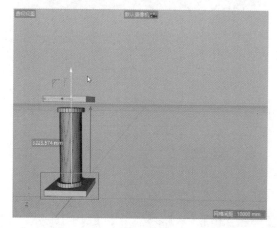

图 4-101

步骤 06 继续创建一个立方体，设置【尺寸.X】为1000mm，【尺寸.Y】为200mm，【尺寸.Z】为1000mm，如图4-102所示。

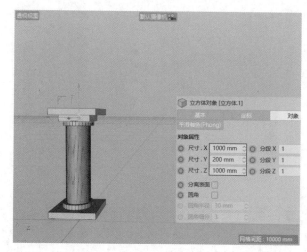

图 4-102

步骤 07 选中所有模型，按住Ctrl键，沿X轴向右拖曳复制一份，如图4-103所示。

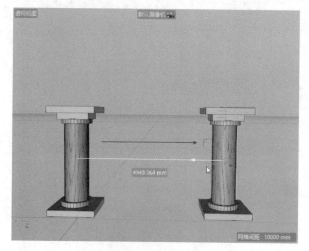

图 4-103

步骤 08 执行【创建】|【参数对象】|【管道】命令，创建一个管道。创建完成后进入【对象】选项卡，设置【内部半径】为2000mm，【外部半径】为3000mm，【旋转分段】为100，【高度分段】为1。进入【切片】选项卡，勾选【切片】，设置【起点】为360°，如图4-104所示。

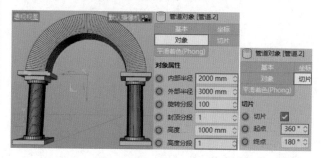

图 4-104

中文版Cinema 4D R21从入门到精通（微课视频 全彩版）

步骤 09 将管道模型进行适当旋转和移动。最终模型效果如图4-105所示。

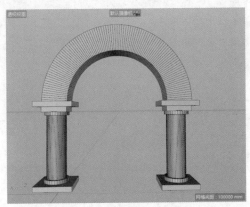

图 4-105

实例：使用【管道】【圆柱】制作落地灯

案例路径：Chapter 04 内置几何体建模→实例：使用【管道】【圆柱】制作落地灯

本实例使用【管道】【圆柱】制作落地灯，如图4-106所示。

扫一扫，看视频

图 4-106

步骤 01 执行【创建】|【参数对象】|【管道】命令，创建一个管道。创建完成后进入【对象】选项卡，设置【内部半径】为390mm，【外部半径】为400mm，【旋转分段】为100，【高度】为400mm，【高度分段】为1，如图4-107所示。

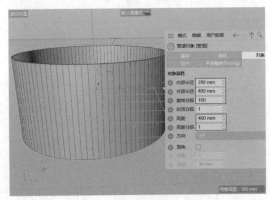

图 4-107

步骤 02 执行【创建】|【参数对象】|【圆柱】命令，创建一个圆柱。创建完成后进入【对象】选项卡，设置【半径】为20mm，【高度】为1700mm，如图4-108所示。

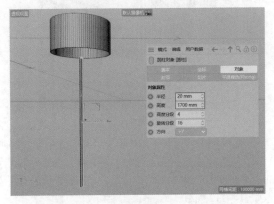

图 4-108

步骤 03 将刚创建的圆柱进行适当旋转（按住Shift键以5°为单位进行旋转更精准），如图4-109所示。

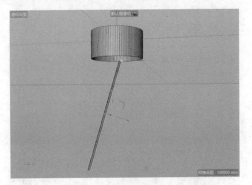

图 4-109

步骤 04 继续制作剩余部分，如图4-110所示。

图 4-110

实例：使用几何体艺术组合模型

案例路径：Chapter 04 内置几何体建模→实例：使用几何体艺术组合模型

本实例使用几何体艺术组合模型，如

扫一扫，看视频

图4-111所示。

图 4-111

步骤 01 执行【创建】|【参数对象】|【圆柱】命令,创建一个圆柱。创建完成后进入【对象】选项卡,设置【半径】为700mm,【高度】为100mm,【高度分段】为1,【旋转分段】为100,如图4-112所示。

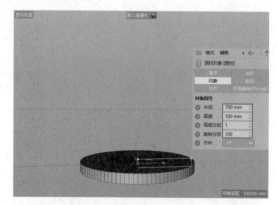

图 4-112

步骤 02 执行【创建】|【参数对象】|【立方体】命令,创建一个立方体。创建完成后进入【对象】选项卡,设置【尺寸.X】为200mm,【尺寸.Y】为1500mm,【尺寸.Z】为200mm,并将其移动至合适位置,如图4-113所示。

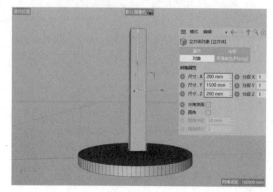

图 4-113

步骤 03 执行【创建】|【参数对象】|【圆环】命令,创建一个圆环。创建完成后进入【对象】选项卡,设置【圆环半径】为500mm,【导管半径】为80mm。在【切片】选项卡中选中【切片】复选框,并将其移动、旋转至合适位置,如

图4-114所示。

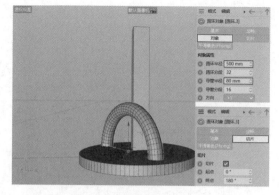

图 4-114

步骤 04 执行【创建】|【参数对象】|【圆柱】命令,创建一个圆柱。创建完成后进入【对象】选项卡,设置【半径】为150mm,【高度】为800mm,【高度分段】为1,【旋转分段】为100,并将其移动、旋转至合适位置,如图4-115所示。

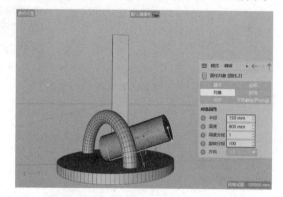

图 4-115

步骤 05 执行【创建】|【参数对象】|【圆锥】命令,创建一个圆锥。创建完成后进入【对象】选项卡,设置【底部半径】为300mm,【高度】为800mm,【高度分段】为1,【旋转分段】为100,并将其移动、旋转至合适位置,如图4-116所示。

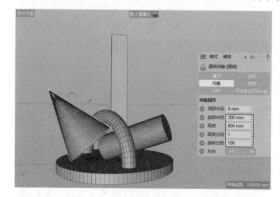

图 4-116

步骤 06 执行【创建】|【参数对象】|【球体】命令,创建一个球体。创建完成后进入【对象】选项卡,设置【半径】

中文版Cinema 4D R21从入门到精通(微课视频 全彩版)

为300mm，【分段】为100，并将其移动至合适位置，如图4-117所示。

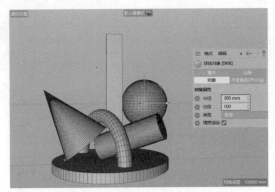

图 4-117

步骤 07 执行【创建】|【参数对象】|【圆环】命令，创建一个圆环。创建完成后进入【对象】选项卡，设置【圆环半径】为800mm，【圆环分段】为100，【导管半径】为30mm，并将其移动、旋转至合适位置，如图4-118所示。

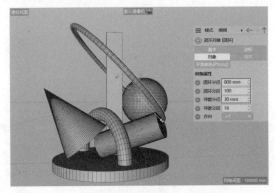

图 4-118

步骤 08 执行【创建】|【参数对象】|【圆柱】命令，创建一个圆柱。创建完成后进入【对象】选项卡，设置【半径】为400mm，【高度】为80mm，【高度分段】为1，【旋转分段】为100，并将其移动、旋转至合适位置，如图4-119所示。

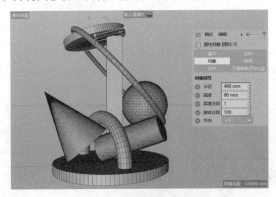

图 4-119

步骤 09 执行【创建】|【参数对象】|【宝石】命令，创建一个宝石。创建完成后进入【对象】选项卡，设置【半径】为100mm，并将其移动、旋转至合适位置，如图4-120所示。

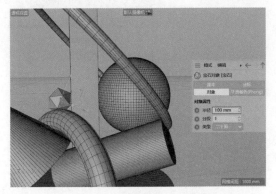

图 4-120

步骤 10 最终的几何体艺术组合模型如图4-121所示。

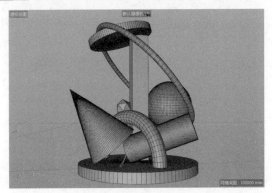

图 4-121

Chapter
05
第5章

大揭密

扫一扫，看视频

样条建模

本章内容简介

　　本章将学习样条建模，通过学习可以对二维图形进行创建、修改，还可以将其转化为可编辑样条，从而对样条的点、边等进行编辑操作。学习样条，不仅可以制作出二维图形效果，还可以将其修改为三维模型。

重点知识掌握

- 不同样条的参数
- 样条的编辑
- 将二维样条变为三维模型

通过本章学习，我能做什么?

　　通过本章的学习，我们可以利用样条建模轻松制作出一些线条形态的模型，这些线条形态的模型通常可以用于组成家具中的某些部分，如吊灯上的弧形灯柱、顶棚四周的石膏线、铁艺桌椅、欧式家具上的雕花等。

佳作欣赏

5.1 认识样条

本节将讲解样条建模的基本知识，包括样条概念、样条适合制作的模型。

5.1.1 样条建模概述

样条线是二维图形，它是一个没有深度的连续线，可以是开的，也可以是封闭的。创建二维样条线对于三维模型来说非常重要，如使用样条线中的【文本】工具创建一组文字，然后可以将其变为三维文字。

5.1.2 样条建模适合制作的模型

利用样条线可以制作很多线性形状的模型，如竹藤吊灯、墙体框架模型、水晶灯，还可制作三维文字，如图5-1和图5-2所示。

图 5-1　　　　图 5-2

5.2 创建样条

长按【样条画笔】 按钮，即可选择标准的样条方式，包括圆弧、圆环、螺旋、多边、矩形、星形、文本、四边、蔓叶类曲线、齿轮、摆线、公式、花瓣、轮廓，如图5-3所示。

扫一扫，看视频

图 5-3

[重点]5.2.1　圆弧

利用圆弧工具可以创建弧线形状，其参数如图5-4所示。

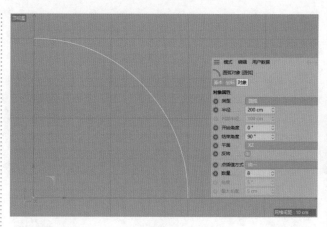

图 5-4

重点参数：

● 类型：设置圆弧的类型，包括圆弧、扇区、分段、环状4种，如图5-5所示。

（a）圆弧　　　　（b）扇区

（c）分段　　　　（d）环状

图 5-5

● 半径：设置圆弧的半径数值。

● 内部半径：设置【类型】为【环状】时，该参数控制内部的半径数值。

● 开始角度：设置圆弧开始时的角度。

● 结束角度：设置圆弧结束时的角度。

● 平面：设置圆弧的轴向，分别为XY、ZY、XZ 3种。

● 点插值方式：选择点插值的方式，包括无、自然、统一、自动适应、细分5种。

● 数量：该数值越大，圆弧越光滑。

● 角度：设置【点插值方式】为【自动适应】时，可以修改角度数值。

● 最大长度：设置【点插值方式】为【细分】时，可以修改最大长度数值。

{重点}5.2.2 圆环

利用圆环工具可以创建圆环形状，其参数如图5-6所示。

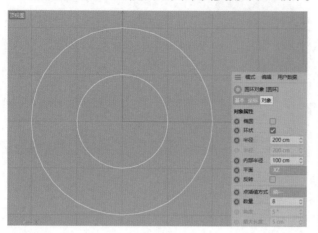

图 5-6

重点参数：

- 椭圆：选中【椭圆】复选框，即可设置两个半径参数，使其变为椭圆。
- 环状：选中【环状】复选框，即可制作出同心圆。
- 半径：设置圆的半径大小。
- 内部半径：选中【环状】复选框后，修改【内部半径】可以设置同心圆中内部圆形的半径大小。

5.2.3 螺旋

利用螺旋工具可以创建螺旋形状，其参数如图5-7所示。

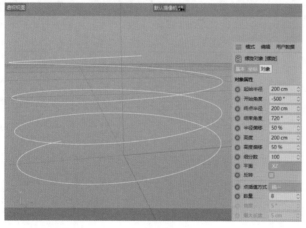

图 5-7

重点参数：

- 起始半径：设置螺旋底部的半径。
- 开始角度：设置螺旋底部的角度。不同的数值会在底部产生不同的螺旋圈数。

- 终点半径：设置螺旋顶部的半径。
- 结束角度：设置螺旋顶部的角度。不同的数值会在顶部产生不同的螺旋圈数。
- 半径偏移：【起始半径】和【终点半径】设置不同参数时，修改该数值才有变化。该参数可以产生不同的半径变化，如图5-8所示。

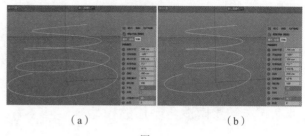

（a）　　　　　　　　　　（b）

图 5-8

- 高度：设置螺旋的总高度。
- 高度偏移：设置螺旋的高度变化，数值越小螺旋底部越紧凑，数值越大螺旋顶部越紧凑，如图5-9所示。

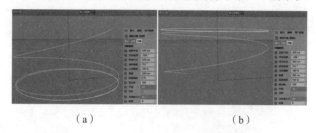

（a）　　　　　　　　　　（b）

图 5-9

- 细分数：数值越大，螺旋图形越光滑、精细。

5.2.4 多边

利用多边工具可以创建不同边数的多边形，如三角形、五边形、六边形、八边形等，其参数如图5-10所示。

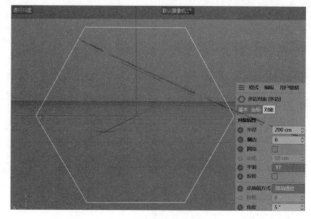

图 5-10

重点参数：

- 半径：设置多边形的半径数值。

- 侧边：设置多边形的边数。
- 圆角：选中【圆角】复选框后，多边形的转折处会产生圆角，如图5-11所示。

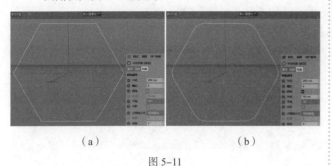

（a）　　　　　　　（b）

图 5-11

- 半径：设置圆角的半径大小。

【重点】5.2.5　矩形

利用矩形工具可以创建矩形或圆角矩形，其参数如图5-12所示。

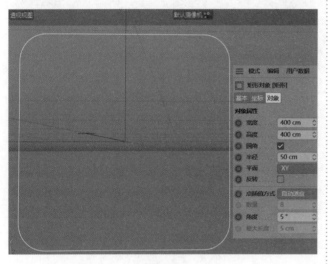

图 5-12

重点参数：

- 宽度：设置矩形的宽度数值。
- 高度：设置矩形的高度数值。
- 圆角：选中该复选框，即可设置矩形四角的圆角数值。
- 半径：设置圆角的半径数值。

5.2.6　星形

利用星形工具可以创建不同顶点数的星形图形，如五角星、八角星等，其参数如图5-13所示。

重点参数：

- 内部半径：设置星形内侧的半径数值。

- 外部半径：设置星形外侧的半径数值。

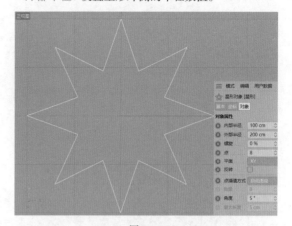

图 5-13

- 螺旋：设置星形的扭曲效果，如图5-14所示。

图 5-14

- 点：设置星形的顶点个数，设置为5时为五角星，设置为8时为八角星。

【重点】5.2.7　文本

利用文本工具可以创建文字，如图5-15所示。利用文本可以修改字体、对齐、间距等参数，其参数如图5-16所示。

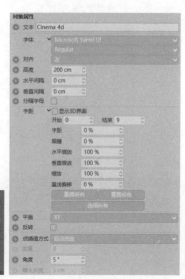

图 5-15　　　　　　　　图 5-16

重点参数：

- **文本**：修改文字内容。
- **字体**：设置文字的字体类型。
- **对齐**：设置文字的对齐方式，包括左、中、右3种。
- **高度**：设置文字的尺寸大小。
- **水平间隔**：设置文字与文字的水平横向间隔距离。
- **垂直间隔**：设置文字的行间距离。
- **字距**：单击后方的▶按钮，即可展开字距相关参数，如图5-17所示。

图 5-17

5.2.8　四边

利用四边工具可以创建菱形、风筝、平行四边形、梯形4种图形，其参数如图5-18所示。

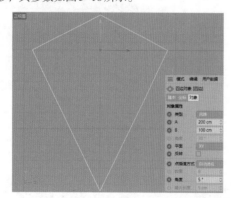

图 5-18

重点参数：

- **类型**：设置四边的类型，包括菱形、风筝、平行四边形、梯形4种。

- **A**：设置四边一侧的长度。
- **B**：设置四边另一侧的长度。
- **角度**：设置四边类型为【平行四边形】和【梯形】时，可以修改【角度】参数。该数值可以使四边产生角度变化，如图5-19所示。

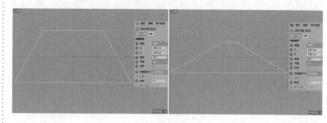

图 5-19

5.2.9　蔓叶类曲线

利用蔓叶类曲线工具可以创建类似蔓叶植物一般的曲线效果，曲线非常优美，如图5-20所示。

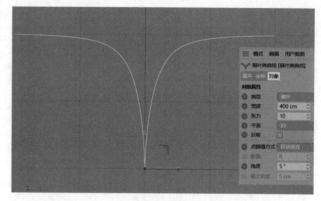

图 5-20

重点参数：

- **类型**：设置不同的类型，包括蔓叶、双扭、环索3种，如图5-21所示。

（a）蔓叶　　　（b）双扭　　　（c）环索

图 5-21

- **宽度**：设置蔓叶类曲线的图形大小。
- **张力**：当设置【类型】为【蔓叶】或【环索】时可用，数值越大则曲线越向上方挤压。

5.2.10　齿轮

利用齿轮工具可以创建齿轮图形，如图5-22所示。其参数如图5-23所示。

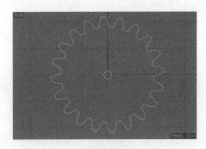

图 5-22

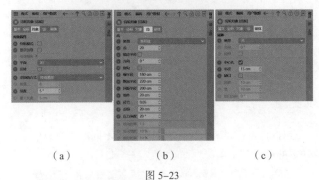

　（a）　　　　　　　　（b）　　　　　　　　（c）

图 5-23

齿轮的重点参数如下。

1.对象

利用【对象】选项卡可以设置传统模式、显示引导等参数，如图5-24所示。

图 5-24

● 传统模式：选中该复选框，参数会变为传统模式参数，如图5-25所示。

图 5-25

● 显示引导：选中该复选框，即可显示黄色的引导线，如图5-26所示。

图 5-26

● 引导颜色：设置引导线的颜色。

2.齿

利用【齿】选项卡可以设置类型、齿、方向等常规参数，如图5-27所示。

图 5-27

● 类型：设置齿轮的形态类型，包括无、渐开线、棘轮、平坦4种，如图5-28所示。

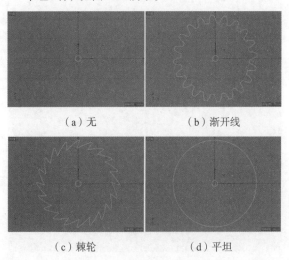

　（a）无　　　　　　　　（b）渐开线

　（c）棘轮　　　　　　　　（d）平坦

图 5-28

● 齿：设置齿轮的锯齿个数。

3.嵌体

【嵌体】选项卡用于设置齿轮嵌体的类型、方向、半径等，如图5-29所示。

图 5-29

类型：设置嵌体的类型，包括无、轮辐、孔洞、拱形、波浪5种，如图5-30所示。

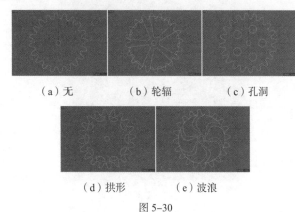

（a）无　　　　（b）轮辐　　　　（c）孔洞

（d）拱形　　　　（e）波浪

图 5-30

5.2.11　摆线

利用摆线工具可以创建摆线、外摆线、内摆线3种样条效果，其参数如图5-31所示。

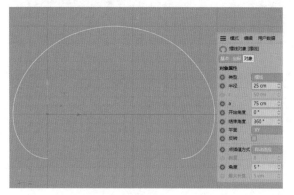

图 5-31

重点参数：

● 类型：设置摆线的方式，包括摆线、外摆线、内摆线3种，如图5-32所示。

（a）摆线　　　　（b）外摆线　　　　（c）内摆线

图 5-32

● 半径：设置摆线的半径大小。

● 开始角度：设置摆线开始的角度。

● 结束角度：设置摆线结束的角度。

5.2.12　公式

可以通过设置不同的【公式】，产生不同的曲线效果，其参数如图5-33所示。

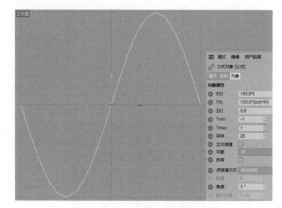

图 5-33

5.2.13　花瓣

利用花瓣工具可以绘制花朵形态的样条，其参数如图5-34所示。

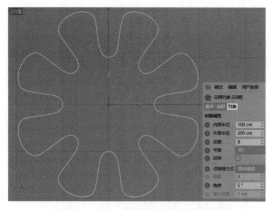

图 5-34

中文版Cinema 4D R21从入门到精通（微课视频 全彩版）

重点参数：

- 内部半径：设置花瓣的内部半径数值。
- 外部半径：设置花瓣的外部半径数值。
- 花瓣：设置花瓣的个数。图5-35所示为不同花瓣参数的对比效果。

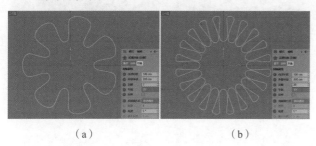

（a）　　　　　　　　（b）

图 5-35

5.2.14 轮廓

利用轮廓工具可以制作H、L、T、U、Z字母轮廓形状的样条，其参数如图5-36所示。

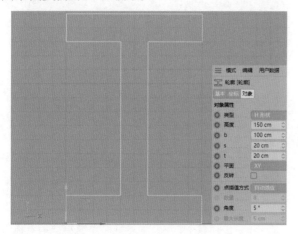

图 5-36

重点参数：

- 类型：设置轮廓的类型，包括H、L、T、U、Z形状5种。
- 高度：设置样条的高度。
- b：设置样条中最右侧的宽度。
- s：设置样条中最左侧的宽度。
- t：设置样条本身的厚度。

【重点】5.3 将样条转换为可编辑对象

选中创建完成的样条，单击界面左侧的【转为可编辑对象】 按钮，即可将样条转换为可编辑对象。接着单击

（点）级别，即可对样条上的点进行选择或编辑，如图5-37和图5-38所示。

图 5-37　　　　　　　　图 5-38

右击【点】，在弹出的快捷菜单中可以看到很多工具，如图5-39所示。

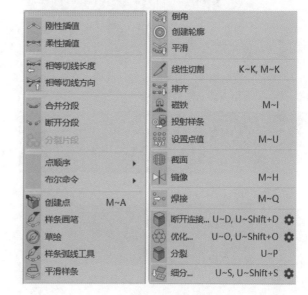

图 5-39

【重点】5.4 创建其他样条

Cinema 4D除了可创建标准的样条，如圆弧、圆环、螺旋外，还可绘制更随意的样条。长按【样条画笔】 按钮，即可选择样条画笔、草绘、平滑样条、样条弧线工具，如图5-40所示。

扫一扫，看视频

图 5-40

5.4.1 样条画笔

利用样条画笔可以绘制5种类型的线条，包括线性、立方、Akima、B-样条、贝塞尔。单击【样条画笔】 ✐ 按钮，即可设置参数，如图5-41所示。

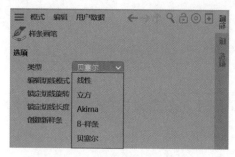

图 5-41

重点参数：

类型：设置绘制样条的类型，包括线性、立方、Akima、B-样条、贝塞尔方式。效果如图5-42所示。

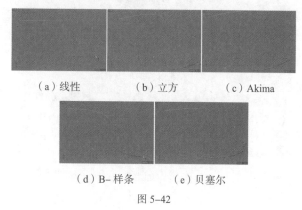

（a）线性　　　（b）立方　　　（c）Akima

（d）B-样条　　　（e）贝塞尔

图 5-42

5.4.2 草绘

利用草绘可以通过拖曳鼠标绘制非常灵活、自由的线，类似画笔一样。单击【草绘】 ✐ 按钮，即可设置参数，如图5-43所示。

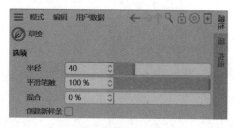

图 5-43

重点参数：

● 半径：设置草绘绘制时的画笔半径大小。
● 平滑笔触：设置画笔的平滑效果，数值越大绘制的线

越平滑。

单击【草绘】按钮，按住鼠标左键拖动即可绘制更自由的曲线，如图5-44所示。绘制完成后，即可看到线上有很多点，如图5-45所示。

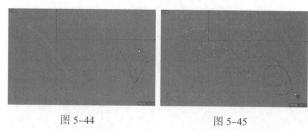

图 5-44　　　　　　图 5-45

5.4.3 平滑样条

使用【样条画笔】或【草绘】工具绘制完成线条后，可以使用【平滑样条】工具，在线条上拖曳，使线条变得更平滑，转折更少。单击【平滑样条】 ⬒ 按钮，即可设置参数，如图5-46所示。

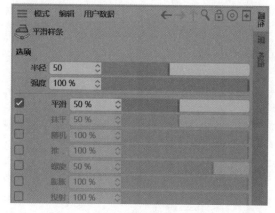

图 5-46

单击【平滑样条】按钮，按住鼠标左键在样条上拖动，即可将样条变得更光滑，如图5-47和图5-48所示。

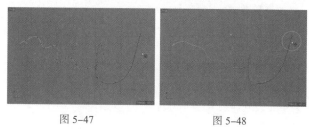

图 5-47　　　　　　图 5-48

5.4.4 样条弧线工具

利用【样条弧线工具】可以绘制更准确的弧线形状，并且可以设置弧线的【中点】【终点】【起点】【中心】【半径】【角度】参数。单击【样条弧线工具】 ✐ 按钮，即可设置参数，如图5-49所示。其绘制的形态如图5-50所示。

中文版Cinema 4D R21从入门到精通（微课视频 全彩版）

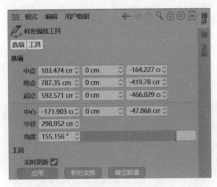

图 5-49

图 5-50

重点参数：

- 中点：设置弧线的中点位置。
- 终点：设置弧线的终点位置。
- 起点：设置弧线的起点位置。
- 中心：设置弧线的中心位置。
- 半径：设置弧线的半径大小。
- 角度：设置弧线的角度数值，数值越大弧线越接近圆形。

{重点}5.5 编辑样条

在创建完成2个样条后，可以对这2个样条进行编辑。选中2个样条，长按 🖉 按钮，即可选择样条的编辑方式，包括样条差集、样条并集、样条合集、样条或集、样条交集5种，如图5-51所示。

图 5-51

5.5.1 样条差集

创建1个圆环和1个多边，并选中这2个图形，如图5-52

所示。单击【样条差集】🖉 按钮，图形即可产生变化，如图5-53所示。

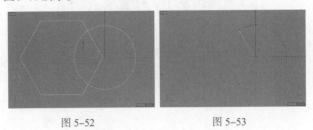

图 5-52 　　　　　　　图 5-53

5.5.2 样条并集

创建1个圆环和1个多边，并选中这2个图形，如图5-52所示。单击【样条并集】🖉 按钮，图形即可产生变化，如图5-54所示。

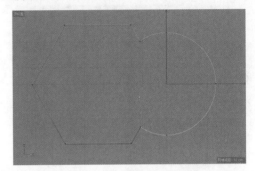

图 5-54

5.5.3 样条合集

创建1个圆环和1个多边，并选中这2个图形，如图5-52所示。单击【样条合集】🖉 按钮，图形即可产生变化，如图5-55所示。

图 5-55

5.5.4 样条或集

创建1个圆环和1个多边，并选中这2个图形，如图5-52所示。单击【样条或集】🖉 按钮，图形即可产生变化，如图5-56所示。

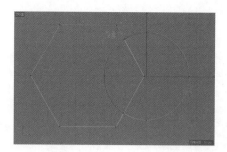

图 5-56

5.5.5 样条交集

创建1个圆环和1个多边,并选中这2个图形,如图5-52所示。单击【样条交集】 按钮,图形即可产生变化,如图5-57所示。

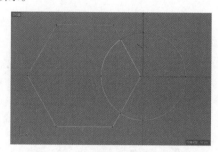

图 5-57

5.6 样条变成三维效果

通常我们使用样条的最终目的是创建三维模型效果,这就需要选中样条后,长按 按钮,选择相应的工具,如图2-42所示;或执行【创建】|【生成器】命令,如图5-58所示。

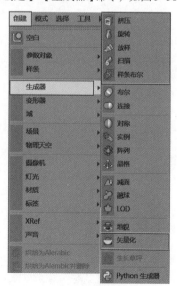

图 5-58

【重点】5.6.1 挤压

利用【挤压】工具可以将样条变成具有厚度的三维效果,常应用于制作三维文字,如图5-59所示。其参数如图5-60所示。

   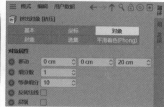

图 5-59   图 5-60

重点参数:

● 移动:设置挤压的厚度。

● 细分数:设置模型的细分数量,数值越大,模型越细致。

● 反转法线:选中该复选框后,可将模型的法线反转。

实例:使用【齿轮】【挤压】制作三维齿轮

扫一扫,看视频

案例路径:Chapter 05 样条建模→实例:使用【齿轮】【挤压】制作三维齿轮

本例使用【齿轮】【挤压】制作三维齿轮,如图5-61所示。

图 5-61

步骤 01 执行【创建】|【样条】|【齿轮】命令,并设置【嵌体】选项卡中的【类型】为【孔洞】,如图5-62所示。

步骤 02 此时的齿轮效果如图5-63所示。

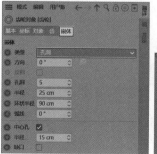   

图 5-62   图 5-63

中文版Cinema 4D R21从入门到精通(微课视频 全彩版)

步骤 03 执行【创建】|【生成器】|【挤压】命令，按住鼠标左键并拖曳齿轮到【挤压】上，出现↓图标时松开鼠标，如图5-64所示。

步骤 04 选择【挤压】，设置参数。设置【移动】的第3个数值为40cm，如图5-65所示。

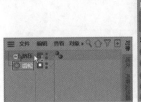

图 5-64　　　　　　　　图 5-65

步骤 05 此时齿轮已经变成三维效果，如图5-66所示。

步骤 06 用同样的方法制作出另外一个齿轮，如图5-67所示。

图 5-66　　　　　　　　图 5-67

实例：使用【挤压】制作三维艺术字

案例路径：Chapter 05 样条建模→实例：使用【挤压】制作三维艺术字

本实例使用【挤压】制作三维艺术字，如图5-68所示。

扫一扫，看视频

图 5-68

步骤 01 执行【创建】|【样条】|【文本】命令，并在【文本】文本框中输入【C4D】，设置合适的字体，设置【高度】为198.302cm，如图5-69所示。

步骤 02 此时的文字如图5-70所示。

步骤 03 执行【创建】|【生成器】|【挤压】命令，**按住鼠标左键并拖曳文本到【挤压】上，出现↓图标时松开鼠标**，如

图5-71所示。

步骤 04 选择【挤压】，设置参数。设置【移动】的第3个数值为200cm，如图5-72所示。

图 5-69　　　　　　　　图 5-70

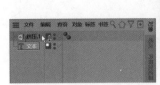

图 5-71　　　　　　　　图 5-72

步骤 05 此时的三维文字效果如图5-73所示。

步骤 06 将剩余部分制作完成，最终效果如图5-74所示。

图 5-73　　　　　　　　图 5-74

> **提示：最后的装饰元素怎么做**
>
> 本例先不讲解如何制作最后的装饰元素，学到本章我们还暂时无法制作这些有趣的三维装饰，但是不要着急，等大家学习到后面的【多边形建模】章节时，这些元素就可以很轻松地制作出来。

实例：使用【挤压】制作双11文字

案例路径：Chapter 05 样条建模→实例：使用【挤压】制作双11文字

本实例使用【挤压】制作双11文字，该方法常用于制作电商广告文字，如图5-75所示。

扫一扫，看视频

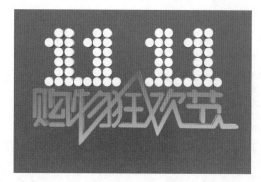

图 5-75

步骤 01 使用样条画笔仔细绘制出【购物狂欢节】，如图 5-76 所示。

步骤 02 执行【创建】|【生成器】|【挤压】命令，按住鼠标左键并拖曳样条到【挤压】上，出现▌图标时松开鼠标，如图 5-77 所示。

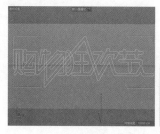

图 5-76　　　　　　　图 5-77

步骤 03 选择【挤压】，设置参数。设置【移动】的第 3 个数值为 130cm，如图 5-78 所示。

图 5-78

步骤 04 此时【购物狂欢节】变为三维效果，如图 5-79 所示。

步骤 05 创建多个圆柱模型，并摆放成 "11 11" 图案，如图 5-80 所示。

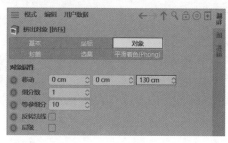

图 5-79　　　　　　　图 5-80

实例：使用【挤压】制作三维节目文字

扫一扫，看视频

案例路径：Chapter 05 样条建模→实例：使用【挤压】制作三维节目文字

本实例使用样条画笔绘制文字图案，并使用【挤压】制作三维节目文字，如图 5-81 所示。

图 5-81

步骤 01 使用样条画笔，在正视图中绘制出【去旅行吧】，如图 5-82 所示。

步骤 02 创建一个挤压，按住鼠标左键并拖曳样条到【挤压】上，出现▌图标时松开鼠标，如图 5-83 所示。

图 5-82　　　　　　　图 5-83

步骤 03 选择【挤压】，设置【移动】的第 3 个数值为 3cm，如图 5-84 所示。

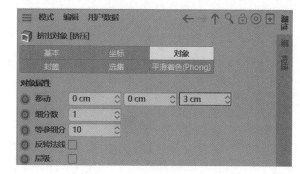

图 5-84

步骤 04 此时的三维文字效果如图 5-85 所示。

步骤 05 继续在正视图中文字的四周使用样条画笔绘制图形，如图 5-86 所示。

中文版Cinema 4D R21从入门到精通（微课视频 全彩版）

图 5-85

图 5-86

图 5-92 　　　　　　　图 5-93

步骤 06 创建一个挤压，按住鼠标左键并拖曳样条到【挤压.1】上，出现↓图标时松开鼠标，如图5-87所示。

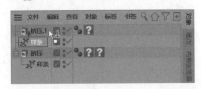
图 5-87

步骤 07 选择【挤压.1】，设置【移动】的第3个数值为5cm，如图5-88所示。

步骤 08 此时的三维文字外侧出现了背景板，如图5-89所示。

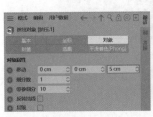
图 5-88

图 5-89

步骤 09 用同样方法继续制作出另外一个更大的背景板，如图5-90所示。

步骤 10 使用矩形工具在正视图中创建2个矩形，命名为【矩形】【矩形.1】，其位置和大小如图5-91所示。

图 5-90

图 5-91

步骤 11 执行【创建】|【生成器】|【样条布尔】命令，创建样条布尔。按住鼠标左键并拖曳【矩形.1】和【矩形】到【样条布尔】上，出现↓图标时松开鼠标，如图5-92所示。

步骤 12 继续创建一个挤压，按住鼠标左键并拖曳【样条布尔】到【挤压.4】上，出现↓图标时松开鼠标，如图5-93所示。

步骤 13 选择【样条布尔】，设置【模式】为【B减A】，此时文字四周的外框效果如图5-94所示。

步骤 14 创建一个立方体，设置【尺寸.X】为800cm，【尺寸.Y】为400cm，【尺寸.Z】为3cm，如图5-95所示。

图 5-94

图 5-95

步骤 15 最终模型效果如图5-96所示。

图 5-96

【重点】5.6.2　旋转

旋转工具的原理是通过绕轴旋转一个图形来创建3D模型，常用来制作花瓶、罗马柱、玻璃杯、酒瓶等，如图5-97和图5-98所示。

图 5-97

图 5-98

按住鼠标左键并拖曳样条到【旋转】上，出现↓图标时松开鼠标，如图5-99所示。

图 5-99

其参数如图 5-100 所示。

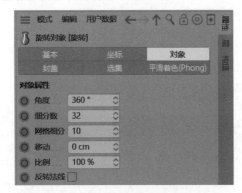

图 5-100

重点参数：

- 角度：设置旋转后模型的完整度。图5-101所示为设置 【角度】为90°和360°的对比效果。

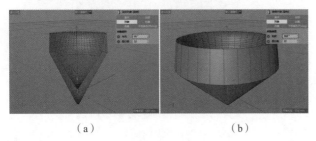

（a）　　　　　　　　　　（b）

图 5-101

- 细分数：设置模型的分段数，数值越大模型越精细。
- 移动：设置模型起始位置的上下起伏效果，数值越大，模型起始、结束位置距离越远，如图5-102所示。

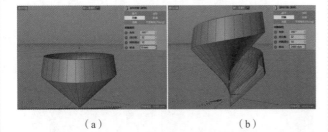

（a）　　　　　　　　　　（b）

图 5-102

- 比例：控制模型一端的缩小和放大，数值越小越收缩，数值越大越放大。图5-103所示为设置【比例】为0%和200%的对比效果。

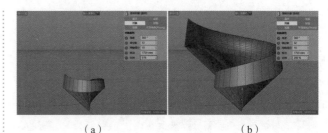

（a）　　　　　　　　　　（b）

图 5-103

实例：使用【旋转】制作高脚杯

扫一扫，看视频

案例路径:Chapter 05 样条建模→实例：使用【旋转】制作高脚杯

本实例使用【旋转】制作高脚杯，如图5-104所示。

图 5-104

步骤 01 使用样条画笔在正视图中绘制出高脚杯一半的图形，如图5-105所示（注意：左侧是未闭合的）。

步骤 02 选中样条，设置【点插值方式】为【自然】，【数量】为50，如图5-106所示。

图 5-105　　　　　　　图 5-106

步骤 03 执行【创建】|【生成器】|【旋转】命令，按住鼠标左键并拖曳样条到【旋转】上，出现图标时松开鼠标，如图5-107所示。

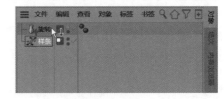

图 5-107

步骤 04 最终高脚杯模型效果如图5-108所示。

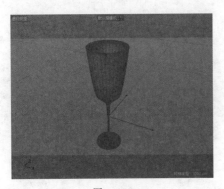

图 5-108

【重点】5.6.3 放样

放样是通过多条样条制作三维效果面，其参数如图5-109所示。

图 5-109

重点参数：

- 网孔细分U：设置放样后模型的U方向的分段数值。
- 网孔细分V：设置放样后模型的V方向的分段数值。

实例：使用【放样】制作牙膏

案例路径：Chapter 05 样条建模→实例：使用【放样】制作牙膏

本实例使用多个样条，添加【放样】制作牙膏，如图5-110所示。

扫一扫，看视频

图 5-110

步骤 01 创建7个样条，分别为5个圆环和2个齿轮，注意自上而下的摆放顺序，如图5-111所示。

步骤 02 选中圆环1，选中【椭圆】复选框，设置两个【半径】

数值分别为4cm和0.2cm，如图5-112所示；选中圆环2，选中【椭圆】复选框，设置两个【半径】数值分别为4cm和1cm；选中圆环3，选中【椭圆】复选框，设置两个【半径】数值分别为4cm和2cm；设置圆环4的【半径】数值为4cm；设置圆环5的【半径】数值为2cm。

图 5-111

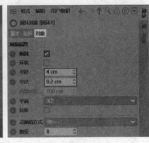

图 5-112

步骤 03 选中齿轮1，选择【齿】选项卡，设置【齿】为40，【根半径】为1.6cm，【附加半径】为1.909cm，【间距半径】为1.818cm，【组件】为0.091cm，【径节】为11，【齿根】为0.218cm，【压力角度】为18.195°；选择【嵌体】选项卡，设置【类型】为【无】。继续设置齿轮2中【齿】选项卡的【齿】为40，【根半径】为1.818cm，【附加半径】为1.909cm，【间距半径】为1.818cm，【组件】为0.091cm，【径节】为11，【齿根】为0cm，【压力角度】为18.185°；设置【嵌体】选项卡中的【类型】为【无】，取消选中【中心孔】复选框，如图5-113所示。

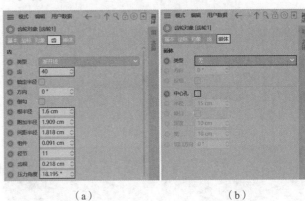

（a） （b）

图 5-113

步骤 04 执行【创建】|【生成器】|【放样】命令，如图5-114所示。

步骤 05 选择此时的7条样条，按住鼠标左键并拖曳7条样条到【放样】上，出现 ⬇ 图标时松开鼠标，如图5-115所示。

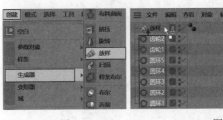

图 5-114 图 5-115

步骤 06 此时出现了三维牙膏模型，但牙膏模型非常粗糙，顶部甚至没有出现齿轮效果，如图5-116所示。

步骤 07 选择【放样】，设置【网孔细分U】为200，【网孔细分V】为30，如图5-117所示。

图 5-116 图 5-117

步骤 08 最终模型效果如图5-118所示。

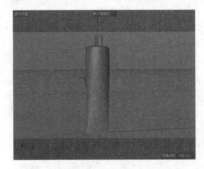

图 5-118

提示：【对象】中每个样条的上下次序非常重要

如果【列表】中样条的上下排序错误，那么最终放样后的模型也是错误的。【列表】最下方就是牙膏最下方的图形，【列表】最上方则是牙膏最上方的图形。图5-119所示为错误的排序和正确的排序的对比效果。

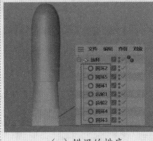 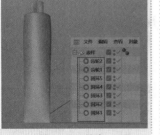

（a）错误的排序 （b）正确的排序

图 5-119

[重点] 5.6.4 扫描

2个样条通过应用扫描，可产生三维模型效果。注意，2个样条的上下次序非常重要，千万不要弄反。

按住鼠标左键并拖曳2个样条到【扫描】上，出现 图标

时松开鼠标，如图5-120所示，二维样条变为三维效果。

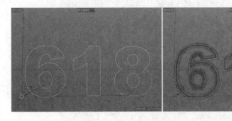

（a） （b）

图 5-120

其参数如图5-121所示。

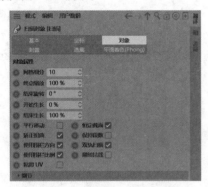

图 5-121

重点参数：

● 终点缩放：设置扫描后的模型的最终粗度，数值越大越粗。图5-122所示为设置【终点缩放】为100%和300%的对比效果。

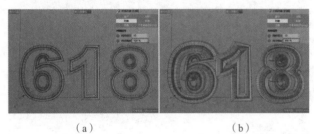

（a） （b）

图 5-122

● 结束旋转：设置扫描后的模型产生的旋转扭曲效果。图5-123所示为设置【结束旋转】为0°和360°的对比效果。

（a） （b）

图 5-123

中文版Cinema 4D R21从入门到精通（微课视频 全彩版）

● 开始生长：随着该数值的增大，扫描后的模型会从开始的位置逐渐消失。图5-124所示为设置【开始生长】为10%和60%的对比效果。

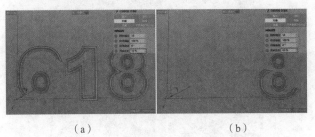

（a） （b）

图5-124

● 结束生长：随着该数值的减小，扫描后的模型会从结束的位置逐渐消失。图5-125所示为设置【结束生长】为90%和30%的对比效果。

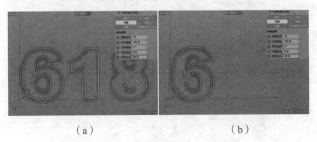

（a） （b）

图5-125

实例：使用【扫描】制作趣味三维文字

案例路径:Chapter 05 样条建模→使用【扫描】制作趣味三维文字

本实例使用【扫描】制作趣味三维文字，如图5-126所示。

扫一扫，看视频

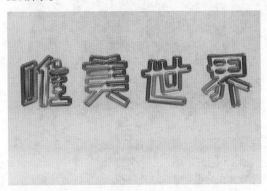

图5-126

步骤 01 执行【创建】|【样条】|【文本】命令，在【文本】文本框中输入"唯美世界"，设置合适的字体，如图5-127所示。

步骤 02 执行【创建】|【样条】|【星形】命令，设置【内部半径】为4cm，【外部半径】为7cm，如图5-128所示。

图5-127

图5-128

步骤 03 要特别注意星形和文本的上下次序，将星形放置于上方，如图5-129所示。

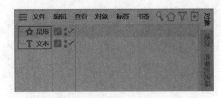

图5-129

步骤 04 此时视图中的两个样条如图5-130所示。

图5-130

步骤 05 执行【创建】|【生成器】|【扫描】命令，按住鼠标左键并拖曳2个样条到【扫描】上，出现 图标时松开鼠标，

如图5-131所示。

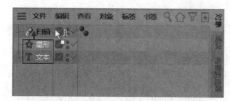

图 5-131

步骤 06 此时扫描、星形、文本的关系如图5-132所示。

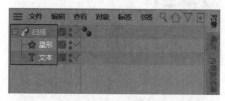

图 5-132

步骤 07 最终三维文字效果如图5-133所示。

图 5-133

实例：使用【扫描】制作卡通眼镜

扫一扫，看视频

案例路径：Chapter 05 样条建模→使用【扫描】制作卡通眼镜

本实例使用【扫描】制作卡通眼镜，如图5-134所示。

图 5-134

步骤 01 执行【创建】|【样条】|【圆环】命令，设置【半径】为5cm，命名为【镜框1】，如图5-135所示。

步骤 02 执行【创建】|【样条】|【圆环】命令，设置【半径】为0.2cm，命名为【小圆1】，如图5-136所示。

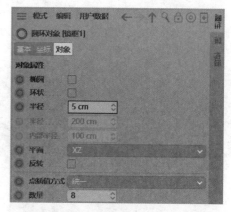

图 5-135

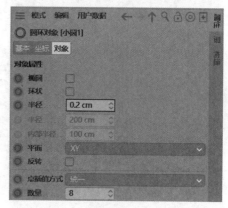

图 5-136

步骤 03 此时的两个圆环如图5-137所示。

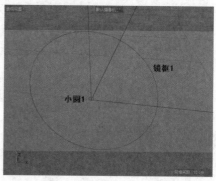

图 5-137

步骤 04 注意将【小圆1】放置于【镜框1】上方。执行【创建】|【生成器】|【扫描】命令，按住鼠标左键并拖曳2个样条到【扫描】上，出现↓图标时松开鼠标，如图5-138所示。

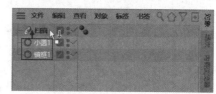

图 5-138

中文版Cinema 4D R21从入门到精通（微课视频 全彩版）

步骤 05 此时出现了一个镜框，如图5-139所示。

步骤 06 选择模型，按住Ctrl键拖动复制出另外一个镜框，如图5-140所示。

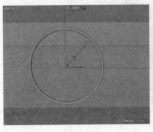
图 5-139

图 5-140

步骤 07 使用样条画笔绘制线，使用圆环绘制圆，并使用同样的操作方式制作出三维眼镜腿，如图5-141和图5-142所示。

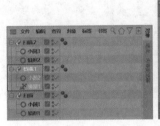
图 5-141

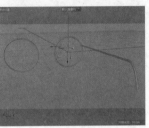
图 5-142

步骤 08 继续复制出另外一根眼镜腿，并使用同样的方式制作出鼻托模型，如图5-143和图5-144所示。

图 5-143

图 5-144

5.6.5 样条布尔

利用【样条布尔】工具可以将两个图形进行编辑，包括合集、A减B、B减A、与、或、交集6种方式。

（1）任意创建两个样条，如圆环、多边，两个样条部分重叠，如图5-145所示。

（2）创建样条布尔，然后按住鼠标左键并拖曳刚创建的2个样条到【样条布尔】上，出现↓图标时松开鼠标，如图5-146所示。

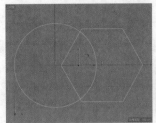
图 5-145

图 5-146

（3）此时的样条布尔和多边、圆环的关系如图5-147所示。

（4）此时两个图形变为一个图形，如图5-148所示。

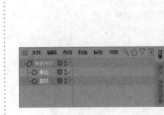
图 5-147

图 5-148

（5）制作完成后还可以修改不同的模式，如图5-149所示。

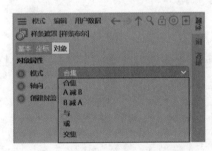
图 5-149

（6）图5-150所示为合集、A减B、B减A、与、或、交集的不同对比效果。

（a）合集　　　　（b）A减B　　　　（c）B减A

（d）与　　　　（e）或　　　　（f）交集
图 5-150

5.6.6 矢量化

矢量化可以通过加载图片，将图片自动转换为矢量图形，非常有用。例如，将一个LOGO图片转换为矢量图形，即可以制作出三维LOGO模型。其参数如图5-151所示。

图 5-151

重点参数：

公差：设置图形的精准度，数值越小越精准。

实例：使用【矢量化】制作三维LOGO模型

扫一扫，看视频

案例路径：Chapter 05 样条建模→实例：使用【矢量化】制作三维LOGO模型

本实例使用【矢量化】将一张图片提取出二维图形，并添加挤压三维LOGO模型，如图5-152所示。

图 5-152

步骤 01 执行【创建】|【生成器】|【矢量化】命令，如图5-153所示。

步骤 02 选择【矢量化】，单击【纹理】后方的 按钮，并加载本书图片素材【1.png】，如图5-154所示。

图 5-153

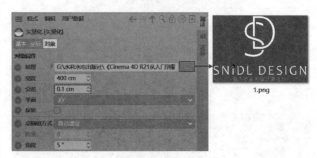

图 5-154

步骤 03 此时的图片就变成了样条，而且非常精准，如图5-155所示。

步骤 04 执行【创建】|【生成器】|【挤压】命令，如图5-156所示。

图 5-155　　　　　　　　　图 5-156

步骤 05 按住鼠标左键并拖曳【矢量化】到【挤压】上，出现 图标时松开鼠标，如图5-157所示。

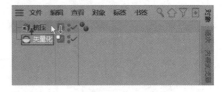

图 5-157

步骤 06 选择【挤压】，设置【移动】的第3个数值为20cm，如图5-158所示。

中文版Cinema 4D R21从入门到精通（微课视频 全彩版）

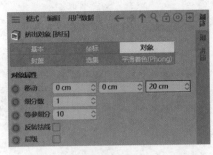

图 5-158

步骤 07 最终的三维LOGO模型如图5-159所示。

图 5-159

 **提示**：加载图片的颜色很重要

图片应尽量提前处理为黑白色。若LOGO为白色、背景为黑色，最终会出现三维LOGO效果，如图5-160所示；若LOGO为黑色、背景为白色，最终则会出现镂空的LOGO效果，如图5-161所示。

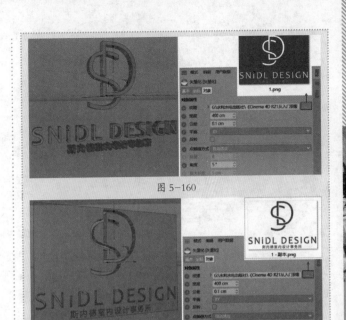

图 5-160

图 5-161

扫一扫，看视频

第6章
Chapter 06

生成器建模

本章内容简介

本章将学习针对三维模型的生成器建模，为模型添加生成器类型，可以制作相应的效果。生成器类型包括细分曲面、布料曲面、布尔、连接、对称、实例、阵列、晶格、减面、融球、LOD、生长草坪、Python生成器等。

重点知识掌握

- 了解生成器建模
- 了解常用生成器类型

通过本章学习，我能做什么？

通过学习本章内容，可以给三维模型添加生成器类型，以制作相应的效果。例如，应用布尔将模型抠除孔洞，应用晶格将模型制作为晶状结构，应用生长草坪制作毛发效果。

佳作欣赏

6.1 认识生成器建模

生成器建模可以通过对三维模型添加生成器，使其产生相应的效果。Cinema 4D中包括很多生成器类型，如细分曲面、布料曲面、布尔、连接、对称、实例、阵列、晶格等，执行【创建】|【生成器】命令即可看到，如图6-1所示。

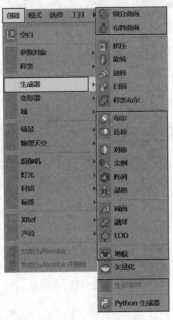

图 6-1

6.2 常用生成器类型

常用生成器类型包括细分曲面、布料曲面、布尔、连接、对称、实例、阵列、晶格、减面、融球、LOD、生长草坪、Python生成器等。

扫一扫，看视频

【重点】6.2.1 细分曲面

细分曲面用于将粗糙的模型变得更精细，需要注意模型要处于【细分曲面】级别中才可用。其参数如图6-2所示。

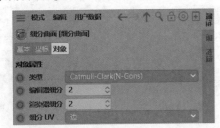

图 6-2

重点参数：
- 类型：设置细分曲面的类型，包括Catmull-Clark、Catmull-

Clark（N-Gons）、OpenSubdiv Catmull-Clark、OpenSubdiv Catmull-Clark（自适应）、OpenSubdiv Loop、OpenSubdiv Bilinear。图6-3所示为不同类型的对比效果。

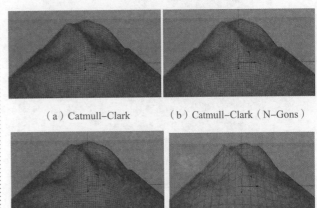

（a）Catmull-Clark　　　（b）Catmull-Clark（N-Gons）

（c）OpenSubdiv Catmull-Clark　（d）OpenSubdiv Catmull-Clark（自适应）

（e）OpenSubdiv Loop　　　（f）OpenSubdiv Bilinear

图 6-3

- 编辑器细分：设置在视图中显示的细分级别，数值越大越精细。图6-4所示为设置【编辑器细分】为1和3的对比效果。

（a）　　　　　　　　　（b）

图 6-4

- 渲染器细分：设置在渲染中显示的细分级别，数值越大越精细。
- 细分UV：设置细分UV的方式，包括标准、边界、边。

实例：使用【细分曲面】将粗糙的模型变光滑

案例路径：Chapter 06 生成器建模→实例：使用【细分曲面】将粗糙的模型变光滑

本实例使用【细分曲面】将粗糙的模型变光滑，如图6-5所示。

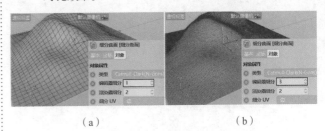

扫一扫，看视频

图 6-5

步骤 01 打开本书场景文件【场景文件.c4d】，如图 6-6 所示。

步骤 02 很明显该模型比较粗糙，光滑度不够，接下来需要对其进行光滑处理。执行【创建】|【生成器】|【细分曲面】命令，如图 6-7 所示。

图 6-6   图 6-7

步骤 03 按住鼠标左键并拖曳【1】到【细分曲面】上，出现 📥 图标时松开鼠标，如图 6-8 所示。

步骤 04 选择【细分曲面】，设置【编辑器细分】为 5，【渲染器细分】为 5，如图 6-9 所示。

图 6-8

图 6-9

步骤 05 此时可以看到模型非常光滑、细腻，如图 6-10 所示。

步骤 06 最终完成效果如图 6-11 所示。

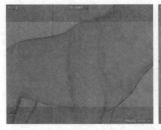

图 6-10   图 6-11

【重点】6.2.2　布料曲面

利用【布料曲面】可以将模型变得更具厚度，其参数如图 6-12 所示。

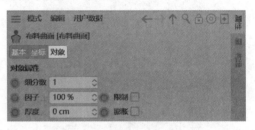

图 6-12

步骤 01 创建或导入模型，如图 6-13 所示。

步骤 02 创建布料曲面，按住鼠标左键并拖曳模型到【布料曲面】上，出现 📥 图标时松开鼠标，如图 6-14 所示。

图 6-13   图 6-14

步骤 03 选择【布料曲面】，设置【厚度】为 50mm，如图 6-15 所示。

步骤 04 此时模型即产生了厚度效果，如图 6-16 所示。

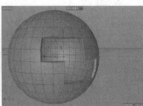

图 6-15   图 6-16

重点参数：

● 细分数：设置模型的细分程度，数值越大，分段越多，模型越精致。图 6-17 所示为设置不同【细分数】的对比效果。

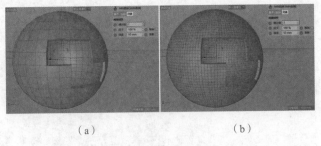

（a） （b）

图 6-17

- 厚度：设置模型的厚度。图6-18所示为设置不同【厚度】的对比效果。

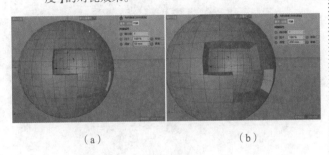

（a） （b）

图 6-18

- 膨胀：选中该复选框，模型将变得更膨胀、更大。图6-19所示为选中【膨胀】复选框前后的对比效果。

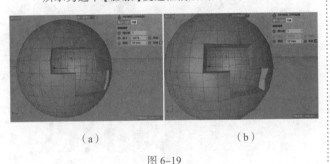

（a） （b）

图 6-19

【重点】6.2.3 布尔

利用【布尔】工具可以制作两个物体之间的相减、相加等效果；也可用来模拟螺丝、骰子、手机按钮效果，如图6-20所示。其参数如图6-21所示。

（a）螺丝 （b）骰子 （c）手机按钮

图 6-20

图 6-21

（1）创建一个立方体和一个球体，两个模型的位置部分重叠，如图6-22所示。

（2）执行【创建】|【生成器】|【布尔】命令，如图6-23所示。

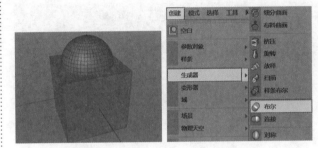

图 6-22 图 6-23

（3）按住鼠标左键并拖曳【立方体】和【球体】到【布尔】上，出现↓图标时松开鼠标，如图6-24所示。

（4）此时立方体被抠除了一个半圆，如图6-25所示。

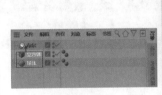

图 6-24 图 6-25

完成操作后，选择【布尔】，还可以修改参数。

重点参数：

- 布尔类型：设置布尔的方式，包括A加B、A减B、AB交集、AB补集4种。图6-26所示为设置不同方式的对比效果。
- 高质量：建议选中该复选框，这样布尔后的模型部分分段会更合理。图6-27所示为选中和取消选中【高质量】复选框的对比效果。
- 隐藏新的边：选中该复选框，可以隐藏布尔后模型产生的新的边。图6-28所示为选中和取消选中【隐藏新的边】复选框的对比效果。

（a）A 加 B　　　　　　　　（b）A 减 B

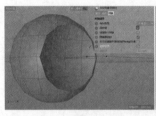

（c）AB 交集　　　　　　　（d）AB 补集

图 6-26

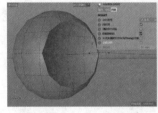

（a）　　　　　　　　　　（b）

图 6-27

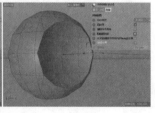

（a）　　　　　　　　　　（b）

图 6-28

模型和模型的上下排序非常重要，上方的是A，下方的是B，如图6-29所示。

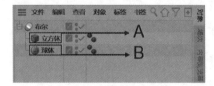

图 6-29

若调换顺序（图6-30），则A减B变成图6-31所示效果。

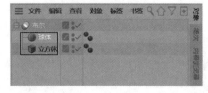

图 6-30

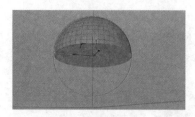

图 6-31

> **提示：使用布尔之前模型要足够细致**
>
> 如果模型不够细致就使用布尔，那么布尔之后的模型也会很粗糙，如图6-32所示。
>
>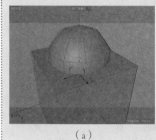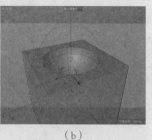
>
> （a）　　　　　　　　　（b）
>
> 图 6-32
>
> 因此，要先将模型处理得比较细致，再使用布尔，布尔之后的模型依然很细致，如图6-33所示。
>
>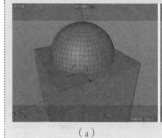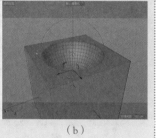
>
> （a）　　　　　　　　　（b）
>
> 图 6-33

实例：使用【布尔】制作小凳子

扫一扫，看视频

案例路径：Chapter 06 生成器建模→实例：使用【布尔】制作小凳子

本实例使用样条画笔绘制图形，并添加【挤压】，制作出三维模型，最后使用【布尔】制作凳子中间镂空效果，如图6-34所示。

图 6-34

步骤 01 使用样条画笔，在正视图中绘制一个图形，如图6-35所示。

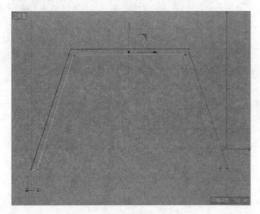

图 6-35

步骤 02 在正视图中框选4个点，右击，在弹出的快捷菜单中执行【倒角】命令，如图6-36所示。

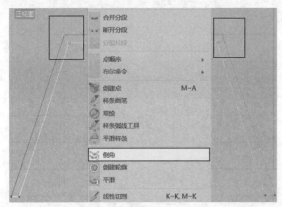

图 6-36

步骤 03 在【半径】文本框中输入30mm，按Enter键完成，如图6-37所示。

步骤 04 此时图形的4个点变得更圆滑，如图6-38所示。

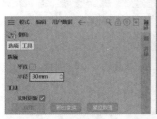

图 6-37　　　　　　　　图 6-38

步骤 05 单击（模型）级别，创建挤压，按住鼠标左键并拖曳【样条】到【挤压】上，出现图标时松开鼠标，如图6-39所示。

步骤 06 选择【挤压】，设置【移动】后的第3个数值为600mm，如图6-40所示。

图 6-39　　　　　　　　图 6-40

步骤 07 此时凳子的基本模型出现了，如图6-41所示。

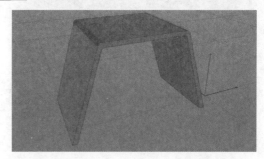

图 6-41

步骤 08 创建一个立方体，摆放在与凳子穿插在一起的位置，如图6-42所示。

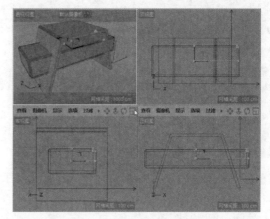

图 6-42

步骤 09 设置凳子的【尺寸.X】为1200mm，【尺寸.Y】为200mm，【尺寸.Z】为400mm；选中【圆角】复选框，设置【圆角半径】为20mm，【圆角细分】为10，如图6-43所示。

步骤 10 创建布尔，按住鼠标左键并拖曳【挤压】和【立方体】到【布尔】上，出现图标时松开鼠标，如图6-44所示。

图 6-43　　　　　　　　图 6-44

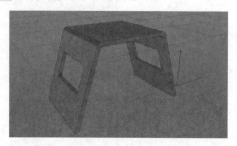

图 6-45

6.2.4 连接

利用【连接】可以将两个模型粘连在一起变成一个模型。

（1）创建一个立方体和一个球体，两个模型部分重叠，如图6-46所示。

（2）执行【创建】|【生成器】|【连接】命令，如图6-47所示。

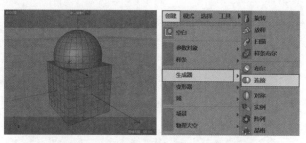

图 6-46　　　　　　　图 6-47

（3）按住鼠标左键并拖曳【球体】和【立方体】到【连接】上，出现 ↓ 图标时松开鼠标，如图6-48所示。

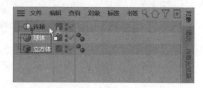

图 6-48

（4）选择【连接】，增大【公差】数值，即可看到两个物体粘连在一起，如图6-49所示。

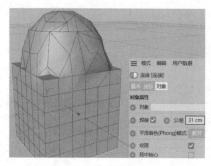

图 6-49

选择【连接】，其参数如图6-50所示。

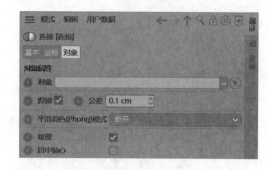

图 6-50

● 对象：单击 ↖ 按钮，可以在视图中单击添加对象。

● 焊接：取消选中该复选框时，两个模型不会产生粘连效果，建议默认选中。图6-51所示为选中和取消选中【焊接】复选框时的对比效果。

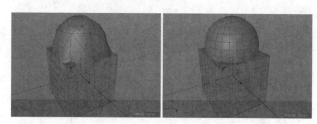

（a）选中【焊接】　　（b）取消选中【焊接】

图 6-51

● 公差：该数值越大，两个模型融合在一起的程度越高。图6-52所示为设置不同数值的对比效果。

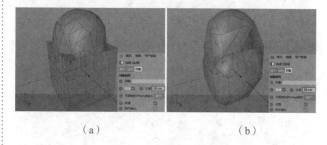

（a）　　　　　　　　（b）

图 6-52

● 平滑着色（Phong）模式：包括手动、平均、最低、最高、断开5种。

6.2.5 对称

利用【对称】工具可以将模型按照某种轴向进行对称，其参数如图6-53所示。执行【创建】|【生成器】|【对称】命令，即可创建对称。按住鼠标左键并拖曳模型到【对称】上，出现 ↓ 图标时松开鼠标，如图6-54所示。

中文版Cinema 4D R21从入门到精通（微课视频 全彩版）

图 6-53　　　　　　　图 6-54

重点参数:

- 镜像平面:设置对称沿什么轴向产生镜像效果,包括 XY、ZY、XZ 3种。图6-55所示为不同的镜像平面方式的对比效果。

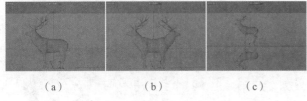

（a）　　　　　　　（b）　　　　　　　（c）

图 6-55

- 焊接点:默认选中该复选框,选中后可以设置公差、对称等参数。
- 公差:设置对称之后产生的模型与原模型之间的粘连程度,数值越大两者越粘连,如图6-56所示。

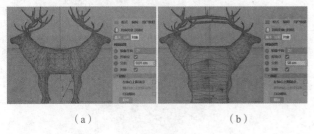

（a）　　　　　　　　　　　（b）

图 6-56

- 对称:选中该复选框后,粘连处的结构会更对称。图6-57所示为选中和取消选中【对称】复选框的对比效果。

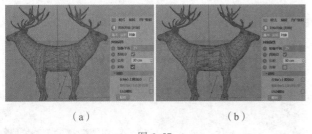

（a）　　　　　　　　　　　（b）

图 6-57

[重点]6.2.6　实例

利用【实例】生成器可以将模型原地复制一份,并且复

制完成后的模型与原模型在修改参数时会一起变化。

（1）创建一个圆环,如图6-58所示。

（2）选择【圆环】,执行【创建】|【生成器】|【实例】命令。按住鼠标左键并拖曳【圆环】到【圆环 实例】上,出现图标时松开鼠标,如图6-59所示。

图 6-58　　　　　　　图 6-59

（3）此时移动模型,即可看到模型已经复制完成,如图6-60和图6-61所示。

图 6-60　　　　　　　图 6-61

（4）修改圆环参数时,可以看到两个模型会一起产生变化,如图6-62所示。

图 6-62

[重点]6.2.7　阵列

利用【阵列】工具可以将模型快速以阵列的布局方式复制。执行【创建】|【生成器】|【阵列】命令,即可创建阵列。原模型如图6-63所示。按住鼠标左键并拖曳模型到【阵列】上,出现图标时松开鼠标,如图6-64所示。

图 6-63　　　　　　　图 6-64

此时,鹿模型复制了多个并且围绕成圆形,如图6-65所示。

选择【阵列】，可以看到相关参数，如图6-66所示。

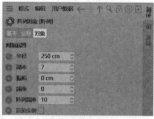

图 6-65　　　　　　　图 6-66

重点参数：

- 半径：设置阵列的半径大小，数值越大则每个模型距离中心位置越远。图6-67所示为不同半径数值的对比效果。

（a）　　　　　　　　（b）

图 6-67

- 副本：设置阵列的模型个数。图6-68所示为设置【副本】为5和8的对比效果。

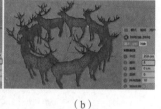

（a）　　　　　　　　（b）

图 6-68

- 振幅：可使阵列后的模型产生振幅的变化。图6-69所示为不同振幅的对比效果。

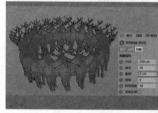

（a）　　　　　　　　（b）

图 6-69

- 频率：设置频率参数。
- 阵列频率：当设置【振幅】参数后，可以通过设置【阵列频率】修改阵列的摆动频率。图6-70所示为不同阵列频率的对比效果。

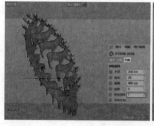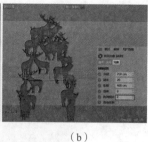

（a）　　　　　　　　（b）

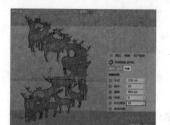

（c）

图 6-70

实例：使用【阵列】制作钟表

扫一扫，看视频

案例路径：Chapter 06 生成器建模→实例：使用【阵列】制作钟表

本实例使用【阵列】制作钟表，如图6-71所示。

图 6-71

步骤 01 创建一个球体，设置【半径】为20mm，【分段】为50，如图6-72所示。

步骤 02 执行【创建】|【生成器】|【阵列】命令，创建阵列。按住鼠标左键并拖曳【球体】到【阵列】上，出现⬇图标时松开鼠标，如图6-73所示。

图 6-72　　　　　　　图 6-73

步骤 03 选择【阵列】，设置【半径】为250mm，【副本】为11，如图6-74所示。

步骤 04 此时一共出现了12个小球，如图6-75所示。

 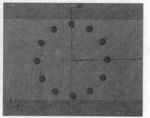

图 6-74　　　　　　　　图 6-75

步骤 05 创建一个立方体，设置【尺寸.X】为5mm，【尺寸.Y】为5mm，【尺寸.Z】为100mm，如图6-76所示。

步骤 06 继续创建一个阵列.1，按住鼠标左键并拖曳【立方体】到【阵列.1】上，出现 ▮ 图标时松开鼠标，如图6-77所示。

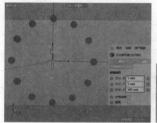 

图 6-76　　　　　　　　图 6-77

步骤 07 选择【阵列.1】，设置【半径】为250mm，【副本】为11，如图6-78所示。

步骤 08 此时一共出现了12个小立方体，如图6-79所示。

图 6-78　　　　　　　　图 6-79

步骤 09 创建一个圆柱，将其放置在球体和立方体的后方作为表盘模型，设置【半径】为300mm，【高度】为10mm，【高度分段】为1，【旋转分段】为100，如图6-80所示。

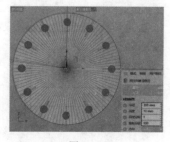

图 6-80

步骤 10 创建3个立方体，并将其摆放在合适的位置，设置合适的参数，作为钟表的3个指针，如图6-81所示。

步骤 11 最终模型效果如图6-82所示。

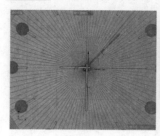 

图 6-81　　　　　　　　图 6-82

【重点】6.2.8　晶格

利用【晶格】工具可以将模型变成晶格水晶结构效果。该结构包括两部分，分别是圆柱半径（可以理解为框架）和球体半径（框架交汇处的节点）。晶格常用来制作笼子、水晶灯等，如图6-83和图6-84所示。其参数如图6-85所示。

图 6-83　　　　　　　　图 6-84

图 6-85

（1）创建一个宝石模型，设置【类型】为【四面】，如图6-86所示。

（2）此时的宝石效果如图6-87所示。

 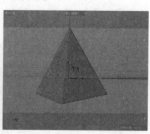

图 6-86　　　　　　　　图 6-87

（3）按住鼠标左键并拖曳【宝石】到【晶格】上，出现 ▮ 图标时松开鼠标，如图6-88所示。

（4）选择晶格，设置合适的圆柱半径和球体半径即可，如图6-89所示。

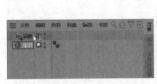 

图6-88 　　　　　　　　　图6-89

（5）此时的模型产生了晶格状效果，如图6-90所示。

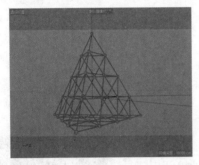

图6-90

重点参数：

- 圆柱半径：设置模型中圆柱框架的半径大小。图6-91 所示为不同圆柱半径的对比效果。

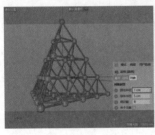 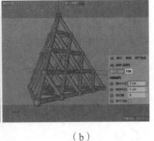

（a）　　　　　　　　　（b）

图6-91

- 球体半径：设置模型中球体节点的半径大小。图6-92 所示为不同球体半径的对比效果。

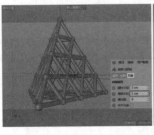 

（a）　　　　　　　　　（b）

图6-92

- 细分数：设置模型的精细度，数值越大模型越精细。图

6-93所示为设置【细分数】为5和20的对比效果。

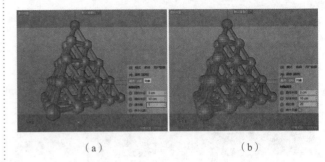

（a）　　　　　　　　　（b）

图6-93

实例：使用【晶格】制作DNA链条模型

扫一扫，看视频

案例路径：Chapter 06 生成器建模→实例：使用【晶格】制作DNA链条模型

本实例为立方体添加螺旋，使其产生螺旋扭曲变形，并添加晶格制作DNA链条模型，如图6-94所示。

图6-94

步骤 01 创建一个立方体，设置【尺寸.X】为300mm，【尺寸.Y】为2000mm，【尺寸.Z】为0mm，【分段Y】为40，如图6-95所示。效果如图6-96所示。

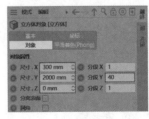 

图6-95 　　　　　　　　　图6-96

步骤 02 执行【创建】|【变形器】|【螺旋】命令，即可创建螺旋。按住鼠标左键并拖曳【螺旋】到【立方体】上，出现↓图标时松开鼠标，如图6-97所示。

步骤 03 选择【螺旋】，单击【匹配到父级】按钮，并设置【角度】为500°，如图6-98所示。

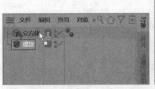

图 6-97　　　　　　　　图 6-98

步骤 04 参数的模型产生了螺旋扭曲效果，如图6-99所示。

步骤 05 执行【创建】|【生成器】|【晶格】命令，即可创建晶格。按住鼠标左键并拖曳【立方体】到【晶格】上，出现⤵图标时松开鼠标，如图6-100所示。

图 6-99　　　　　　　　图 6-100

步骤 06 选择【晶格】，设置【圆柱半径】为5mm，【球体半径】为15mm，如图6-101所示。

步骤 07 制作完成的DNA链条模型如图6-102所示。

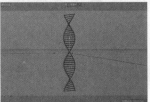

图 6-101　　　　　　　　图 6-102

步骤 08 适当进行旋转，使其产生倾斜效果，如图6-103所示。

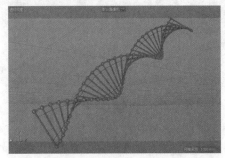

图 6-103

6.2.9　减面

利用【减面】工具可以通过精简模型的多边形个数，将复杂精细的模型变得简单粗糙。其参数如图6-104所示。

按住鼠标左键并拖曳模型【1】到【减面】上，出现⤵图标

时松开鼠标，如图6-105所示。

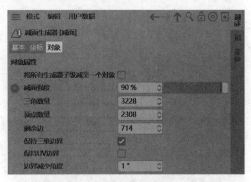

图 6-104

图 6-105

图6-106所示为使用减面前后的对比效果，减面之后的模型的多边形会变得比较混乱。

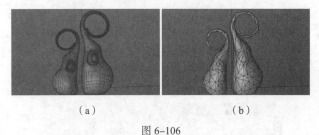

（a）　　　　　　　　（b）

图 6-106

重点参数：

- 减面强度：控制模型减面的程度，数值越大模型越粗糙，多边形个数越少。图6-107所示为不同的减面强度的对比效果。

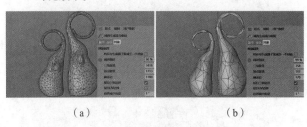

（a）　　　　　　　　（b）

图 6-107

- 三角数量：设置模型的三角形个数。修改该参数时，【减面强度】【顶点数量】【剩余边】也会随之变化。
- 顶点数量：设置模型的顶点个数。修改该参数时，【减面强度】【三角数量】【剩余边】也会随之变化。
- 剩余边：设置模型的边个数。修改该参数时，【减面强度】【三角数量】【顶点数量】也会随之变化。

实例：使用【减面】制作低多边形风格模型

扫一扫，看视频

案例路径：Chapter 06 生成器建模→实例：使用【减面】制作低多边形风格模型

本实例使用【减面】制作低多边形风格模型，并使用膨胀、置换、布尔制作山体模型，如图6-108所示。

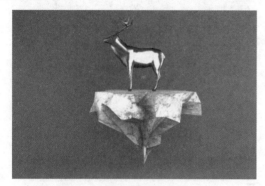

图 6-108

Part 01　低多边形鹿

步骤 01 打开本书场景文件【场景文件.c4d】，如图6-109所示。

步骤 02 执行【创建】|【生成器】|【减面】命令，创建减面。按住鼠标左键并拖曳模型【1】到【减面】上，出现图标时松开鼠标，如图6-110所示。

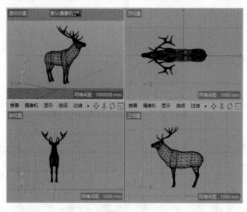

图 6-109

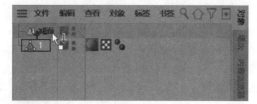

图 6-110

步骤 03 选择【减面】，设置【减面强度】为80%，如图6-111所示。

所示。

步骤 04 此时鹿的多边形变得更少了，如图6-112所示。

图 6-111　　　　　　图 6-112

Part 02　低多边形山体

步骤 01 创建球体，设置【半径】为2000mm，【分段】为30，【类型】为【八面体】，如图6-113所示。

步骤 02 执行【创建】|【变形器】|【膨胀】命令，创建膨胀。按住鼠标左键并拖曳【膨胀】到【球体】上，出现图标时松开鼠标，如图6-114所示。

图 6-113　　　　　　图 6-114

步骤 03 选择【膨胀】，设置【尺寸】为2500mm、2500mm、2500mm，【强度】为-80%，如图6-115所示。

步骤 04 选择【膨胀】，并向下方移动，使模型底部更尖锐，如图6-116所示。

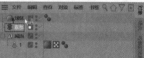

图 6-115　　　　　　图 6-116

步骤 05 执行【创建】|【变形器】|【置换】命令，创建置换。按住鼠标左键并拖曳【置换】到【球体】上，出现图标时松开鼠标，如图6-117所示。

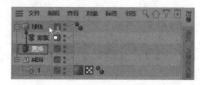

图 6-117

中文版Cinema 4D R21从入门到精通（微课视频 全彩版）

步骤 06 选择【置换】，选择【对象】选项卡，设置【高度】为1000mm，如图6-118所示；选择【着色】选项卡，单击【着色器】后的 ∨ 按钮，加载【噪波】，如图6-119所示。

图 6-118　　　　　　　　　　图 6-119

步骤 07 此时的模型产生了更加随机的形态变化，如图6-120所示。

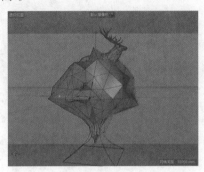

图 6-120

步骤 08 创建立方体，设置【尺寸.X】为5000mm，【尺寸.Y】为3000mm，【尺寸.Z】为5000mm，如图6-121所示。

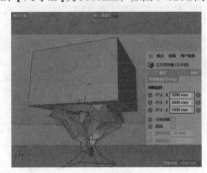

图 6-121

步骤 09 执行【创建】|【生成器】|【布尔】命令，创建布尔。按住鼠标左键并拖曳【球体】和【立方体】到【布尔】上，出现 ‖ 图标时松开鼠标，如图6-122所示。

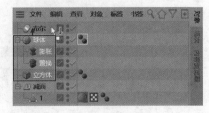

图 6-122

步骤 10 布尔完成，可以看到山体的顶部变成了平坦的效果，如图6-123所示。

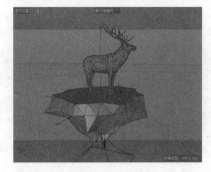

图 6-123

步骤 11 选择【平滑着色】标签，如图6-124所示。按Delete键进行删除，如图6-125所示。

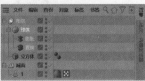

图 6-124　　　　　　　　图 6-125

步骤 12 最终模型效果如图6-126所示。

图 6-126

6.2.10 融球

利用【融球】可以将两个或多个模型融为一个模型，这些模型的距离和位置决定了融球的效果。其参数如图6-127所示。

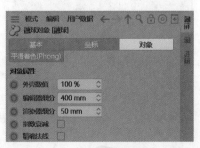

图 6-127

重点参数:

- 外壳数值:设置物体与物体之间融合的程度,数值越大,物体与物体融合的程度越少。图6-128所示为设置不同外壳数值的对比效果。

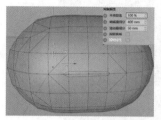 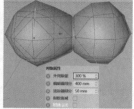

（a） （b）

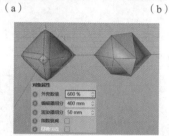

（c）

图 6-128

- 编辑器细分:数值越小,模型的细分越多。
- 渲染器细分:数值越小,渲染时细分越多。
- 指数衰减:选中该复选框,模型以指数方式进行衰减。
- 精确法线:选中该复选框,模型将使用精确法线。

实例:使用【融球】制作有趣的融球

扫一扫,看视频

案例路径:Chapter 06 生成器建模→实例:使用【融球】制作有趣的融球

本实例使用【融球】将多个球体融合在一起,变成有趣的粘连的融球,如图6-129所示。

图 6-129

步骤 01 创建2个球体,设置【球体】的【半径】为1000mm,设置【球体.1】的【半径】为800mm,如图6-130所示。

步骤 02 执行【创建】|【生成器】|【融球】命令,创建融球。按住鼠标左键并拖曳【球体】和【球体.1】到【融球】上,出现 ‖图标时松开鼠标,如图6-131所示。

步骤 03 选择【融球】,设置【编辑器细分】为200mm,如

图6-132所示。

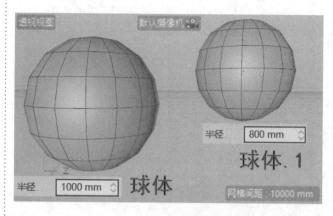

图 6-130

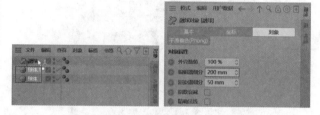

图 6-131 图 6-132

步骤 04 此时两个球融合在一起,如图6-133所示。

步骤 05 使用同样的方法制作出3个小球的融球效果,如图6-134所示。

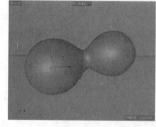

图 6-133 图 6-134

步骤 06 使用同样的方法制作出4个小球的融球效果,如图6-135所示。

步骤 07 最终完成效果如图6-136所示。

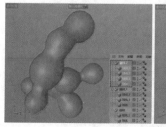 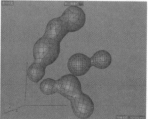

图 6-135 图 6-136

中文版Cinema 4D R21从入门到精通（微课视频 全彩版）

6.2.11 LOD

LOD称为多细节层次，用于分级显示对象。视图中越近的模型显示越精细，越远的模型显示越粗糙。该工具在制作动画时比较常用，可以大大提高计算机的流畅度。其参数如图6-137所示。

图6-137

（1）创建几个球体，如图6-138所示。

（2）执行【创建】|【生成器】|【LOD】命令，创建LOD。按住鼠标左键并拖曳5个球体模型到【LOD】上，出现图标时松开鼠标，如图6-139所示。

 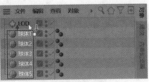

图6-138   图6-139

（3）此时仅能看到距离我们最近的球体1，如图6-140所示。

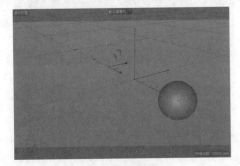

图6-140

6.2.12 生长草坪

选择场景中的模型，并执行【创建】|【生成器】|

【生长草坪】命令，即可创建草坪。需要注意，模型表面是看不到草坪的，需要进行渲染才可以看到。单击【渲染活动视图】按钮。渲染前后的对比效果如图6-141所示。

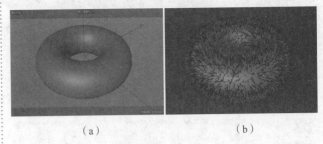

（a）   （b）

图6-141

可以在材质编辑器中修改草坪的颜色、长度等，需要双击材质编辑器中的【草坪】按钮，如图6-142所示。

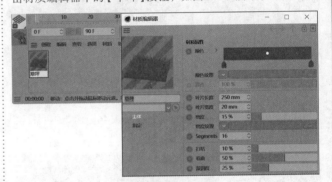

图6-142

重点参数：

● 颜色：设置草坪的颜色。

● 颜色纹理：设置草坪的颜色纹理，可以加载图片。

● 混合：加载颜色纹理图片后，可设置混合参数将颜色和颜色纹理进行混合。

● 叶片长度：设置草坪的叶片长度，在渲染时可以看到变化。图6-143所示为不同叶片长度的对比效果。

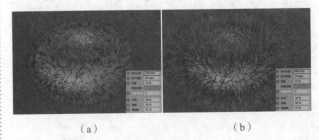

（a）   （b）

图6-143

● 叶片宽度：设置草坪的叶片宽度，在渲染时可以看到变化。图6-144所示为不同叶片宽度的对比效果。

（a） （b）

图 6-144

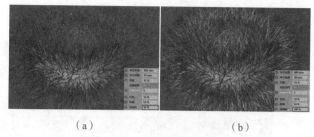

（a） （b）

图 6-148

- 密度：设置草坪的密度，在渲染时可以看到变化。图 6-145 所示为不同密度的对比效果。

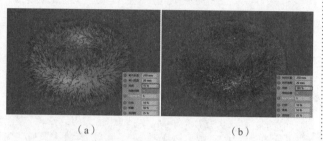

（a） （b）

图 6-145

- 密度纹理：可以为密度纹理添加贴图。
- Segments：设置草坪的分段。
- 打结：设置草坪的打结效果。图 6-146 所示为不同打结的对比效果。

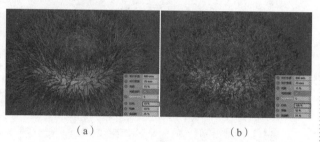

（a） （b）

图 6-146

- 卷曲：设置草坪的卷曲效果。图 6-147 所示为不同卷曲的对比效果。

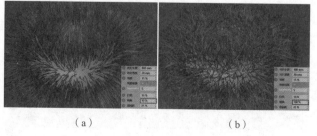

（a） （b）

图 6-147

- 湿润度：设置草坪的湿润度效果，数值越大，草坪越湿润。图 6-148 所示为不同湿润度的对比效果。

实例：使用【生长草坪】制作毛绒玩具

扫一扫，看视频

案例路径：Chapter 06 生成器建模→实例：使用【生长草坪】制作毛绒玩具

本实例使用【生长草坪】制作玩具表面生长绒毛效果，如图 6-149 所示。

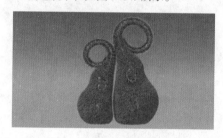

图 6-149

步骤 01 打开本书场景文件【场景文件.c4d】，如图 6-150 所示。

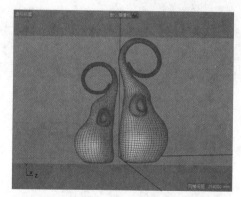

图 6-150

步骤 02 选择模型【1】，执行【创建】|【生成器】|【生长草坪】命令，即可创建毛发。双击材质编辑器中的【草坪】按钮，修改参数。设置两个颜色，设置【叶片长度】为 10mm，【叶片宽度】为 1mm，【密度】为 100000%，【打结】为 30%，【卷曲】为 80%，【湿润度】为 25%，如图 6-151 所示。

中文版Cinema 4D R21从入门到精通（微课视频 全彩版）

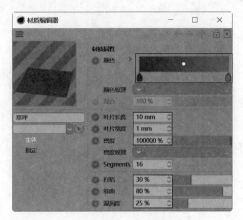

图 6-151

步骤 03 单击【渲染活动视图】 按钮，即可进行渲染。此时可以看到玩具表面出现很多毛茸茸的毛发，如图6-152所示。

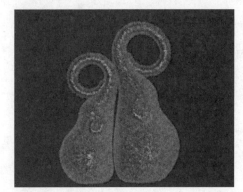

图 6-152

6.2.13　Python生成器

Python生成器是用于辅助设计师快速编写脚本的工具。例如，在制作项目时，如果需要快速生成一些具有某些属性、特点的生成器，那么就可以使用Python来编写脚本。但是这部分内容难度较大，读者只有先对Python有所了解才可以完成。其参数如图6-153所示。

图 6-153

第6章　生成器建模

93

Chapter
07
第7章

变形器建模

本章内容简介

本章将会学习变形器建模。变形器建模是需要为模型添加变形器，并设置参数，从而产生新模型的建模方式。

重点知识掌握

- 变形器的参数
- 变形器的应用

通过本章学习，我能做什么？

通过本章的学习，可以为对象添加变形器，使其产生形态的变化。例如，应用扭曲使模型产生扭曲变化，应用FFD使模型跟随点的移动而变化，应用爆炸制作爆炸特效等。

佳作欣赏

7.1 认识变形器建模

为三维模型添加变形器，可以使三维模型产生形态变化。变形器是Cinema 4D中非常重要的建模方式，模型在添加变形器后，可以产生各种变形效果，如扭曲、膨胀、螺旋、爆炸等。

7.2 变形器建模

执行【创建】|【变形器】命令，即可看到变形器类型，如图7-1所示。

扫一扫，看视频

图7-1

【重点】7.2.1 扭曲

利用【扭曲】变形器可以使模型产生扭曲效果，其参数如图7-2所示。图7-3所示为使用扭曲前后的对比效果。

图7-2

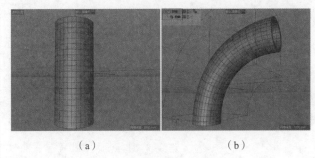

（a）　　　　　　　　　　（b）

图7-3

重点参数：

● 尺寸：设置扭曲变形的框架尺寸。

● 模式：设置扭曲的模型，包括限制、框内、无限3种。

● 强度：设置扭曲的强度。图7-4所示为不同强度的对比效果。

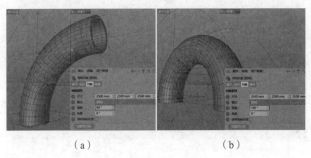

（a）　　　　　　　　　　（b）

图7-4

● 角度：设置扭曲的角度，不同的参数可以使模型产生不同的扭曲。图7-5所示为设置【角度】为0°和45°的对比效果。

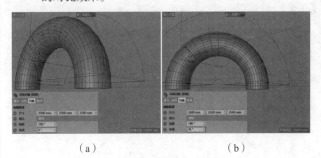

（a）　　　　　　　　　　（b）

图7-5

● 匹配到父级：单击该按钮，变形的框架将自动匹配模型的大小。建议在使用变形器时单击该按钮，这样在调整参数时会更准确。

实例：使用【扭曲】制作弯曲水龙头

案例路径:Chapter 07 变形器建模→实例：使用【扭曲】制作弯曲水龙头

本实例使用【扭曲】变形器将管道模型弯曲，并且通过移动【扭曲】的位置设置弯曲的限制效果，如图7-6所示。

扫一扫，看视频

图 7-6

步骤 01 创建一个管道，设置【内部半径】为10mm，【外部半径】为18mm，【高度】为600mm，【高度分段】为80，如图7-7所示。

步骤 02 执行【创建】|【变形器】|【扭曲】命令，创建扭曲。按住鼠标左键并拖曳【扭曲】到【管道】上，出现图标时松开鼠标，如图7-8所示。

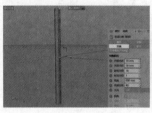
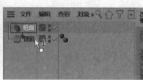

图 7-7　　　　　　　　图 7-8

步骤 03 选择【扭曲】，单击【匹配到父级】按钮，设置【尺寸】为30mm、500mm、30mm，设置【强度】为270°，如图7-9所示。

步骤 04 此时的管道效果如图7-10所示。

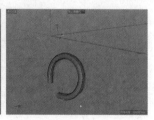

图 7-9　　　　　　　　图 7-10

步骤 05 选择【扭曲】，向上移动位置，此时只有管道的上方有弯曲效果，下方依然保持垂直，如图7-11所示。

步骤 06 创建5个圆柱，将其摆放到合适位置，如图7-12所示。

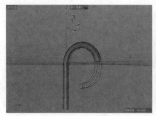
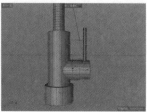

图 7-11　　　　　　　　图 7-12

步骤 07 最终水龙头效果如图7-13所示。

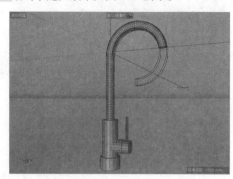

图 7-13

7.2.2　膨胀

利用【膨胀】变形器可以将模型膨胀或收缩，其参数如图7-14所示。图7-15所示为使用膨胀前后的对比效果。

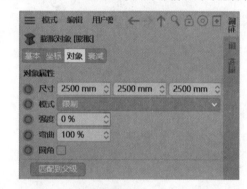

图 7-14

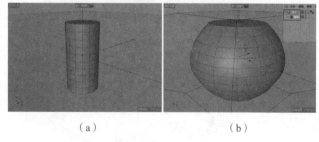

（a）　　　　　　　　（b）

图 7-15

重点参数：

● 尺寸：设置膨胀变形的框架尺寸。

● 模式：设置膨胀的模型，包括限制、框内、无限3种。

● 强度：设置膨胀的强度，数值小于0时模型向内收缩，数值大于0时模型向外膨胀。图7-16所示为设置【强度】为-100%、0%、100%的对比效果。

● 弯曲：该数值越小模型中间越尖锐，数值越大模型上下越分为两部分并分别向外扩展。图7-17所示为不同弯曲数值的对比效果。

中文版Cinema 4D R21从入门到精通（微课视频　全彩版）

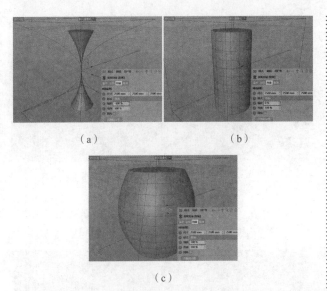

（a）　　　　　　　　　　（b）

（c）

图 7-16

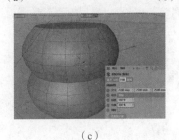

（a）　　　　　　　　　　（b）

（c）

图 7-17

● 圆角：选中该复选框，模型曲线变得更丰富。图 7-18 所示为取消选中和选中【圆角】复选框的对比效果。

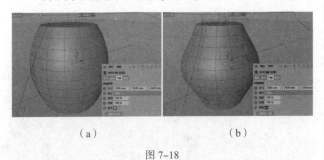

（a）　　　　　　　　　　（b）

图 7-18

选择【膨胀】，移动位置，即可设置膨胀开始的位置。图 7-19 所示为膨胀在不同位置的对比效果。

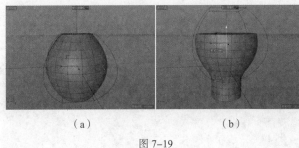

（a）　　　　　　　　　　（b）

图 7-19

【重点】7.2.3　斜切

利用【斜切】变形器可以使模型产生倾斜变形效果。单击【匹配到父级】按钮，模型外面的框架会自动匹配大小。图 7-20 所示为使用斜切前后的对比效果。

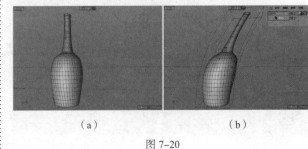

（a）　　　　　　　　　　（b）

图 7-20

重点参数：

● 尺寸：设置斜切变形的框架尺寸。

● 模式：设置斜切的模型，包括限制、框内、无限 3 种。

● 强度：设置斜切的强度。图 7-21 所示为不同强度数值的对比效果。

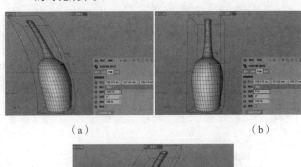

（a）　　　　　　　　　　（b）

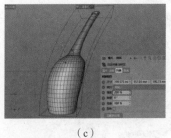

（c）

图 7-21

● 角度：设置斜切的角度，不同的参数可以使模型产生转动扭曲。

● 圆角：选中该复选框,模型的造型曲线会更丰富。图7-22所示为取消选中和选中【圆角】复选框的对比效果。

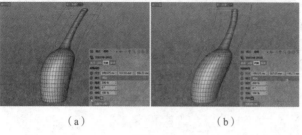

（a）　　　　　　　（b）

图 7-22

【重点】7.2.4　锥化

利用【锥化】变形器可以将模型变得更尖锐或更膨胀。图7-23所示为使用锥化前后的对比效果。

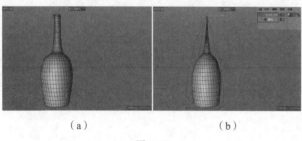

（a）　　　　　　　（b）

图 7-23

重点参数：

● 强度：设置锥化的强度。该数值为负数时,模型顶端更膨胀；数值为正值时,模型顶端更尖锐。图7-24所示为设置不同强度的对比效果。

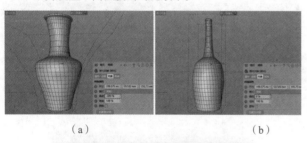

（a）　　　　　　　（b）

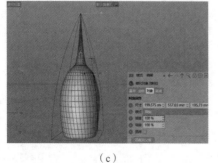

（c）

图 7-24

● 弯曲：该参数可以产生弯曲的变化,数值越大模型变形越严重。图7-25所示为不同弯曲数值的对比效果。

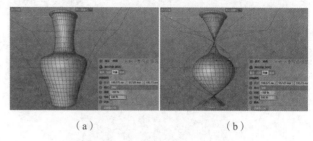

（a）　　　　　　　（b）

图 7-25

● 圆角：选中该复选框,模型四周变得更圆润。图7-26所示为取消选中和选中该复选框的对比效果。

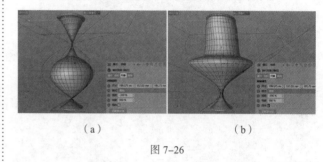

（a）　　　　　　　（b）

图 7-26

【重点】7.2.5　螺旋

利用【螺旋】变形器可以使模型产生螺旋变形。图7-27所示为使用螺旋前后的对比效果。

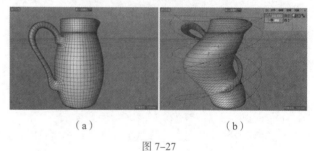

（a）　　　　　　　（b）

图 7-27

重点参数：

● 角度：设置模型的螺旋扭曲变形强度。图7-28所示为不同角度数值的对比效果。

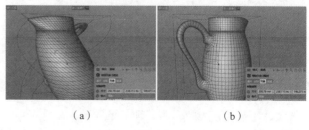

（a）　　　　　　　（b）

图 7-28

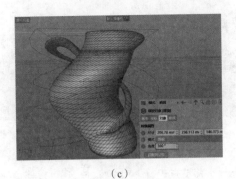

（c）

图 7-28（续）

实例：使用【螺旋】制作扭曲文字

案例路径：Chapter 07 变形器建模→实例：
使用【螺旋】制作扭曲文字

扫一扫，看视频

本实例使用【挤压】将【文本】样条变为三
维文字，使用【螺旋】变形器使三维文字产生螺
旋变形效果，如图 7-29 所示。

图 7-29

步骤 01 执行【创建】|【样条】|【文本】命令，在正视图中
创建文本，如图 7-30 所示。

步骤 02 在【文本】文本框中输入【H】，设置【高度】为
1000mm，如图 7-31 所示。

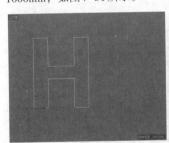

图 7-30

图 7-31

步骤 03 按住鼠标左键并拖曳【文本】到【挤压】上，出现
图标时松开鼠标，如图 7-32 所示。

步骤 04 选择【挤压】，设置【移动】为 0mm、0mm、200mm，
如图 7-33 所示。

图 7-32   图 7-33

步骤 05 此时的三维文字效果如图 7-34 所示。

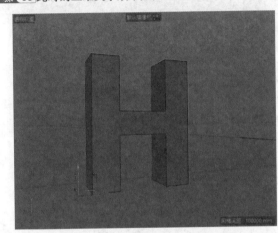

图 7-34

步骤 06 执行【创建】|【变形器】|【螺旋】命令，创建螺旋。
按住鼠标左键并拖曳【螺旋】到【挤压】上，出现 图标时松
开鼠标，如图 7-35 所示。

步骤 07 选择【螺旋】，设置【尺寸】为 1000mm、1000mm、
1000mm，【角度】为 -67°，如图 7-36 所示。

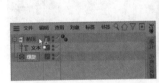

图 7-35   图 7-36

步骤 08 此时的文字产生了扭曲效果，如图 7-37 所示。

步骤 09 将剩余的扭曲文字制作完成，如图 7-38 所示。

图 7-37   图 7-38

步骤 10 制作出球体和圆环，最终模型如图 7-39 所示。

图 7-39

利用【FFD】变形器可以通过移动 (点)的位置改变模型的造型，并且模型的变化会很柔软。其参数如图7-40所示。图7-41所示为使用FFD前后的对比效果。

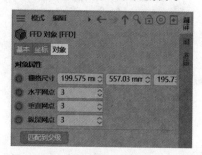

图 7-40

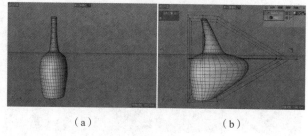

（a）　　　　　　　（b）

图 7-41

（1）执行【创建】|【变形器】|【FFD】命令，创建FFD。按住鼠标左键并拖曳【FFD】到模型上，出现 图标时松开鼠标，如图7-42所示。

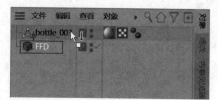

图 7-42

（2）单击 (点)级别，选择部分点并进行移动，即可看到模型产生了变化，如图7-43所示。

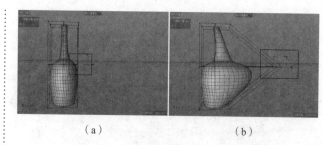

（a）　　　　　　　　（b）

图 7-43

（3）除了移动点进行模型变形外，还可以使用缩放的方法。例如，框选模型中间的点并缩放，可以看到模型的中间位置产生了变化，如图7-44所示。

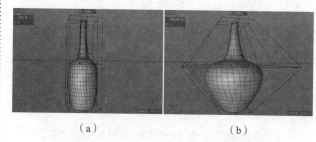

（a）　　　　　　　　（b）

图 7-44

重点参数：

● 栅格尺寸：设置模型外面的栅格框架尺寸。
● 水平网点：设置栅格上水平轴向的网点个数。
● 垂直网点：设置栅格上垂直轴向的网点个数。
● 纵深网点：设置栅格上纵深轴向的网点个数。

实例：使用【FFD】制作窗帘

案例路径：Chapter 07 变形器建模→实例：使用【FFD】制作窗帘

扫一扫，看视频

本实例为样条添加【挤压】，使其变为三维模型；然后应用FFD变形器，调整点，使窗帘产生形态的变化，如图7-45所示。

图 7-45

步骤 01 使用样条画笔，在顶视图中绘制出一条曲线，如图7-46所示。

步骤 02 执行【创建】|【生成器】|【挤压】命令，创建挤压。

中文版Cinema 4D R21从入门到精通（微课视频 全彩版）

按住鼠标左键并拖曳【样条】到【挤压.1】上，出现⇓图标时松开鼠标，如图7-47所示。

| 图7-46 | 图7-47 |

步骤 03 选择【挤压.1】，设置【移动】为0mm、2500mm、0mm，如图7-48所示。

步骤 04 此时的窗帘效果如图7-49所示。

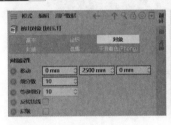

| 图7-48 | 图7-49 |

步骤 05 将刚制作好的窗帘复制一份，如图7-50所示。

步骤 06 执行【创建】|【变形器】|【FFD】命令，创建【FFD】。按住鼠标左键并拖曳【FFD】到【挤压】上，出现⇓图标时松开鼠标，如图7-51所示。

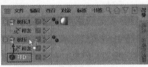

| 图7-50 | 图7-51 |

步骤 07 选择【FFD】，单击【匹配到父级】按钮，并设置【水平网点】为4，【垂直网点】为6，【纵深网点】为2，如图7-52所示。

步骤 08 选择【FFD】，单击进入 ◉（点）级别，框选点，沿着X轴进行缩放，此时窗帘的这些点向内产生收缩，如图7-53所示。

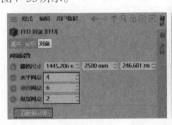

| 图7-52 | 图7-53 |

步骤 09 缩放其他点，如图7-54所示。

步骤 10 将2个窗帘选中并复制一份，如图7-55所示。

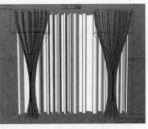

| 图7-54 | 图7-55 |

7.2.7 摄像机

利用【摄像机】变形器可以在透视图中调整网点，进入 ◼（点）级别可以选择点，如图7-56所示。其参数如图7-57所示。

| 图7-56 | 图7-57 |

7.2.8 修正

利用【修正】变形器可以通过移动 ◼（点）的位置改变模型的造型，并且模型的变化会很坚硬。其参数如图7-58所示。图7-59所示为使用修正前后的对比效果。

图7-58

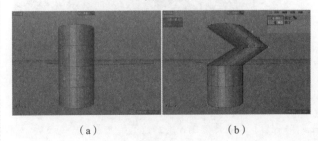

| （a） | （b） |

图7-59

重点参数:

- 映射:设置映射方式,包括临近、UV、法线。
- 强度:设置变形的强度。

7.2.9 网格

利用【网格】变形器可以将两个模型合成在一起,其参数如图7-60所示。

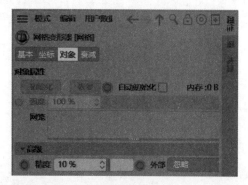

图7-60

7.2.10 爆炸

利用【爆炸】变形器可以将模型爆炸,产生碎片化效果。其参数如图7-61所示。图7-62所示为使用爆炸前后的对比效果。

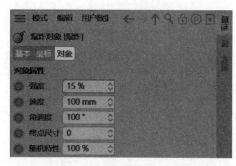

图7-61

（a）　　　　　　　　　（b）

图7-62

重点参数:

- 强度:设置爆炸的强度,数值越大爆裂程度越大。图7-63所示为设置不同强度的对比效果。

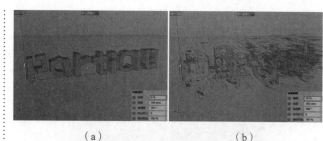

（a）　　　　　　　　　（b）

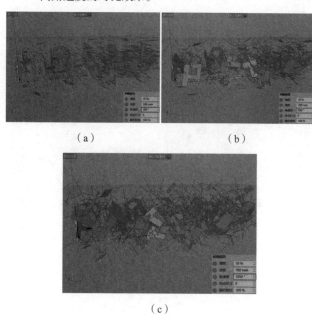

（c）

图7-63

- 速度:设置爆炸碎片飞舞的速度。
- 角速度:设置碎片旋转的效果。图7-64所示为设置不同角速度的对比效果。

（a）　　　　　　　　　（b）

（c）

图7-64

- 终点尺寸:设置碎片的终点尺寸大小。
- 随机特性:设置碎片的随机效果,数值越大越随机。

7.2.11 爆炸FX

利用【爆炸FX】变形器可以将模型爆炸,产生块状碎片效果。图7-65所示为使用爆炸FX前后的对比效果。

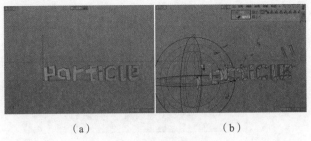

(a)　　　　　　　　(b)

图 7-65

爆炸FX的位置不同，产生的爆炸效果也不同。图7-66所示为不同爆炸FX位置的对比效果。

(a)　　　　　　　　(b)

图 7-66

其重点参数如下。

1.对象

在【对象】选项卡通过设置【时间】的数值，可以控制爆炸是在开始还是结束状态。【对象】选项卡的参数如图7-67所示。

图 7-67

时间：控制爆炸的完成状态，数值为0时不产生爆炸。图7-68所示为不同时间参数的对比效果。

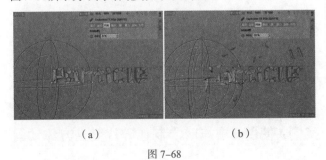

(a)　　　　　　　　(b)

图 7-68

2.爆炸

【爆炸】选项卡可用于设置爆炸的相关参数，包括【强度】【衰减】【变化】等，如图7-69所示。

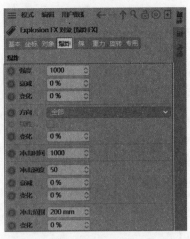

图 7-69

- 强度：设置爆炸的强度。图7-70所示为不同强度数值的对比效果。

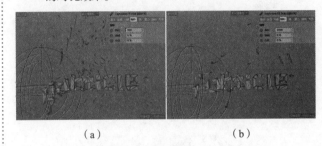

(a)　　　　　　　　(b)

图 7-70

- 衰减：设置爆炸的衰减程度。
- 变化：设置爆炸的碎片的变化，数值越大变化越随机。图7-71所示为设置不同变化的对比效果。

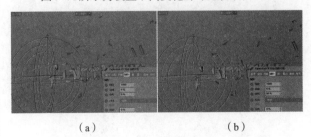

(a)　　　　　　　　(b)

图 7-71

- 方向：设置碎片的方向，包括全部、仅X、排除X、仅Y、排除Y、仅Z、排除Z。图7-72所示为设置不同方向的对比效果。

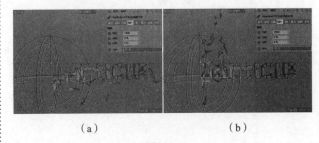

(a)　　　　　　　　(b)

图 7-72

- **线性**：当设置【方向】为【仅X】【仅Y】【仅Z】时可用，选中时碎片为线性方式。
- **变化**：设置碎片方向的随机程度。
- **冲击时间**：设置碎片冲击的时间。
- **冲击速度**：设置碎片冲击的速度。
- **衰减**：设置碎片冲击的衰减程度。
- **变化**：设置碎片冲击的变化。
- **冲击范围**：设置爆炸的冲击范围。图7-73所示为不同冲击范围的对比效果。

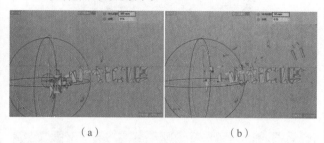

（a） （b）

图 7-73

- **变化**：设置碎片冲击范围的变化。

3.簇

【簇】选项卡用于设置碎片产生簇状的效果，其参数包括【厚度】【密度】等，如图7-74所示。

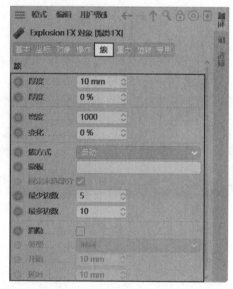

图 7-74

- **厚度**：设置碎片产生簇状的厚度。
- **密度**：设置碎片产生簇状的密度。
- **簇方式**：设置爆炸碎片的簇状类型。

4.重力

【重力】选项卡用于设置爆炸碎片的重力参数，其参数如图7-75所示。

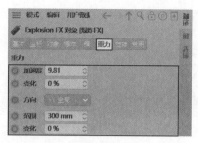

图 7-75

- **加速度**：设置爆炸的重力加速度。
- **方向**：设置重力的方向。
- **范围**：设置重力的范围。
- **变化**：设置重力的变化。

5.旋转

【旋转】选项卡用于设置碎片产生旋转变化的效果，其参数如图7-76所示。

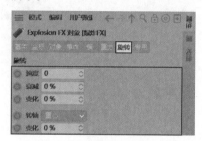

图 7-76

- **速度**：设置碎片的旋转速度。
- **转轴**：设置旋转的轴向方向，包括重心、X-轴、Y-轴、Z-轴。

6.专用

【专用】选项卡用于设置风力和螺旋参数，如图7-77所示。

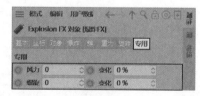

图 7-77

- **风力**：设置碎片的风力方向。
- **螺旋**：设置碎片的旋转角度。

实例：使用【爆炸FX】制作碎片变立方体动画

扫一扫，看视频

案例路径：Chapter 07 变形器建模→实例：使用【爆炸FX】制作碎片变立方体动画

本实例使用【爆炸FX】变形器使三维立方体产生爆炸碎片效果，并设置动画，如图7-78所示。

图 7-78

帧，如图 7-84 所示。

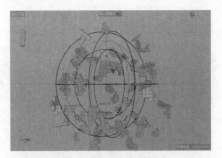

图 7-82

步骤 01 创建一个立方体，设置【尺寸.X】为 2000mm，【尺寸.Y】为 2000mm，【尺寸.Z】为 2000mm，【分段 X】为 10，【分段 Y】为 10，【分段 Z】为 10，如图 7-79 所示。

步骤 02 执行【创建】|【变形器】|【爆炸 FX】命令，创建爆炸 FX。按住鼠标左键并拖曳【爆炸 FX】到【立方体】上，出现 图标时松开鼠标，如图 7-80 所示。

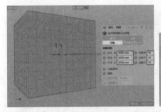 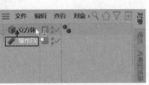

图 7-79　　　　　图 7-80

步骤 03 选择【爆炸 FX】，选择【爆炸】选项卡，设置【强度】为 2000，【变化】为 30%；选择【旋转】选项卡，设置【速度】为 150，如图 7-81 所示。

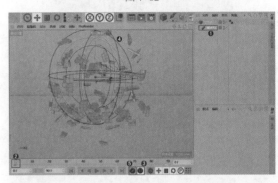

图 7-83

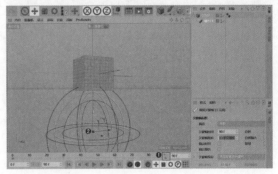

图 7-84

（a）　　　　　　　（b）

图 7-81

步骤 04 此时立方体产生了爆炸效果，如图 7-82 所示。

步骤 05 制作动画。选择【爆炸 FX】，将时间轴移动至第 0F，单击激活【自动关键帧】 按钮，在透视视图中将其移动，最后单击【记录活动对象】 按钮，此时在第 0F 产生第 1 个关键帧，如图 7-83 所示。

步骤 06 将时间轴移动到 90F 位置，在透视视图中将【空白】向下移动，直至立方体完全显示出来，此时产生第 2 个关键

步骤 07 完成动画后，再次单击【自动关键帧】 按钮，完成动画制作。设置完成后单击【向前播放】 按钮，如图 7-85 所示。

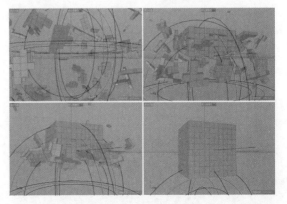

图 7-85

7.2.12 融解

利用【融解】变形器可以制作模型融化的特殊效果，其参数如图7-86所示。

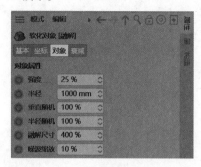

图7-86

重点参数：

- 强度：设置融解的强度，数值越大，融解得越夸张。图7-87所示为设置不同强度的对比效果。

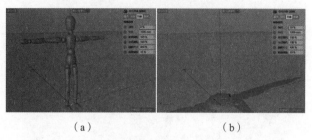

（a）　　　　　　　　（b）

图7-87

- 半径：设置融解模型的半径大小。
- 垂直随机：设置模型垂直方向的随机效果。
- 半径随机：设置模型半径的随机效果。
- 融解尺寸：设置融解模型的尺寸。
- 噪波缩放：设置噪波的缩放大小。

7.2.13 破碎

【破碎】变形器用于制作模型破碎的效果，其参数如图7-88所示。

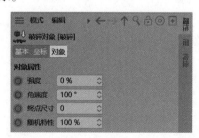

图7-88

重点参数：

- 强度：设置模型破碎的强度数值，数值越大，模型破

碎越充分。图7-89所示为设置不同强度的对比效果。

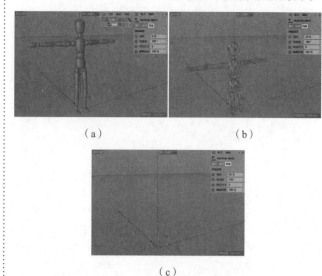

（a）　　　　　　　　（b）

（c）

图7-89

- 角速度：设置破碎碎片的旋转效果。图7-90所示为设置不同角速度的对比效果。

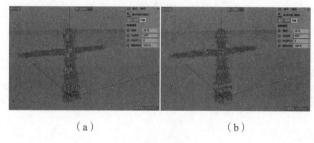

（a）　　　　　　　　（b）

图7-90

- 终点尺寸：设置破碎碎片的尺寸。图7-91所示为设置不同终点尺寸的对比效果。

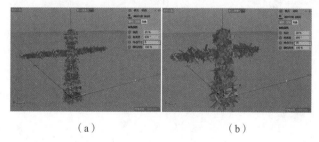

（a）　　　　　　　　（b）

图7-91

- 随机特性：设置碎片的随机效果。

7.2.14 颤动

【颤动】变形器可用于制作颤动动画效果。需注意，该颤动的父级模型制作了关键帧动画，这样才会出现颤动动画。其参数如图7-92所示。

图 7-92

重点参数:

- 启动停止:选中该复选框后,可使用【运动比例】参数。
- 强度:设置颤动的强度数值。
- 硬度:设置颤动的硬度弹性。
- 构造:用于控制模型本身结构线的变化。
- 黏滞:数值越大,模型的颤动效果越不明显。

7.2.15 挤压&伸展

【挤压&伸展】变形器可以使模型产生挤压、伸展效果。在【对象/场次/内容浏览器/构造】面板中,按住鼠标左键并拖曳【挤压&伸展】到【立方体】上,出现⬇图标时,松开鼠标。其参数如图7-93所示。

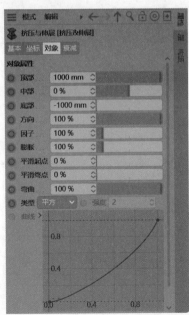

图 7-93

重点参数:

- 顶部/中部/底部:可以分别调整物体顶部、中部、底部的伸展和挤压效果。

- 方向:将模型沿着X轴挤压或伸展。
- 因子:将模型沿着Y轴挤压或伸展。
- 膨胀:将模型沿着Z轴挤压或伸展。
- 平滑起点/平滑终点:设置模型起点和终点的平滑效果。
- 弯曲:调整模型弯曲的程度。
- 类型:分别有平方、立方、四次方、自定义和样条共5种类型。
- 曲线:当【类型】为【样条】时,可以调整曲线。

7.2.16 碰撞

利用【碰撞】变形器可以使一个模型在移动位置穿越另外一个模型的过程中产生碰撞的变化,其参数如图7-94所示。

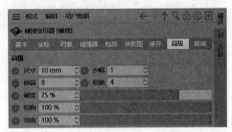

图 7-94

(1)创建一个圆锥模型和一个球体模型,如图7-95所示。

(2)创建碰撞,按住鼠标左键并拖曳【碰撞】到【圆锥】上,出现⬇图标时松开鼠标,如图7-96所示。

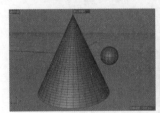

| 图 7-95 | 图 7-96 |

(3)选择【碰撞】,选择【碰撞器】选项卡。按住鼠标左键并拖曳【球体】到【对象】后方,如图7-97所示。

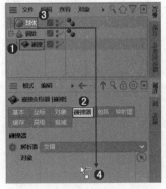

图 7-97

（4）移动球体位置，即可看到球体在穿越圆锥的过程中产生的有趣变化，如图7-98所示。

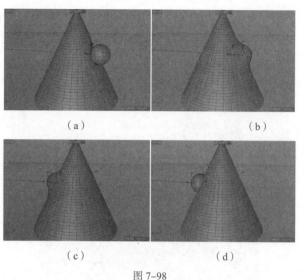

（a） （b）

（c） （d）

图 7-98

实例：使用【碰撞】制作脚踩气球

案例路径：Chapter 07 变形器建模→实例：使用【碰撞】制作脚踩气球

本实例使用【碰撞】变形器制作脚踩气球，气球产生挤压的变形效果如图7-99所示。

图 7-99

步骤 01 打开本书场景文件【场景文件.c4d】，如图7-100所示。

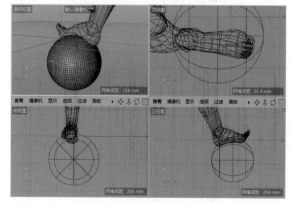

图 7-100

步骤 02 执行【创建】|【变形器】|【碰撞】命令，创建碰撞。按住鼠标左键并拖曳【碰撞】到【球体】上，出现↓图标时松开鼠标，如图7-101所示。

步骤 03 选择【碰撞】，打开【碰撞器】选项卡。按住鼠标左键并拖曳【脚】到【对象】后方，如图7-102所示。

图 7-101 图 7-102

步骤 04 选择【碰撞】，选择【高级】选项卡，设置【尺寸】为0.254mm，【步幅】为10，【伸展】为100，【松弛】为20，【硬度】为20%，如图7-103所示。

步骤 05 此时的脚踩气球变形效果即会出现，如图7-104所示。

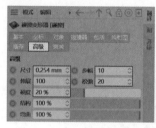 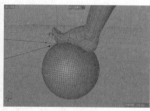

图 7-103 图 7-104

7.2.17 收缩包裹

利用【收缩包裹】变形器可以让原模型在保持原特点的前提下变为另外一个模型的造型，其参数如图7-105所示。

图 7-105

重点参数：

- 目标对象：将模型拖曳到【目标对象】后方即可添加对象。
- 模式：设置收缩包裹的方式，包括沿着法线、目标轴和来源轴。

中文版Cinema 4D R21从入门到精通（微课视频 全彩版）

扫一扫，看视频

- 强度：设置收缩的程度。图7-106所示为设置不同强度的对比效果。

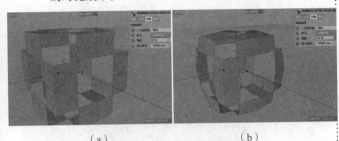

（a） （b）

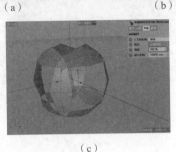

（c）

图7-106

实例：使用【收缩包裹】制作创意小球

案例路径：Chapter 07 变形器建模→实例：使用【收缩包裹】制作创意小球

扫一扫，看视频

本实例使用【收缩包裹】变形器将一个模型进行变形，变形后的效果受模型的约束影响，如图7-107所示。

图7-107

步骤 01 创建一个立方体，其参数设置如图7-108所示。

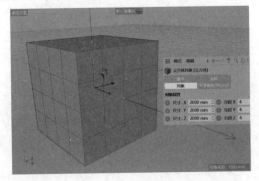

图7-108

步骤 02 选择立方体，单击【转为可编辑对象】按钮，选择（多边形）级别。按住Shift键并选中图7-109所示的多边形。

步骤 03 按Delete键，删除这些多边形。此时的模型效果如图7-110所示。

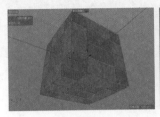 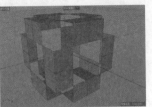

图7-109 图7-110

步骤 04 创建一个球体模型，其参数设置如图7-111所示。

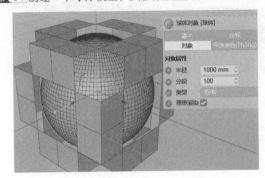

图7-111

步骤 05 创建一个【收缩包裹】，按住鼠标左键并拖曳【收缩包裹】到【立方体】上，出现图标时松开鼠标，如图7-112所示。

步骤 06 选择【收缩包裹】，选择【对象】选项卡。按住鼠标左键并拖曳【球体】到【目标对象】后方，如图7-113所示。

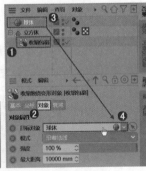

图7-112 图7-113

步骤 07 单击2次【球体】后方的图标，当其变成红色时，即可隐藏球体，如图7-114所示。

步骤 08 最终可以看到原来的立方体形态已经变成了球体形态，但是依然保持着之前的多边形特点，如图7-115所示。

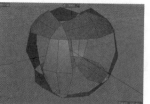

图 7-114   图 7-115

步骤 09 执行【创建】|【生成器】|【布料曲面】命令，创建布料曲面。按住鼠标左键并拖曳【立方体】到【布料曲面】上，出现▐图标时松开鼠标，如图 7-116 所示。

步骤 10 选择【布料曲面】，设置【厚度】为 100mm，如图 7-117 所示。

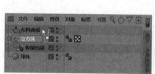

图 7-116   图 7-117

步骤 11 此时的模型效果如图 7-118 所示。

步骤 12 执行【创建】|【生成器】|【细分曲面】命令，创建细分曲面。按住鼠标左键并拖曳【布料曲面】到【细分曲面】上，出现▐图标时松开鼠标，如图 7-119 所示。

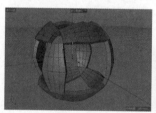
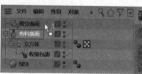

图 7-118   图 7-119

步骤 13 选择【细分曲面】，设置【编辑器细分】为 3，【渲染器细分】为 3，如图 7-120 所示。

步骤 14 最终小球效果如图 7-121 所示。

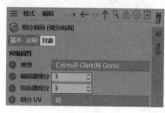

图 7-120   图 7-121

7.2.18 球化

利用【球化】变形器可以将模型变得更圆润，类似球体。其参数如图 7-122 所示。图 7-123 所示为使用球化前后的对比效果。

图 7-122

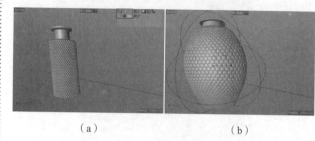

（a）   （b）

图 7-123

重点参数：

● 半径：设置球化的半径大小。

● 强度：设置球化的强度。

7.2.19 平滑

利用【平滑】变形器可以将模型变得光滑。平滑的原理是自动调整顶点位置，使模型更光滑，但由于不会增加分段数，所以模型看起来不会非常光滑。其参数如图 7-124 所示。图 7-125 所示为使用平滑前后的对比效果。

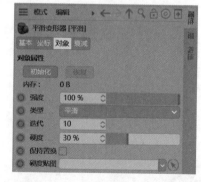

图 7-124

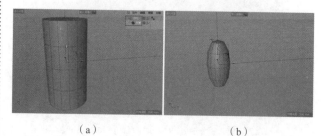

（a）   （b）

图 7-125

重点参数：

- 强度：设置平滑的程度。图7-126所示为设置不同强度的对比效果。

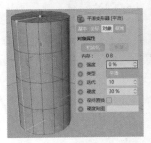 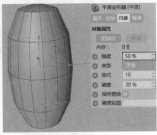

（a） （b）

（c）

图 7-126

- 类型：设置类型，包括松弛、平滑、强度3种方式。
- 迭代：设置平滑的迭代次数，数值越大，平滑的迭代级别越高。
- 硬度：设置平滑的硬度。

7.2.20 表面

【表面】变形器借助一个模型使平面变成一个模型，其参数如图7-127所示。

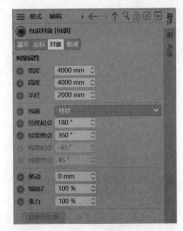

图 7-127

重点参数：

- 类型：包括映射、映射（U，V）和映射（V，U）3种方式。
- 强度：控制模型的变化程度，强度为0时是一个平面。
- 表面：添加一个目标对象。

7.2.21 包裹

利用【包裹】变形器可以使模型呈现柱状或球状形态，其参数如图7-128所示。图7-129所示为使用包裹前后的对比效果。

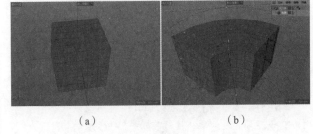

图 7-128

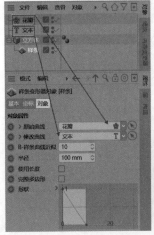

（a） （b）

图 7-129

7.2.22 样条

【样条】变形器通过原始曲线和修改曲线来改变平面的形状，如图7-130和图7-131所示。

图 7-130 图 7-131

重点参数：

- **原始曲线：** 设置模型上发生的变形形状。
- **修改曲线：** 设置拉伸方向上发生的变形形状。
- **半径：** 设置两个曲线之间的变化大小。
- **完整多边形：** 选中该复选框后，模型会再一次发生变形。
- **形状：** 主要通过曲线调整形状，单击形状后面的▶按钮，可以详细设置曲线。

7.2.23 导轨

利用【导轨】变形器可以通过2条或4条样条来确定三维模型的外形，其参数如图7-132所示。

图 7-132

[重点] 7.2.24 样条约束

利用【样条约束】变形器可以让三维对象以样条为走向，再以样条控制旋转效果，其参数如图7-133所示。

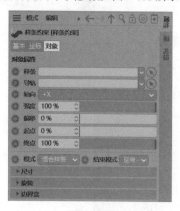

图 7-133

实例：使用【样条约束】制作手写三维字

扫一扫，看视频

案例路径：Chapter 07 变形器建模→实例：使用【样条约束】制作手写三维字

本实例使用【样条约束】变形器将地形模型分布在样条上，产生有趣的文字效果，如图7-134所示。

图 7-134

步骤 01 使用样条画笔在顶视图中绘制出一条W形状的曲线，如图7-135所示。

图 7-135

步骤 02 执行【创建】|【参数对象】|【地形】命令，创建地形，设置【尺寸】为600mm、3000mm、600mm，【宽度分段】为300，【深度分段】为300，如图7-136所示。

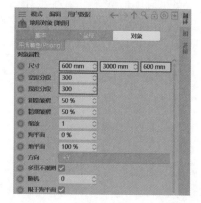

图 7-136

步骤 03 此时的地形模型如图7-137所示。

步骤 04 执行【创建】|【变形器】|【样条约束】命令，创建样条约束，如图7-138所示。

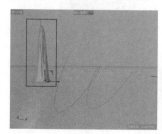

图 7-137

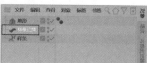

图 7-138

步骤 05 按住鼠标左键并拖曳【样条约束】到【地形】上，出现↓图标时松开鼠标，如图7-139所示。

步骤 06 选择【样条约束】，拖曳【样条】到【样条】后方，设置【轴向】为【+Y】，【偏移】为10%，【起点】为-100%，【终点】为80%，如图7-140所示。

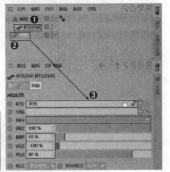

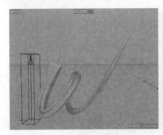

图 7-139　　　　　　　图 7-140

步骤 07 此时的W出现了非常漂亮的手写三维字效果，如图7-141所示。

步骤 08 创建O和W三维效果后如图7-142所示。

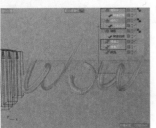

图 7-141　　　　　　　图 7-142

步骤 09 最终模型效果如图7-143所示。

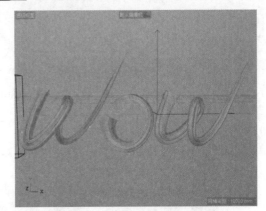

图 7-143

[重点]7.2.25　置换

【置换】变形器可以通过贴图使模型产生凹凸起伏效果，其参数如图7-144所示。

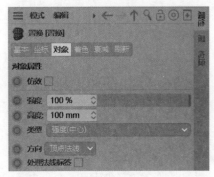

图 7-144

实例：使用【置换】制作冰块

案例路径：Chapter 07 变形器建模→实例：使用【置换】制作冰块

本实例使用【置换】变形器使模型产生噪波波动效果，就像冻冰块一样有趣，如图7-145所示。

扫一扫，看视频

图 7-145

步骤 01 创建一个立方体，设置【尺寸.X】为2000mm，【尺寸.Y】为2000mm，【尺寸.Z】为2000mm，【分段】均为12，选中【圆角】复选框，设置【圆角半径】为80mm，【圆角细分】为2，如图7-146所示。

步骤 02 执行【创建】|【变形器】|【置换】命令，创建置换。按住鼠标左键并拖曳【置换】到【立方体】上，出现↓图标时松开鼠标，如图7-147所示。

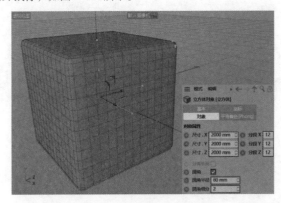

图 7-146

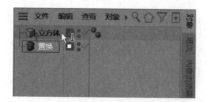

图 7-147

步骤 03 选择【置换】，选择【着色】选项卡，单击【着色器】后方的 按钮，加载【噪波】，如图7-148所示。

步骤 04 此时的模型如图7-149所示。

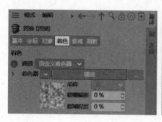
图 7-148

图 7-149

步骤 05 执行【创建】|【生成器】|【细分曲面】命令，创建【细分曲面】。按住鼠标左键并拖曳【立方体】到【细分曲面.2】上，出现 图标时松开鼠标，如图7-150所示。

步骤 06 选择【细分曲面.2】，设置【编辑器细分】为2，【渲染器细分】为2，如图7-151所示。

图 7-150

图 7-151

步骤 07 此时的冰块产生了凹凸起伏感，如图7-152所示。

步骤 08 复制另外两个冰块，并摆放好位置，如图7-153所示。

图 7-152

图 7-153

7.2.26 公式

通过【公式】变形器输入公式，可以制作水波波动效果，其参数如图7-154所示。

图 7-154

7.2.27 变形

【变形】变形器常用于制作角色动画中角色张开嘴巴等动画效果，其参数如图7-155所示。

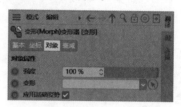
图 7-155

7.2.28 点缓存

【点缓存】变形器主要用于进行节点缓存处理，其参数如图7-156所示。

图 7-156

7.2.29 风力

利用【风力】变形器可以制作风吹动模型效果，其参数如图7-157所示。按住鼠标左键并拖曳【风力】到【平面】上，出现 图标时松开鼠标，单击【向前播放】 按钮，即可看到产生了风吹动平面的动画效果，如图7-158所示。

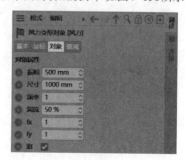
图 7-157

中文版Cinema 4D R21从入门到精通（微课视频 全彩版）

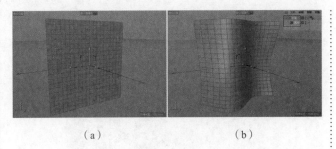

（a）　　　　　　　　　　（b）

图 7-158

重点参数：

- 振幅：设置风吹动的模型摆动的振幅高度。图 7-159 所示为设置【振幅】为 500mm 和 1000mm 的对比效果。

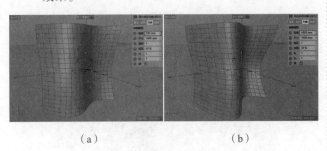

（a）　　　　　　　　　　（b）

图 7-159

- 尺寸：设置风力对模型产生的波动的大小，数值越小，波动越大。图 7-160 所示为设置【尺寸】为 1000mm 和 500mm 的对比效果。

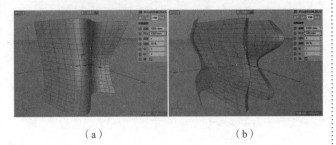

（a）　　　　　　　　　　（b）

图 7-160

- 湍流：设置风力对模型产生的混乱度，使模型更加变形。
- fx：设置 X 轴的风力效果。
- fy：设置 Y 轴的风力效果。

[重点]7.2.30　倒角

利用【倒角】变形器可以使模型边缘产生倒角效果，其参数如图 7-161 所示。图 7-162 所示为使用【倒角】前后的对比效果。

图 7-161

（a）　　　　　　　　　　（b）

图 7-162

实例：使用【倒角】制作三维倒角文字

案例路径：Chapter 07 变形器建模→实例：使用【倒角】制作三维倒角文字

本实例使用【倒角】变形器将样条制作为三维文字效果，并且文字边缘有倒角，细节更丰富，如图 7-163 所示。

扫一扫，看视频

图 7-163

步骤 01 执行【创建】|【样条】|【文本】命令，在正视图中创建【唯美世界】，如图 7-164 所示。

步骤 02 在【文本】文本框中输入【唯美世界】，设置合适的字体，设置【高度】为 2000mm，如图 7-165 所示。

图 7-164　　　　　　　　图 7-165

步骤 03 执行【创建】|【生成器】|【挤压】命令，创建挤压。按住鼠标左键并拖曳【文本】到【挤压】上，出现↓图标时松开鼠标，如图7-166所示。

步骤 04 选择【挤压】，设置【移动】为0mm、0mm、200mm，如图7-167所示。

图 7-166　　　　　　　　图 7-167

步骤 05 此时的三维文字边缘非常锐利，如图7-168所示。

步骤 06 制作文字的倒角效果。执行【创建】|【变形器】|【倒角】命令，创建倒角。按住鼠标左键并拖曳【倒角】到【挤压】上，出现↓图标时松开鼠标，如图7-169所示。

图 7-168　　　　　　　　图 7-169

步骤 07 选择【倒角】，设置【偏移】为20mm，【细分】为2，如图7-170所示。

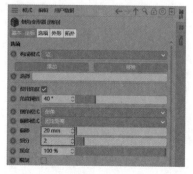

图 7-170

步骤 08 最终模型效果如图7-171所示。

图 7-171

实例：使用【倒角】制作异形模型

扫一扫，看视频

案例路径：Chapter 07 变形器建模→实例：使用【倒角】制作异形模型

本实例使用【倒角】变形器将三维立方体制作为异形模型，这类模型常用于CG设计、电商广告设计等，作为装饰元素，如图7-172所示。

图 7-172

步骤 01 创建一个立方体，设置【尺寸.X】为2000mm，【尺寸.Y】为2000mm，【尺寸.Z】为2000mm，如图7-173所示。

步骤 02 执行【创建】|【变形器】|【倒角】命令，创建倒角。按住鼠标左键并拖曳【倒角】到【立方体】上，出现↓图标时松开鼠标，如图7-174所示。

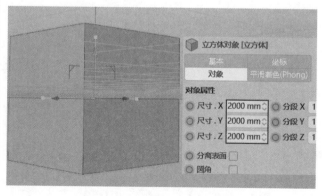

图 7-173

图 7-174

图 7-176

步骤 03 选择【倒角】，设置【偏移】为1000mm，【细分】为50，【深度】为-100%，【张力】为500%，如图7-175所示。

步骤 04 最终模型如图7-176所示。

图 7-175

Chapter
08

第8章

扫一扫，看视频

多边形建模

本章内容简介

本章将学习多边形建模，多边形建模是Cinema 4D中非常复杂的建模方式之一，也是非常重要的建模方式。通过将模型转换为可编辑多边形，可对模型的点、边、多边形进行编辑，因此模型的可调性变得非常强大，从而一步步地将简单模型调整为复杂精细的模型。

重点知识掌握

- 熟练掌握多边形建模的操作流程
- 熟练掌握各子级别下工具的应用

通过本章学习，我能做什么？

多边形建模的可控性特别强，所以利用前面章节的功能并结合多边形建模几乎可以制作任何模型。但需要注意的是，并不是每种模型都适合使用多边形建模，在建模之前需要进行分析，选择一种最适合的建模方式。

佳作欣赏

8.1 认识多边形建模

本节将讲解多边形建模的基本知识，包括多边形建模的概念、多边形建模适合制作的模型类型。

8.1.1 多边形建模概述

多边形建模是Cinema 4D中非常复杂的建模方式，该建模方式功能强大，可以进行较为复杂的模型制作，是本书中非常重要的建模方式之一。通过对多边形的点、边、多边形这3种子级别的操作，使模型产生变化效果，因此，多边形建模是基于一个简单模型进行编辑更改而得到精细复杂模型效果的过程。

8.1.2 多边形建模适合制作的模型

在制作模型时，有一些复杂的模型效果很难用几何体建模、样条建模、生成器建模、变形器建模等建模方式制作，这时可以考虑使用多边形建模方式。由于多边形建模应用广泛，因此可以使用该建模方式制作家具模型、建筑模型、产品模型、CG模型等几乎所有领域的模型效果，如图8-1～图8-4所示。

图 8-1　　　　　　　图 8-2

图 8-3　　　　　　　图 8-4

重点 8.2 转为可编辑对象

在Cinema 4D中创建参数对象后，只能修改参数对象的原始参数，如半径、分段等数值，如图8-5所示。另外，即使进入【点】级别，也看不到模型上的点，如图8-6所示。

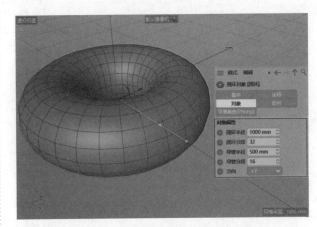

图 8-5

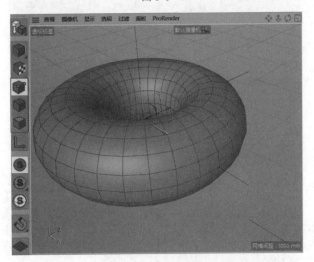

图 8-6

选中该模型，单击【转为可编辑对象】按钮，可以看到模型原有的参数已经消失不见，如图8-7所示。

图 8-7

此时进入【点】级别，可以看到模型上分布了很多点，可以对点进行选择或编辑，如图8-8所示。

还可以单击进入【边】级，选择边，如图8-9所示。

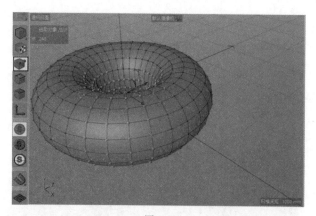

图 8-8

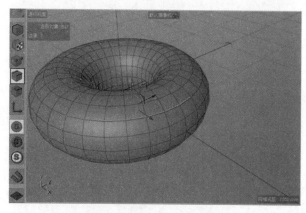

图 8-9

进入【多边形】级别，选择多边形，如图 8-10 所示（注意：如果在该级别操作完成后需要选择其他模型，那么需要单击回到【模型】级别）。

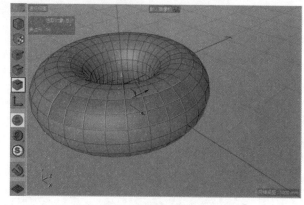

图 8-10

重点 8.3 【点】级别

扫一扫，看视频

进入【点】级别，右击，在弹出的快捷菜单中可以看到几十种工具，如图 8-11 所示。

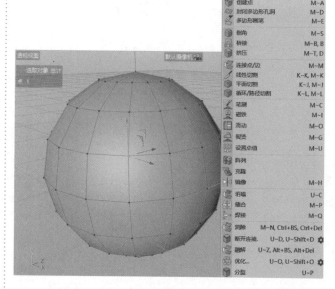

图 8-11

重点参数：

● 创建点：在【点】级别右击，在弹出的快捷菜单中执行【创建点】命令，在【边】上单击即可添加点，如图 8-12 所示。

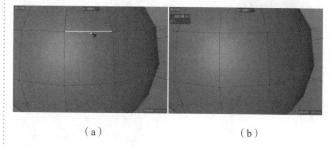

（a） （b）

图 8-12

如果在【多边形】上单击，即可添加边和点用于连接四周的点，如图 8-13 所示。

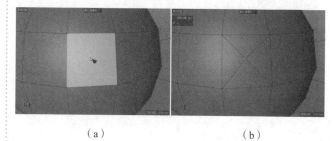

（a） （b）

图 8-13

● 封闭多边形孔洞：单击模型的缺口位置，即可将模型封口，如图 8-14 所示。

中文版 Cinema 4D R21 从入门到精通（微课视频 全彩版）

（a） （b）

图 8-14

- 多边形画笔：右击，在弹出的快捷菜单中执行【多边形画笔】命令，先单击一个点，再单击另一个点，即可在模型上绘制出线，如图 8-15 所示。

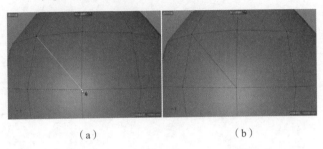

（a） （b）

图 8-15

- 倒角：单击一个【点】，右击，在弹出的快捷菜单中执行【倒角】命令，拖动鼠标即可将一个点倒角为一个多边形，如图 8-16 所示。

（a） （b）

图 8-16

- 桥接：将点与点连接，产生新的边，如图 8-17 所示。

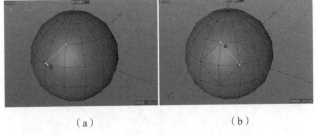

（a） （b）

图 8-17

- 挤压：选择顶点，右击，在弹出的快捷菜单中执行【挤压】命令，拖动鼠标即可使点产生凸起效果，如图 8-18 所示。

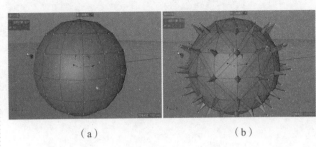

（a） （b）

图 8-18

- 连接点/边：选中两个点，右击，在弹出的快捷菜单中执行【连接点/边】命令，此时连接出了一条边，如图 8-19 所示。

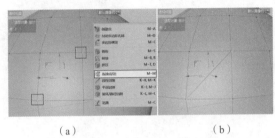

（a） （b）

图 8-19

- 线性切割：右击，在弹出的快捷菜单中执行【线性切割】命令，在模型上单击即可创建分段，如图 8-20 所示。

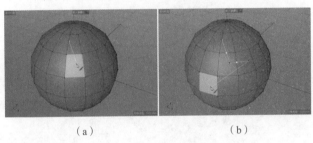

（a） （b）

图 8-20

- 平面切割：右击，在弹出的快捷菜单中执行【平面切割】命令，在模型上单击并拖动鼠标，最后再次单击，从而创建一圈笔直且贯穿模型的分段，如图 8-21 所示。

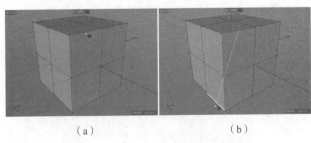

（a） （b）

图 8-21

- 循环/路径切割：右击，在弹出的快捷菜单中执行【循环/路径切割】命令，并在模型上移动鼠标，此时会出现一圈边，单击即可完成；双击数值还可以修改这圈边的位置，如图 8-22 所示。

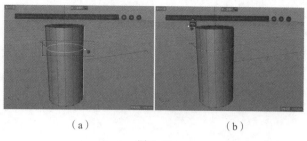

（a）　　　　　　　　（b）

图 8-22

- 笔刷：右击，在弹出的快捷菜单中执行【笔刷】命令，在模型上拖动即可使模型产生起伏效果，如图 8-23 所示。

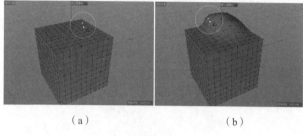

（a）　　　　　　　　（b）

图 8-23

- 磁铁：在磁铁工具的状态下按住鼠标左键拖动，对当前的模型进行涂抹，使模型产生变化。
- 滑动：右击，在弹出的快捷菜单中执行【滑动】命令，单击点并拖动鼠标即可使该点产生位置的变化，并且基本不会改变模型的外观，如图 8-24 所示。

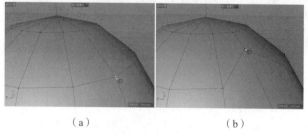

（a）　　　　　　　　（b）

图 8-24

- 熨烫：右击，在弹出的快捷菜单中执行【熨烫】命令，拖动鼠标即可将模型熨烫得更平滑，如图 8-25 所示。

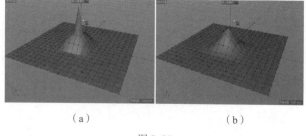

（a）　　　　　　　　（b）

图 8-25

- 设置点值：用于对选中部分的位置调整，并将其指定到一个位置。

- 缝合：可以在【点】【边多边形】级别下，对点和点、边和边、多边形和多边形进行缝合处理。
- 焊接：选择需要进行焊接的点，右击，在弹出的快捷菜单中执行【焊接】命令，此时只需要单击这几个点中的某一点即可将最终焊接后的点放在该位置，如图 8-26 所示。

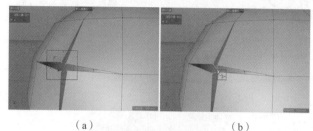

（a）　　　　　　　　（b）

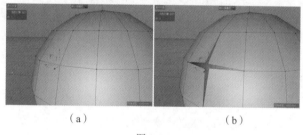

（c）

图 8-26

- 消除：可以将选中的顶点去除，并且点的位置重新自动产生模型细微变化。
- 断开连接：选中点，右击，在弹出的快捷菜单中执行【断开连接】命令，即可将点断开，该点不再连接其他点。如果单击移动该位置的点，可以看到这已经不是一个点了，如图 8-27 所示。

（a）　　　　　　　　（b）

图 8-27

- 融解：选中模型上的点，右击，在弹出的快捷菜单中执行【融解】命令，即可将这些点融解，如图 8-28 所示。

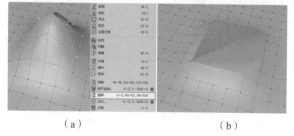

（a）　　　　　　　　（b）

图 8-28

- 优化：选中点，右击，在弹出的快捷菜单中执行【优化】

命令，可以精简模型的点个数，如图8-29所示。

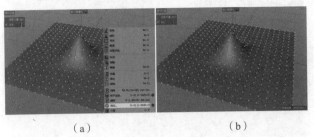

（a） （b）

图8-29

●分裂：可以将选中的点或多边形对象分裂出来，而且不会破坏原来的模型。

提示：为什么无法选中物体

有时在使用多边形建模创建模型时，可能会遇到无法选中物体的情况，如无法选中右侧的立方体。仔细检查，可以发现此时正处于【点】级别状态，如图8-30所示。

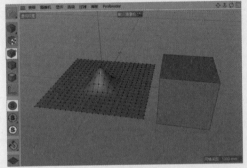

图8-30

单击进入【模型】级别，此时再次单击即可选择右侧的立方体，如图8-31所示。

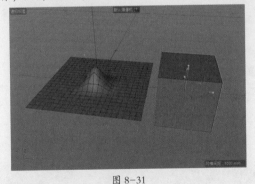

图8-31

重点 8.4 【边】级别

进入【边】级别，右击，在弹出的快捷菜单中可以看到很多工具，在【边】级别中的很多工具与在【点】级别中的工具重复，如图8-32所示。

扫一扫，看视频

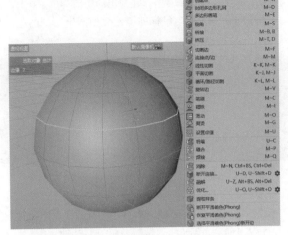

图8-32

重点参数：

●倒角：选中模型上的边，右击，在弹出的快捷菜单中执行【倒角】命令，拖动鼠标即可使这些边产生倒角效果，如图8-33所示。

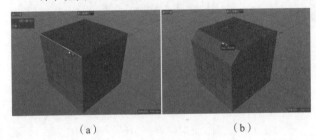

（a） （b）

图8-33

●挤压：选中边，右击，在弹出的快捷菜单中执行【挤压】命令，拖动鼠标即可挤压出边，如果移动可以看到此时边的效果，如图8-34所示。

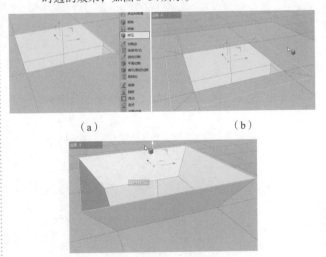

（a） （b）

（c）

图8-34

- 切割边：选中边，右击，在弹出的快捷菜单中执行【切割边】命令，拖动鼠标即可使模型产生切割的边，如图8-35所示。

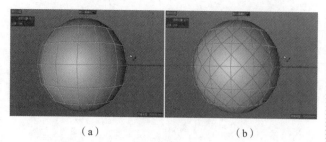

（a）　　　　　　　　（b）

图 8-35

- 旋转边：选中边，右击，在弹出的快捷菜单中执行【旋转边】命令，即可将边旋转，如图8-36所示。

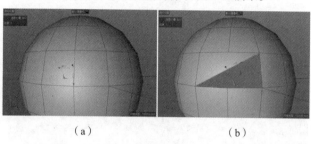

（a）　　　　　　　　（b）

图 8-36

- 提取样条：选中边，右击，在弹出的快捷菜单中执行【提取样条】命令，此时会自动产生【球体.样条】，并且在【球体】级别下方。拖动【球体.样条】，使其与【球体】处于同一级别，此时能看到边已经被提取出来，如图8-37所示。

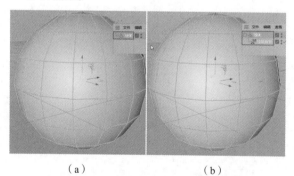

（a）　　　　　　　　（b）

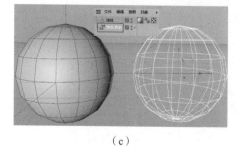

（c）

图 8-37

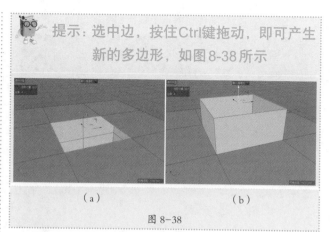

提示：选中边，按住Ctrl键拖动，即可产生新的多边形，如图8-38所示

（a）　　　　　　　　（b）

图 8-38

【重点】8.5 【多边形】级别

扫一扫，看视频

进入【多边形】级别，右击，在弹出的快捷菜单中可以看到很多工具，在【多边形】级别中的很多工具与在【点】级别中的工具重复，如图8-39所示。

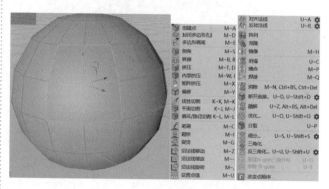

图 8-39

重点参数：

- 倒角：选中多边形，右击，在弹出的快捷菜单中执行【倒角】命令，拖动鼠标即可使该多边形产生凸起倒角效果，如图8-40所示。

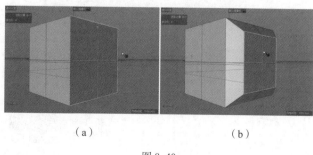

（a）　　　　　　　　（b）

图 8-40

倒角之后，如果需要这几个多边形按照每个多边形进行倒角，那么可以取消选中【保持组】复选框，如图8-41所示。

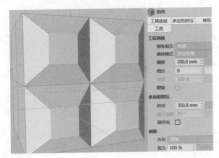

图 8-41

● 挤压：选中多边形，右击，在弹出的快捷菜单中执行【挤压】命令，拖动鼠标可使该多边形产生凸起效果，如图8-42所示。

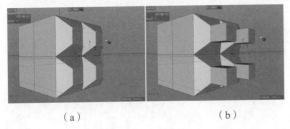

（a）　　　　　　（b）

图 8-42

● 内部挤压：选中多边形，右击，在弹出的快捷菜单中执行【内部挤压】命令，拖动鼠标可在该多边形内部插入新的多边形，如图8-43所示。

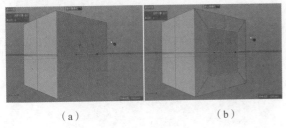

（a）　　　　　　（b）

图 8-43

内部挤压之后，如果希望这几个多边形按照每个多边形进行插入，那么可以取消选中【保持群组】复选框，如图8-44所示。

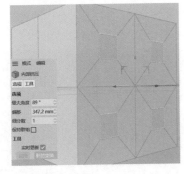

图 8-44

● 矩阵挤压：选中多边形，右击，在弹出的快捷菜单中执行【矩阵挤压】命令。拖动鼠标即可产生连续的逐渐收缩的凸起效果，如图8-45所示。

（a）　　　　　　（b）

图 8-45

● 阵列：选中点或多边形，右击，在弹出的快捷菜单中执行【阵列】命令，单击【应用】按钮，此时可使选中的对象产生大量阵列效果，如图8-46所示。

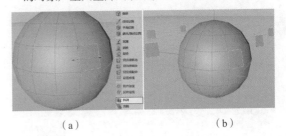

（a）　　　　　　（b）

图 8-46

● 克隆：选中点或多边形，右击，在弹出的快捷菜单中执行【克隆】命令，单击【应用】按钮，此时可使选中的对象产生大量复制效果。

● 镜像：使用该工具可以将模型上的点或多边形进行镜像，如图8-47所示。

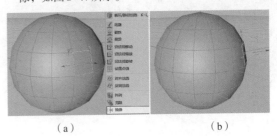

（a）　　　　　　（b）

图 8-47

● 坍塌：选中多边形，右击，在弹出的快捷菜单中执行【塌陷】命令，可将模型的多边形塌陷聚集在一起，如图8-48所示。

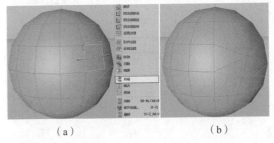

（a）　　　　　　（b）

图 8-48

- 细分：选中多边形，右击，在弹出的快捷菜单中执行【细分】命令，即可使该多边形分段更多，如图8-49所示。

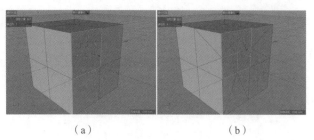

（a）　　　　　　　　　（b）

图8-49

- 三角化：选中多边形，右击，在弹出的快捷菜单中执行【三角化】命令，即可使四边形变成三角形，如图8-50所示。

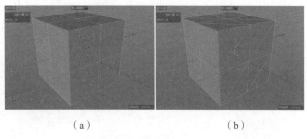

（a）　　　　　　　　　（b）

图8-50

- 反三角化：选中多边形，右击，在弹出的快捷菜单中执行【反三角化】命令，即可使三角形变成四边形，如图8-51所示。

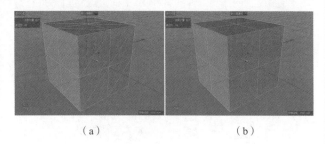

（a）　　　　　　　　　（b）

图8-51

实例：使用多边形建模制作树

扫一扫，看视频

案例路径：Chapter 08 多边形建模→实例：使用多边形建模制作树

本实例将圆锥模型转为可编辑对象，并调整点，使模型外观产生变化，从而制作树，如图8-52所示。

步骤01　创建一个圆锥，设置【顶部半径】为500mm，【高度】为20000mm，【旋转分段】为5，如图8-53所示。

步骤02　选中该模型，单击【转为可编辑对象】按钮，进入【点】级别，移动模型中点的位置，如图8-54所示。

图8-52

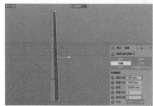 

图8-53　　　　　　　　　图8-54

步骤03　继续调整点。此时的模型如图8-55所示。

步骤04　用同样的方法继续创建两个圆锥，并转为可编辑对象，最后调整点，如图8-56所示。

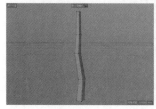 

图8-55　　　　　　　　　图8-56

步骤05　创建一个宝石，设置半径为4540mm，如图8-57所示。

步骤06　选中宝石模型，单击【转为可编辑对象】按钮，进入【点】级别，移动模型中点的位置，如图8-58所示。

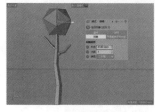 

图8-57　　　　　　　　　图8-58

步骤07　制作另外两个小的模型，如图8-59所示。

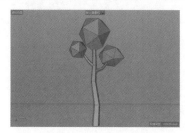

图8-59

中文版Cinema 4D R21从入门到精通（微课视频 全彩版）

实例：使用多边形建模制作网格人像

案例路径:Chapter 08 多边形建模→实例：使用多边形建模制作网格人像

本实例使用【减面】将模型减少多边形，并使多边形变得杂乱；然后将模型转为可编辑对象，应用倒角工具，使模型出现边缘，如图8-60所示。

扫一扫，看视频

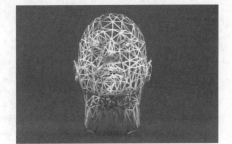

图 8-60

步骤 01 打开本书场景文件【场景文件.c4d】，如图8-61所示。

步骤 02 执行【创建】|【生成器】|【减面】命令，创建减面，如图8-62所示。

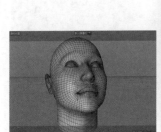

图 8-61　　　　　　　　图 8-62

步骤 03 按住鼠标左键并拖曳【人像】到【减面.1】上，出现↓图标时松开鼠标，如图8-63所示。

步骤 04 选择【减面.1】，设置【减面强度】为93%，如图8-64所示。

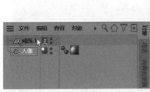

图 8-63　　　　　　　　图 8-64

步骤 05 此时模型产生了非常混乱的分段，如图8-65所示。

步骤 06 选中此时的模型，单击【转为可编辑对象】按钮，然后选择【人像】，如图8-66所示。

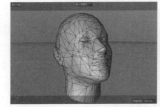 

图 8-65　　　　　　　　图 8-66

步骤 07 进入【边】级别，框选所有的边，右击，在弹出的快捷菜单中执行【倒角】命令，如图8-67所示。

步骤 08 在【偏移】文本框中输入3cm，并按Enter键，如图8-68所示。

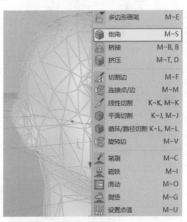

图 8-67

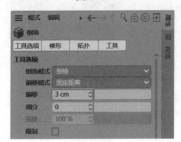

图 8-68

步骤 09 此时人像出现了网格状，如图8-69所示。

步骤 10 进入【多边形】级别，并按Delete键删除，如图8-70所示。

 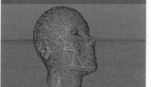

图 8-69　　　　　　　　图 8-70

实例：使用多边形建模制作礼品盒

案例路径：Chapter 08 多边形建模→实例：使用多边形建模制作礼品盒

本实例使用多边形建模制作礼品盒，礼品盒是电商广告设计中非常常见的元素之一，如图8-71所示。

图 8-71

步骤 01 执行【创建】|【参数对象】|【立方体】命令，如图8-72所示。创建完成后选择【对象】选项卡，设置【尺寸.X】为30cm，【尺寸.Y】为22.5cm，【尺寸.Z】为22.5cm，选中【圆角】复选框，设置【圆角半径】为0.5cm，【圆角细分】为5，如图8-73所示。

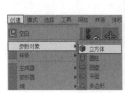
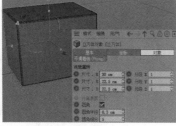

图 8-72　　　　　　　图 8-73

步骤 02 按住Ctrl键和鼠标左键，将其沿着X轴向右平移并复制，如图8-74所示。在右侧单击【转为可编辑对象】按钮，并单击【多边形】按钮，然后按住Shift键在多边形上进行单击，依次选中多边形。效果如图8-75所示。

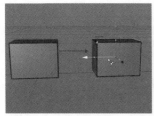
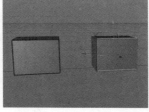

图 8-74　　　　　　　图 8-75

步骤 03 选择完成后右击，在弹出的快捷菜单中执行【断开连接】命令，如图8-76所示。效果如图8-77所示。

步骤 04 单击【缩放】按钮，将其沿着X轴向内缩放。效果如图8-78所示。

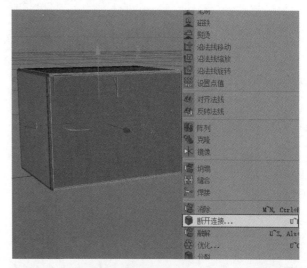

图 8-76

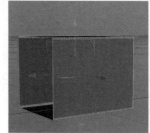
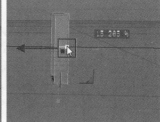

图 8-77　　　　　　　图 8-78

步骤 05 将其放置在合适位置，右击，在弹出的快捷菜单中执行【挤压】命令，如图8-79所示。将光标定位在模型上，按住鼠标左键向外拖动，使其具有一定的厚度。效果如图8-80所示。

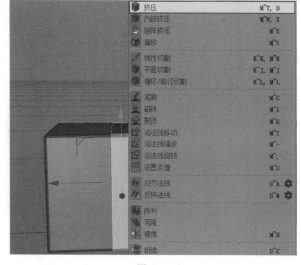

图 8-79

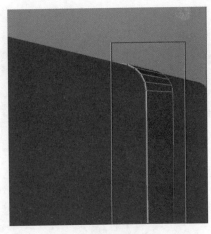

图 8-80

图 8-83

图 8-84

步骤 06 单击【模型】■按钮，接着单击【启用轴心】┗ 按钮，将轴心移动至合适的位置，如图8-81所示。再次单击【启用轴心】┗ 按钮，完成对轴心的设置。单击【旋转】◎按钮，按住Ctrl+Shift键，将其沿着Y轴旋转90°，如图8-82所示。

步骤 09 执行【创建】|【生成器】|【挤压】命令，如图5-156所示。按住鼠标左键拖曳【样条】到【挤压】上，当出现⬇图标时松开鼠标。效果如图8-85所示。

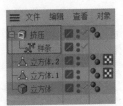
图 8-85

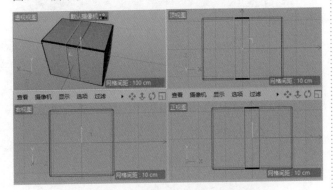

图 8-81

步骤 10 在【对象/场次/内容浏览器】中选中【挤压】的状态下，选择【对象】选项卡，设置【移动】后的第3个数值为5cm，如图8-86和图8-87所示。

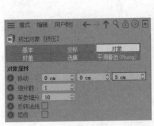
图 8-86

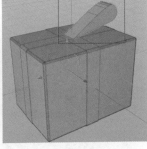
图 8-87

步骤 11 选择【封盖】选项卡，取消选中【起点封盖】和【终点封盖】复选框，如图8-88所示。

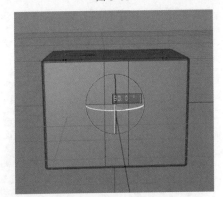

图 8-82

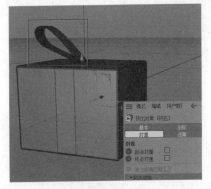
图 8-88

步骤 07 释放鼠标后单击【缩放】◨按钮，将其沿着Z轴进行缩放。效果如图8-83所示。

步骤 08 单击【样条画笔】✐按钮，进入正视图中，绘制闭合的样条线，如图8-84所示。

步骤 12 选中步骤11创建的模型，将其沿着Y轴旋转90° 并移动至合适的位置。效果如图8-89所示。使用同样的方式继续进行复制，效果如图8-90所示。

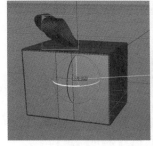

图 8-89 图 8-90

步骤 13 在【对象/场次/内容浏览器】中按住Shift键加选样条线，右击，在弹出的快捷菜单中执行【连接对象】命令，如图8-91所示。按住Ctrl+Shift键，将其沿着Y轴复制并旋转45°，如图8-92所示。

图 8-91 图 8-92

步骤 14 单击【缩放】 按钮，将其均匀地向内进行缩放。效果如图8-93所示。案例最终效果如图8-94所示。

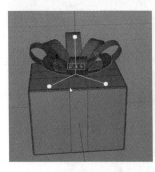

图 8-93 图 8-94

实例：使用多边形建模制作电商广告背景

扫一扫，看视频

案例路径：Chapter 08 多边形建模→实例：使用多边形建模制作电商广告背景

本实例使用多边形建模工具中的【倒角】，制作模型的倒角效果，从而制作电商广告背景模型，如图8-95所示。

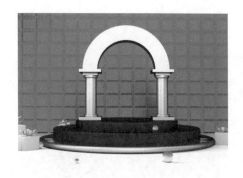

图 8-95

步骤 01 创建一个立方体，设置【尺寸.X】为10600mm，【尺寸.Y】为5200mm，【尺寸.Z】为200mm，【分段X】为18，【分段Y】为10，【分段Z】为2，如图8-96所示。

步骤 02 选中立方体模型，单击【转为可编辑对象】 按钮，进入【多边形】级别，选择图8-96所示的多边形。右击，在弹出的快捷菜单中执行【倒角】命令，如图8-97所示。

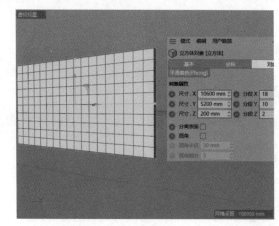

图 8-96

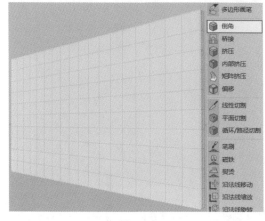

图 8-97

步骤 03 在【偏移】文本框中输入80mm，并按Enter键；在【挤出】文本框中输入80mm，并按Enter键；取消选中【保持组】复选框。此时模型效果如图8-98所示。

中文版Cinema 4D R21从入门到精通（微课视频 全彩版）

步骤 04 此时的背景墙效果已经制作完成，如图8-99所示。

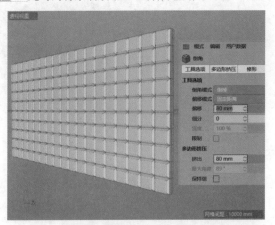

图 8-98

图 8-99

步骤 05 将本书制作的【礼品盒】【拱门】导入场景中，并继续使用【球体】【圆柱】【圆环】模型制作剩余模型。最终场景效果如图8-100所示。

图 8-100

实例：使用多边形建模制作蘑菇

案例路径：Chapter 08 多边形建模→实例：使用多边形建模制作蘑菇

本实例使用多边形建模中的【封闭多边形

扫一扫，看视频

孔洞】【内部挤压】【挤压】【倒角】【循环/路径切割】制作蘑菇效果，如图8-101所示。

图 8-101

步骤 01 创建一个球体，设置【半径】为1000mm，【分段】为70，如图8-102所示。

步骤 02 选中球体模型，单击【转为可编辑对象】按钮，进入【点】级别，在右视图中框选图8-103所示的点。

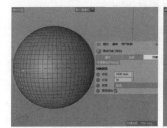

图 8-102   图 8-103

步骤 03 按Delete键删除这些点。单击回到【模型】级别，单击【缩放】按钮，并沿Y轴适当缩小，此时模型被压扁，如图8-104所示。

步骤 04 进入【点】级别，右击，在弹出的快捷菜单中执行【封闭多边形孔洞】命令，如图8-105所示。

   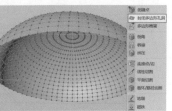

图 8-104   图 8-105

步骤 05 将鼠标指针移动至缺口位置，此时单击即可封闭模型，如图8-106所示。

步骤 06 单击进入【多边形】级别，选中模型底部的1个多边形。执行【内部挤压】命令，如图8-107所示。

步骤 07 在【偏移】文本框中输入80mm，并按Enter键。此时模型底部效果如图8-108所示。

步骤 08 用同样的方式继续进行内部挤压。在【偏移】文本框中输入20mm，并按Enter键。此时模型底部效果如图8-109所示。

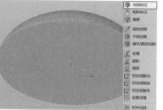

图 8-106　　　　　　　　　　图 8-107

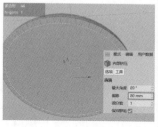
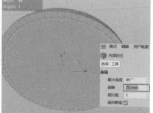

图 8-108　　　　　　　　　　图 8-109

步骤 09 用同样的方式继续进行内部挤压。在【偏移】文本框中输入800mm，并按Enter键。此时模型底部效果如图8-110所示。

步骤 10 选中当前的多边形，沿Y轴向上移动，此时模型如图8-111所示。

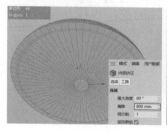

图 8-110　　　　　　　　　　图 8-111

步骤 11 选中模型底部中间的1个多边形，右击，在弹出的快捷菜单中执行【挤压】命令，如图8-112所示。

步骤 12 在【偏移】文本框中输入2000mm，并按Enter键。此时模型底部效果如图8-113所示。

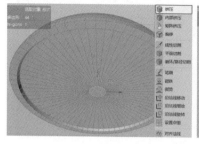

图 8-112　　　　　　　　　　图 8-113

步骤 13 单击进入【边】级别，选中图8-114所示的边。

步骤 14 沿Y轴向上移动，此时出现了蘑菇伞状结构的凹凸起伏效果，如图8-115所示。

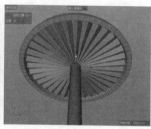

图 8-114　　　　　　　　　　图 8-115

步骤 15 选中四圈边，右击，在弹出的快捷菜单中执行【倒角】命令，如图8-116所示。

步骤 16 在【偏移】文本框中输入5mm，并按Enter键。此时模型的细节如图8-117所示。

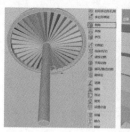
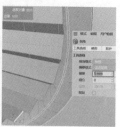

图 8-116　　　　　　　　　　图 8-117

步骤 17 进入【边】级别，右击，在弹出的快捷菜单中执行【循环/路径切割】命令，如图8-118所示。

步骤 18 在蘑菇下方单击即可添加一圈边，如图8-119所示。

图 8-118　　　　　　　　　　图 8-119

步骤 19 在下方单击再次添加一圈边，如图8-120所示。

步骤 20 进入【点】级别，调整点的位置，如图8-121所示。

图 8-120　　　　　　　　　　图 8-121

步骤 21 执行【创建】|【生成器】|【细分曲面】命令，创建细分曲面。按住鼠标左键并拖曳【球体】到【细分曲面】上，出现↓图标时松开鼠标，如图8-122所示。

中文版Cinema 4D R21从入门到精通（微课视频 全彩版）

步骤 22 选择【细分曲面】，设置【编辑器细分】为3，【渲染器细分】为3，如图8-123所示。

图 8-122　　　　　　　　图 8-123

步骤 23 最终的蘑菇模型如图8-124和图8-125所示。

图 8-124　　　　　　　　图 8-125

实例：使用多边形建模制作大檐帽

案例路径：Chapter 08 多边形建模→实例：使用多边形建模制作大檐帽

扫一扫，看视频

本实例将模型转为可编辑多边形，按住Ctrl键的同时，单击【缩放】按钮沿3个轴向放大，从而制作大檐帽，如图8-126所示。

图 8-126

步骤 01 创建一个圆柱，设置【半径】为100mm，【高度】为150mm，如图8-127所示。

步骤 02 选中圆柱模型，单击【转为可编辑对象】按钮，进入【多边形】级别，沿Y轴适当向下移动并进行向内收缩，如图8-128所示。

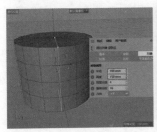 

图 8-127　　　　　　　　图 8-128

步骤 03 进入【点】级别，选中模型中间的1个点，沿Y轴向上移动，如图8-129所示。

步骤 04 进入【边】级别，选中一圈边。单击【缩放】按钮沿3个轴向放大，如图8-130所示。

图 8-129　　　　　　　　图 8-130

步骤 05 继续放大边，模型效果如图8-131所示。

步骤 06 单击进入【多边形】级别，选中模型底部的16个多边形，如图8-132所示。

图 8-131　　　　　　　　图 8-132

步骤 07 按Delete键删除，如图8-133所示。

步骤 08 单击进入【模型】级别。单击【缩放】按钮，沿Y轴缩小，模型变得更扁，如图8-134所示。

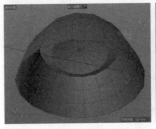 

图 8-133　　　　　　　　图 8-134

步骤 09 进入【边】级别，选择底部的一圈边，如图8-135所示。

步骤 10 按住Ctrl键的同时，单击【缩放】按钮沿3个轴向放大，如图8-136所示。

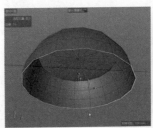 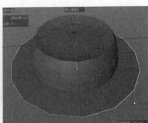

图 8-135　　　　　　　　图 8-136

步骤 11 继续按住Ctrl键的同时，单击【缩放】 按钮沿3个轴向放大，如图8-137所示。

步骤 12 进入【点】级别，移动点的位置，如图8-138所示。

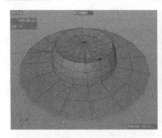 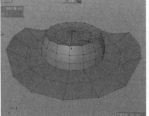

图 8-137　　　　　　　图 8-138

步骤 13 继续调整点，如图8-139所示。

步骤 14 执行【创建】|【生成器】|【细分曲面】命令，创建细分曲面。按住鼠标左键并拖曳【圆柱】到【细分曲面】上，出现↓图标时松开鼠标，如图8-140所示。

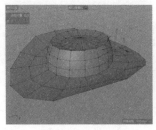 

图 8-139　　　　　　　图 8-140

步骤 15 选择【细分曲面】，设置【编辑器细分】为2，【渲染器细分】为2，如图8-141所示。

步骤 16 执行【创建】|【生成器】|【布料曲面】命令，创建布料曲面。按住鼠标左键并拖曳【细分曲面】到【布料曲面】上，出现↓图标时松开鼠标，如图8-142所示。

 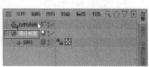

图 8-141　　　　　　　图 8-142

步骤 17 选择【布料曲面】，设置【厚度】为2mm，如图8-143所示。

图 8-143

步骤 18 此时的大檐帽有了厚度，如图8-144～图8-146所示。

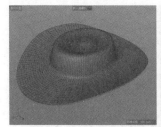 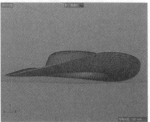

图 8-144　　　　　　　图 8-145

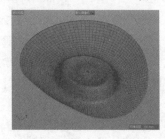

图 8-146

实例：使用多边形建模制作单人沙发

扫一扫，看视频

案例路径：Chapter 08 多边形建模→实例：使用多边形建模制作单人沙发

本实例使用多边形建模中的挤压、倒角制作单人沙发，如图8-147所示。

图 8-147

步骤 01 创建一个立方体，设置【尺寸.X】为500mm，【尺寸.Y】为500mm，【尺寸.Z】为130mm，【分段X】为2，【分段Y】为1，【分段Z】为1，如图8-148所示。

步骤 02 选中立方体模型，单击【转为可编辑对象】 按钮，进入【边】级别，选择2条边，并沿Z轴适当移动，如图8-149所示。

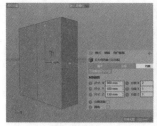 

图 8-148　　　　　　　图 8-149

步骤 03 单击进入【多边形】级别，选择1个多边形。右击，在弹出的快捷菜单中执行【挤压】命令，如图8-150所示。

步骤 04 在【偏移】文本框中输入450mm，并按Enter键。此时模型效果如图8-151所示。

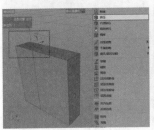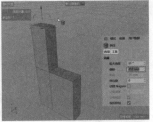

图 8-150　　　　　　　　　　图 8-151

步骤 05 进入【边】级别，选择1条边，并向左侧进行适当移动，如图8-152所示。

步骤 06 选择另外一条边，右击，从弹出的快捷菜单中执行【倒角】命令，如图8-153所示。

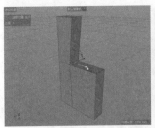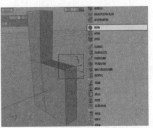

图 8-152　　　　　　　　　　图 8-153

步骤 07 在【偏移】文本框输入150mm，并按Enter键；设置【细分】为3，并按Enter键。此时模型效果如图8-154所示。

步骤 08 继续选择2条边，右击，在弹出的快捷菜单中执行【倒角】命令，如图8-155所示。

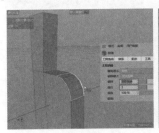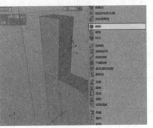

图 8-154　　　　　　　　　　图 8-155

步骤 09 在【偏移】文本框中输入50mm，并按Enter键；设置【细分】为2，并按Enter键。此时模型效果如图8-156所示。

步骤 10 选择模型边缘的2圈边，右击，在弹出的快捷菜单中执行【提取样条】命令，如图8-157所示。

步骤 11 此时可以看到在【立方体】下方已经自动出现了【立方体.样条】，如图8-158所示。

步骤 12 将【立方体.样条】拖动出来，与【立方体】同一级别，如图8-159所示。

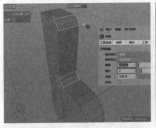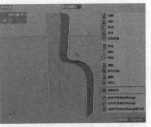

图 8-156　　　　　　　　　　图 8-157

图 8-158　　　　　　　　　　图 8-159

步骤 13 创建一个圆环样条，设置【半径】为5mm，如图8-160所示。

步骤 14 执行【创建】|【生成器】|【扫描】命令，创建扫描。按住鼠标左键并拖曳【圆环】和【立方体.样条】到【扫描】上，出现 ▮ 图标时松开鼠标，如图8-161所示。

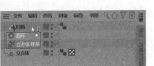

图 8-160　　　　　　　　　　图 8-161

步骤 15 此时模型两侧出现了三维线，如图8-162所示。

步骤 16 选中当前的模型，按住Ctrl键拖动复制一份，如图8-163所示。

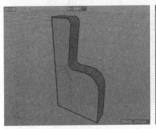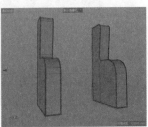

图 8-162　　　　　　　　　　图 8-163

步骤 17 创建一个立方体，作为坐垫。设置其【尺寸.X】为500mm，【尺寸.Y】为250mm，【尺寸.Z】为600mm，选中【圆角】复选框，设置【圆角半径】为20mm，【圆角细分】为5，如图8-164所示。

步骤 18 创建一个立方体，作为靠垫。设置其【尺寸.X】为150mm，【尺寸.Y】为970mm，【尺寸.Z】为880mm，选中【圆角】复选框，设置【圆角半径】为20mm，【圆角细分】为5，如图8-165所示。

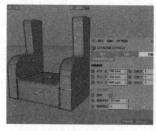 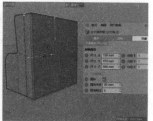

图8-164　　　　　　　　　图8-165

步骤 19 创建4个圆锥，放置到模型底部，作为沙发腿。设置其【顶部半径】为30mm，【底部半径】为15mm，【高度】为160mm，【高度分段】为1，如图8-166所示。

步骤 20 最终的单人沙发模型如图8-167所示。

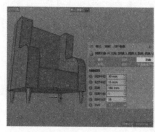 

图8-166　　　　　　　　　图8-167

实例：使用多边形建模制作化妆品

扫一扫，看视频

案例路径：Chapter 08 多边形建模→实例：使用多边形建模制作化妆品

本实例使用多边形建模中的倒角、内部挤压、挤压制作化妆品模型，如图8-168所示。

图8-168

步骤 01 创建一个圆柱，设置【半径】为25mm，【高度】为130mm，【高度分段】为1，如图8-169所示。

步骤 02 选中圆柱模型，单击【转为可编辑对象】按钮，进入【边】级别，选中圆柱顶部的一圈边，右击，在弹出的快捷菜单中执行【倒角】命令，如图8-170所示。

步骤 03 在【偏移】文本框中输入3mm，并按Enter键；设置【细分】为2，并按Enter键。此时模型效果如图8-171所示。

步骤 04 选择圆柱底部的一圈边，右击，在弹出的快捷菜单

中执行【倒角】命令，如图8-172所示。

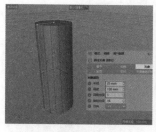 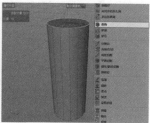

图8-169　　　　　　　　　图8-170

 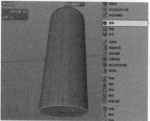

图8-171　　　　　　　　　图8-172

步骤 05 在【偏移】文本框输入1mm，并按Enter键；设置【细分】为2，并按Enter键。此时模型效果如图8-173所示。

步骤 06 继续创建一个圆柱模型，命名为【圆柱.1】。设置其【半径】为15mm，【高度】为2mm，【高度分段】为1，如图8-174所示。

图8-173　　　　　　　　　图8-174

步骤 07 选中新创建的圆柱模型，单击【转为可编辑对象】按钮，进入【多边形】级别，选择圆柱模型的16个多边形。右击，在弹出的快捷菜单中执行【内部挤压】命令，如图8-175所示。

步骤 08 在【偏移】文本框中输入2mm，并按Enter键。此时模型效果如图8-176所示。

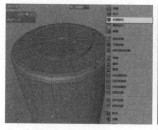 

图8-175　　　　　　　　　图8-176

步骤 09 选择多边形，右击，在弹出的快捷菜单中执行【挤压】命令，如图8-177所示。

步骤 10 在【偏移】文本框中输入0.5mm，并按Enter键。此时模型效果如图8-178所示。

图 8-177　　　　　　　　图 8-178

步骤 11 再次选择多边形，右击，在弹出的快捷菜单中执行【内部挤压】命令，如图8-179所示。

步骤 12 在【偏移】文本框中输入-2mm，并按Enter键。此时模型效果如图8-180所示。

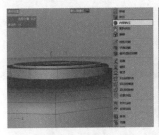 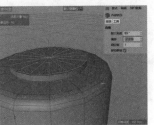

图 8-179　　　　　　　　图 8-180

步骤 13 继续选择当前的多边形，右击，在弹出的快捷菜单中执行【挤压】命令，如图8-181所示。

步骤 14 在【偏移】文本框中输入10mm，并按Enter键。此时模型效果如图8-182所示。

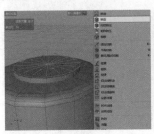 

图 8-181　　　　　　　　图 8-182

步骤 15 继续选择当前的多边形，右击，在弹出的快捷菜单中执行【内部挤压】命令，如图8-183所示。

步骤 16 在【偏移】文本框输入5mm，并按Enter键。此时模型效果如图8-184所示。

步骤 17 继续选择当前的多边形，右击，在弹出的快捷菜单中执行【挤压】命令，如图8-185所示。

步骤 18 在【偏移】文本框中输入12mm，并按Enter键。此时模型效果如图8-186所示。

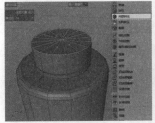 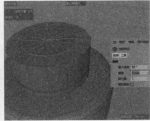

图 8-183　　　　　　　　图 8-184

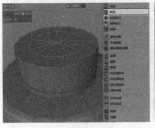 

图 8-185　　　　　　　　图 8-186

步骤 19 最终模型效果如图8-187所示。

图 8-187

实例：使用多边形建模制作钢笔

案例路径:Chapter 08 多边形建模→实例:
使用多边形建模制作钢笔

本实例使用多边形建模中的倒角、循环/路径切割、挤压制作钢笔模型，如图8-188所示。

扫一扫，看视频

图 8-188

步骤 01 创建一个【圆柱.1】，设置【半径】为7mm，【高度】为3mm，【高度分段】为1，如图8-189所示。

步骤 02 创建一个【圆柱.2】，设置【半径】为8mm，【高度】为97mm，【高度分段】为2，如图8-190所示。

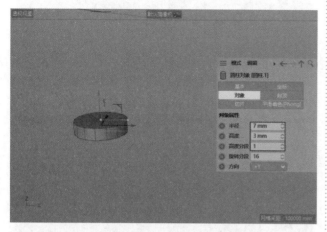

图 8-189

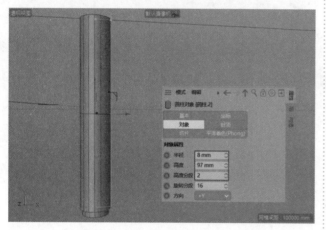

图 8-190

步骤 03 选中当前的【圆柱.2】，单击【转为可编辑对象】按钮，进入【点】级别，选择点，单击【缩放】按钮沿3个轴向缩小，使钢笔下端更细，如图8-191所示。

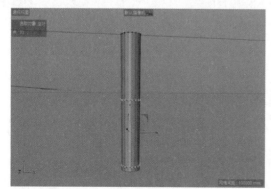

图 8-191

步骤 04 创建一个【圆柱.3】，设置【半径】为7.7mm，【高度】为5mm，【高度分段】为1，如图8-192所示。

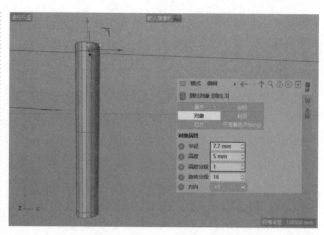

图 8-192

步骤 05 创建一个【圆柱.4】，设置【半径】为8mm，【高度】为80mm，【高度分段】为1，如图8-193所示。

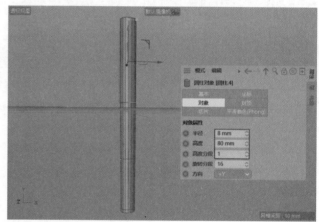

图 8-193

步骤 06 创建一个【圆柱.5】，设置【半径】为8mm，【高度】为15mm，【高度分段】为2，如图8-194所示。

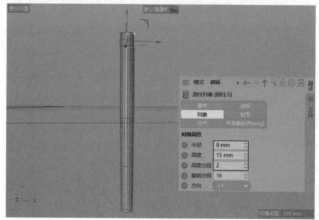

图 8-194

步骤 07 选中当前的【圆柱.5】，单击【转为可编辑对象】按钮，进入【点】级别，选择点，单击【缩放】按钮沿3个轴向缩小，如图8-195所示。

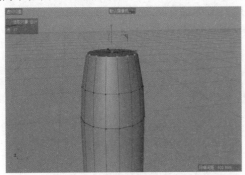

图 8-195

步骤 08 进入【边】级别，选择【圆柱.5】顶部和底部的两圈边，右击，在弹出的快捷菜单中执行【倒角】命令，如图8-196所示。

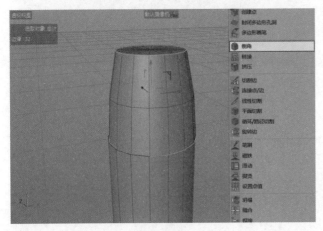

图 8-196

步骤 09 在【偏移】文本框中输入0.1mm，并按Enter键。此时模型效果如图8-197所示。

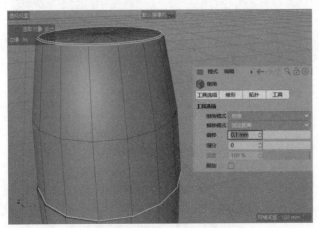

图 8-197

步骤 10 执行【创建】|【生成器】|【细分曲面】命令，创建细分曲面。按住鼠标左键并拖曳【圆柱.5】到【细分曲面.1】上，出现 ↓ 图标时松开鼠标，如图8-198所示。

图 8-198

步骤 11 此时模型顶部变得非常光滑，如图8-199所示。

图 8-199

步骤 12 创建一个立方体，设置【尺寸.X】为1mm，【尺寸.Y】为30mm，【尺寸.Z】为7mm，【分段X】为1，【分段Y】为2，【分段Z】为2，如图8-200所示。

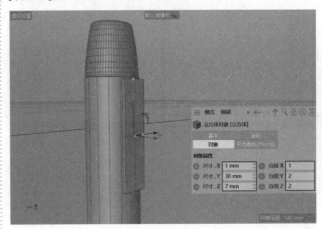

图 8-200

步骤 13 选中当前的立方体，单击【转为可编辑对象】按钮 ，进入【点】级别，选择图8-201所示的点，沿X轴向外移动。

步骤 14 选择如图8-202所示的点，沿Y轴向上移动。

图 8-201

图 8-202

步骤 15 继续选择图8-203所示的点，沿X轴进行移动。

图8-203

步骤 16 进入【边】级别，右击，在弹出的快捷菜单中执行【循环/路径切割】命令，如图8-204所示。

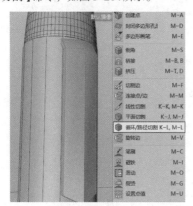

图8-204

步骤 17 在模型左侧单击，即可创建循环一圈的边，修改数值为25%，如图8-205所示。

步骤 18 继续在模型左侧单击，即可创建循环一圈的边，修改数值为75%，如图8-206所示。

图8-205　　　　　　图8-206

步骤 19 进入【点】级别，选择图8-207所示的2个点，向上方适当移动，使模型底部保持水平。

步骤 20 进入【多边形】级别，选择图8-208所示的2个多边形。

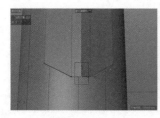 

图8-207　　　　　　图8-208

步骤 21 右击，在弹出的快捷菜单中执行【挤压】命令，在【偏移】文本框中输入40mm，并按Enter键。此时模型效果如图8-209所示。

图8-209

步骤 22 继续进入【边】级别，右击，在弹出的快捷菜单中执行【循环/路径切割】命令，在模型下方单击，即可创建循环一圈的边，修改数值为15%，如图8-210所示。

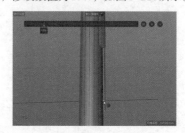

图8-210

步骤 23 继续在模型上图8-211所示的位置单击，即可创建循环一圈的边，修改数值为15%。

步骤 24 进入【点】级别，调整点的位置，如图8-212所示。

图8-211　　　　　　图8-212

步骤 25 最终钢笔模型效果如图8-213所示。

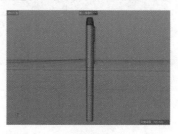

图8-213

中文版Cinema 4D R21从入门到精通（微课视频 全彩版）

扫一扫，看视频

Chapter 09
第9章

摄像机与渲染器设置

本章内容简介

本章学习摄像机技巧，摄像机在Cinema 4D中可以固定画面视角，还可以设置特效、控制渲染效果等。合理的摄像机视角会对作品的效果起到积极的作用。本章还将学习渲染参数的设置方法。

重点知识掌握

- 认识摄像机
- 了解摄像机类型及使用方法
- 熟悉渲染器的设置方法

通过本章学习，我能做什么？

通过本章学习，我们可以为布置好的场景创建摄像机，以确定渲染视角；也可为场景设置渲染参数，只有设置好渲染参数，才可以跟着后面章节学习创建灯光和材质。

佳作欣赏

9.1 认识摄像机

本节将学习摄像机的概念、使用摄像机的原因。

9.1.1 摄像机概述

在完成模型、渲染器、材质、灯光的设置之后，需要创建一台摄像机，固定好摄像机视角进行最终渲染。摄像机除了固定视角外，还能改变最终渲染的透视、亮度等效果，并且还可以制作景深等特效，如图9-1和图9-2所示。

图9-1　　　　　　　　　图9-2

9.1.2 使用摄像机的原因

Cinema 4D中的摄像机功能很多，主要包括以下3种。

（1）固定作品角度，每次可以快速切换回来。图9-3所示为摄像机的位置、切换到摄像机视图的视角、渲染效果。

（a）　　　　　　　　　　（b）

（c）

图9-3

（2）增大空间感。在摄像机视图中可以增强透视感，能够带来更大的空间感受，如图9-4所示。

（a）　　　　　　　　　　（b）

图9-4

（3）添加摄像机特效或影响渲染效果。如图9-5所示为模糊效果。

（a）　　　　　　　　　　（b）

图9-5

9.2 摄像机类型

扫一扫，看视频

摄像机类型包括摄像机、目标摄像机、立体摄像机、运动摄像机、摄像机变换、摇臂摄像机，如图2-48所示。

【重点】9.2.1 摄像机

摄像机是Cinema 4D中最常用的摄像机类型，其参数很多，功能强大。摄像机对象包括【基本】【坐标】【对象】【物理】【细节】【立体】【合成】【球面】选项卡，如图9-6所示。

图9-6

1.对象

【对象】选项卡主要用于设置摄像机的基本参数，包括焦距、目标距离等，如图9-7所示。

● 投射方式：设置不同的视图显示方式，如图9-8所示。不同的方式会在视图中显示不同效果，如图9-9所示。

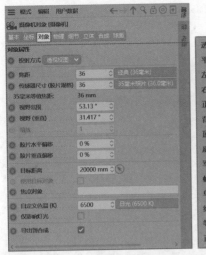

图 9-7　　　　　　　　图 9-8

（a）透视视图

（b）鸟瞰视图

图 9-9

- 焦距：设置摄像机的焦距数值。图9-10所示为设置【焦距】为60和100的对比效果。

（a）　　　　　　　　（b）

图 9-10

- 传感器尺寸（胶片规格）：设置胶片规格。
- 视野范围：数值越大，可视范围越大，视野越大，透视感越强。图9-11所示为设置【视野范围】为35°和70°的对比效果。

（a）

（b）

图 9-11

- 胶片水平偏移：控制摄像机在水平（左右）方向的偏移效果。图9-12所示为设置【胶片水平偏移】为0%和20%的对比效果。

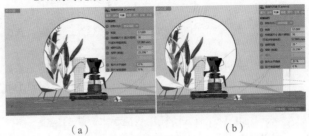

（a）　　　　　　　　（b）

图 9-12

- 胶片垂直偏移：控制摄像机在垂直（上下）方向的偏移效果。图9-13所示为设置【胶片垂直偏移】为0%和30%的对比效果。

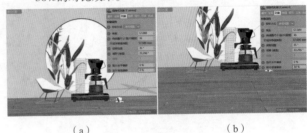

（a）　　　　　　　　（b）

图 9-13

- 目标距离：设置摄像机距离目标点的距离。

2.物理

　　【物理】选项卡中的参数包括光圈（f/#）、曝光、ISO、快门速度（秒）等，如图9-14所示。

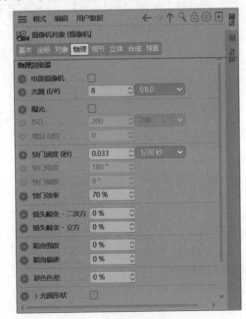

图 9-14

- 电影摄像机：选中该复选框，可以启用电影摄像机。
- 光圈（f/#）：设置摄像机的光圈数值。光圈（f/#）数值越大，景深模糊感越小（注意：需要选中物理相机的景深选项）。
- 曝光：设置光到达胶片表面使胶片感光的过程。选中该复选框，可以设置ISO数值。
- ISO：控制图像的亮暗，值越大，表示ISO的感光系数越强，图像也越亮。一般白天效果比较适合用较小的ISO，而晚上效果比较适合用较大的ISO。
- 快门速度（秒）：快门速度数值越大，快门越慢，图像就越亮；快门速度数值越小，快门越快，图像就越暗。
- 快门角度：当选中【电影摄像机】复选框时，该选项才被激活，其作用和【快门速度（秒）】一样，主要用来控制图像的亮暗。
- 快门偏移：当选中【电影摄像机】复选框时，该选项才被激活，其主要用来控制快门角度的偏移。
- 光圈形状：选中该复选框，可设置光圈的形状，激活下方的参数。

3.细节

【细节】选项卡中包括启用近处剪辑、启用远端修剪、景深等参数，如图9-15所示。

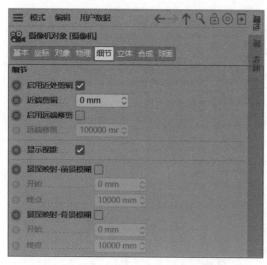

图 9-15

- 启用近处剪辑/启用远端修剪：选中该复选框后，可以分别设置近端剪辑和远端修剪的参数。
- 近端剪辑/远端修剪：设置近距和远距平面。
- 显示视锥：显示摄像机视野定义的锥形光线（实际上是一个四棱锥）。锥形光线出现在其他视口，但是显示在摄像机视口中。
- 景深映射-前景模糊/背景模糊：选中该复选框后，可以增加摄像机的景深效果。
- 开始/终点：选中景深映射-前景模糊/背景模糊复选框

后，激活该参数，设置摄像机景深的起始位置。

4.立体

【立体】选项卡用于设置3D电影的摄像机相关参数，如图9-16所示。

图 9-16

模式：设置摄像机的模式，分为单通道、对称、左和右，默认为单通道。选择其他模式时，会激活下方的参数值。

5.合成

【合成】选项卡中可以设置显示辅助的参考线，如网格、对角线、黄金分割、黄金螺旋线等，目的是设置更合理的构图。其参数如图9-17所示。

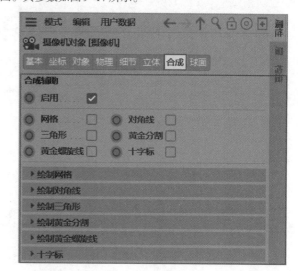

图 9-17

6.球面

【球面】选项卡用于设置球面摄像机的相关参数，可以通过选中【启用】复选框，渲染制作360°VR全景图，如图9-18所示。

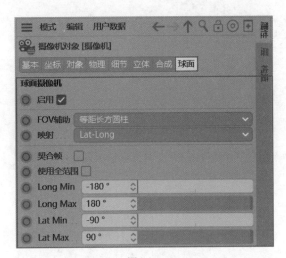

图 9-18

实例：在当前透视视图中创建摄像机

案例路径：Chapter 09 摄像机与渲染器设置
→实例：在当前透视视图中创建摄像机

本实例学习在当前透视视图中创建摄像机
的方法。最终案例效果如图9-19所示。

扫一扫，看视频

图 9-19

步骤 01 打开本书场景文件【场景文件.c4d】，如图9-20所示。

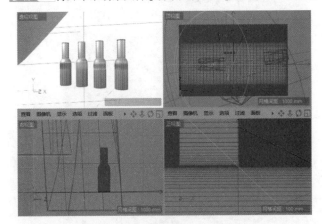

图 9-20

步骤 02 进入透视视图，按住Alt键拖曳鼠标左键旋转视图，

滚动鼠标中轮缩放视图，按住Alt键拖曳鼠标中轮，将视图效
果调整至当前效果，如图9-21所示。

图 9-21

步骤 03 执行【创建】|【摄像机】|【摄像机】命令，如
图9-22所示。

图 9-22

步骤 04 单击【摄像机.1】后方的 ⬚ 按钮，使其变为 ⬚，如
图9-23和图9-24所示。

图 9-23   图 9-24

步骤 05 如果需要调整场景中的其他元素，但是不需要更
改摄像机角度，那么可以单击 ⬚ 按钮，使其变为 ⬚，此时
即可进行旋转、平移等操作，不会影响摄像机视角，如
图9-25所示。

步骤 06 操作完成后，单击 ⬚ 按钮，使其变为 ⬚，此时又切

换回摄像机视角，如图9-26所示。

图9-25   图9-26

9.2.2 目标摄像机

目标摄像机与摄像机非常相似，不同之处在于目标摄像机调整时比摄像机更为灵活，既可以选择摄像机部分移动位置，也可以选择目标移动位置，如图9-27所示。

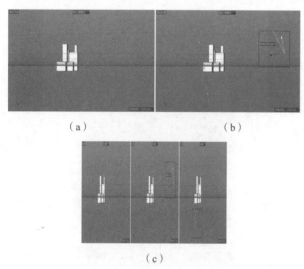

（a）   （b）

（c）

图9-27

创建完成目标摄像机后，会看到【摄像机.1】和【摄像机.目标.1】两部分，如图9-28所示。

图9-28

9.2.3 立体摄像机

立体摄像机是用于制作3D电影的摄像机。创建完成立体摄像机后，在【立体】选项卡中的【模式】为【对称】，参数如图9-29所示。【立体摄像机】的效果如图9-30所示。

图9-29   图9-30

9.2.4 运动摄像机

运动摄像机可以使摄像机跟着样条行走，从而产生摄像机动画。运动摄像机参数如图9-31所示。单击 按钮，参数如图9-32所示。

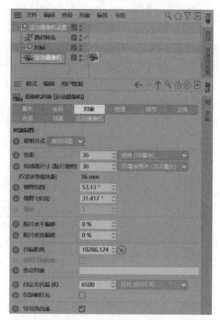

图9-31

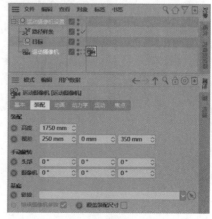

图9-32

中文版Cinema 4D R21从入门到精通（微课视频 全彩版）

实例：摄像机动画

案例路径：Chapter 09　摄像机与渲染器设置
→实例：摄像机动画

本实例使用运动摄像机为场景设置关键帧
动画，制作摄像机跟随线的位移动画。渲染效
果如图9-33所示。

扫一扫，看视频

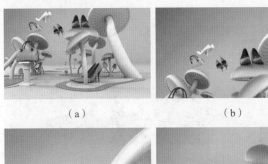

（a）　　　　　　　　（b）

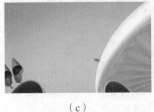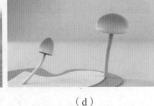

（c）　　　　　　　　（d）

图9-33

步骤 01 打开本书场景文件【场景文件.c4d】，如图9-34所示
（注意：场景中已经提前绘制好了一个样条）。

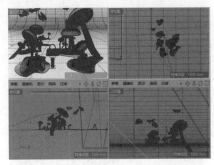

图9-34

步骤 02 执行【创建】|【摄像机】|【运动摄像机】命令，如
图9-35所示。

图9-35

步骤 03 单击【运动摄像机】后方的■，使其变为■按钮，如
图9-36所示。

步骤 04 选择【路径样条】和【目标】，按Delete键将其删除，
如图9-37所示。

图9-36　　　　　　　图9-37

步骤 05 单击■按钮，拖曳【样条】到【路径样条A】后方，
如图9-38所示。

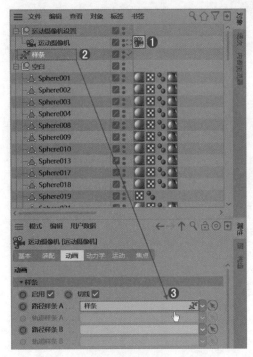

图9-38

步骤 06 选择【运动摄像机】，设置【高度】为0mm，【视差】
为250mm、0mm、350mm，如图9-39所示。

步骤 07 此时视图效果如图9-40所示。

步骤 08 设置动画。单击■按钮，将时间轴移动至第0F，单
击激活■（自动关键帧），设置【摄像机位置A】为0%，单击
【记录活动对象】■按钮，此时在第0F产生第1个关键帧，如
图9-41所示。

图 9-39   图 9-40

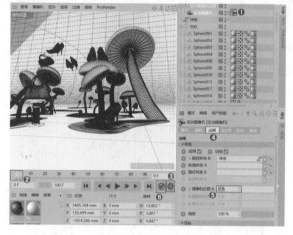

图 9-41

步骤 09 将时间轴移动至第90F，设置【摄像机位置A】为100%，如图9-42所示。

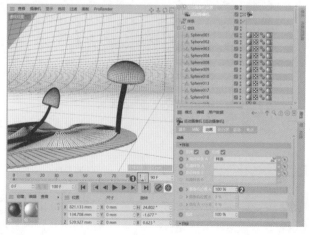

图 9-42

步骤 10 完成动画后，再次单击 ◎ 按钮，完成动画制作。设置完成后单击【向前播放】 ▶ 按钮，如图9-43所示。

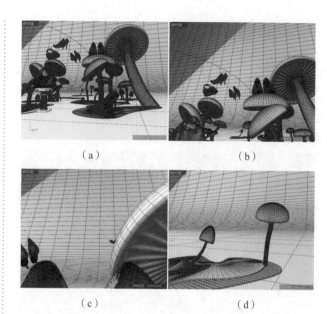

（a）   （b）

（c）   （d）

图 9-43

步骤 11 【场景文件.c4d】中已经预先设置好了基本的渲染参数，下面仅需继续在渲染参数中设置用于渲染动画的相关参数即可。单击【编辑渲染设置】 ❀ 按钮，进入【输出】，设置【帧范围】为【预留范围】，如图9-44所示。选中【保存】复选框，进入【保存】，单击 ⋯ 按钮设置保存位置和文件名称，设置【格式】为【TGA】，如图9-45所示。

图 9-44

图 9-45

中文版Cinema 4D R21从入门到精通（微课视频 全彩版）

步骤 12 渲染出动画，其中几张截图如图9-46所示。

（a）　　　　　　　　　（b）

（c）　　　　　　　　　（d）

图9-46

9.2.5　摄像机变换

摄像机变换可以通过创建2台摄像机，为第3台摄像机添加【摄像机变换】标签，从而制作2台摄像机的动画变化。

（1）创建2台摄像机，分别为【摄像机】和【摄像机.1】，如图9-47所示。

（2）创建第3台摄像机【摄像机.2】，如图9-48所示。

 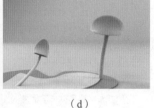

图9-47　　　　　　　　图9-48

（3）选择【摄像机.2】，在【对象/场次/内容浏览器】中执行【标签】|【摄像机标签】|【摄像机变换】命令，如图9-49所示。

（4）将【对象/场次/内容浏览器】中的【摄像机】拖曳至【摄像机.1】后方，如图9-50所示。

图9-49　　　　　　　　图9-50

（5）将【对象/场次/内容浏览器】中的【摄像机.1】拖曳至【摄像机.2】后方，如图9-51所示。

（6）单击 按钮，下方的【混合】参数可以控制摄像机动画的路径位置，如图9-52所示。

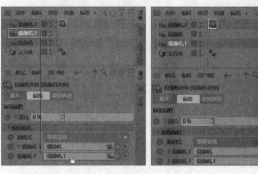

图9-51　　　　　　　　图9-52

（7）设置【混合】数值为0%、20%、50%、70%、90%、100%的对比效果如图9-53所示。

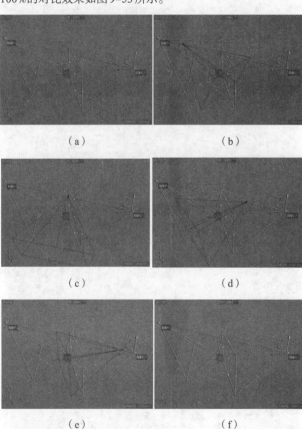

（a）　　　　　　　　　（b）

（c）　　　　　　　　　（d）

（e）　　　　　　　　　（f）

图9-53

9.2.6　摇臂摄像机

摇臂摄像机用于制作类似现实中拍摄时使用的摇臂摄像机，如图9-54所示。其参数如图9-55所示。

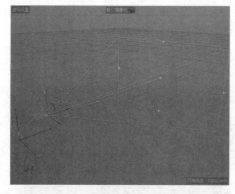

图 9-54

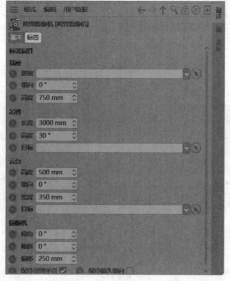

图 9-55

9.3 渲染器设置

扫一扫,看视频

本节将讲解渲染器的基本知识,包括渲染器的概念、使用渲染器的原因、渲染器类型、渲染器的设置步骤。

9.3.1 渲染器概述

渲染器是指从3D场景呈现为最终效果的工具。图9-56～图9-59所示为渲染器渲染的优秀作品。

图 9-56

图 9-57

图 9-58

图 9-59

9.3.2 使用渲染器的原因

Cinema 4D和Photoshop软件在成像方面有很多不同。Photoshop在操作时,画布中显示的效果就是最终的作品效果;而Cinema 4D视图中的效果不是最终的作品效果,仅仅是模拟效果,并且这种模拟效果可能会与最终渲染效果相差很多。因此,在Cinema 4D中需要使用渲染器将最终的场景进行渲染,从而得到更真实的作品。这个渲染的工具就称为渲染器。图9-60所示为场景中显示的效果和使用渲染器渲染的效果对比。

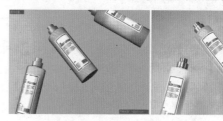

(a)视图效果 　　　　(b)渲染效果

图 9-60

重点 9.3.3 渲染工具

Cinema 4D中常用的渲染工具包括3种,在工具栏的右侧,如图9-61所示。

图 9-61

- (渲染活动视图):该方式常用于测试渲染,单击该按钮即可在视图中渲染图像。如果在渲染过程中单击视图,那么渲染就会停止,如图9-62所示。

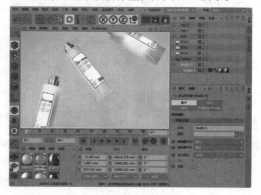

图 9-62

中文版Cinema 4D R21从入门到精通(微课视频 全彩版)

- ▶ (渲染到图片查看器)：单击该按钮可以弹出图片查看器窗口，在该窗口中进行渲染，随时单击左上方的【将图像另存为】■按钮即可保存图像，如图9-63所示。

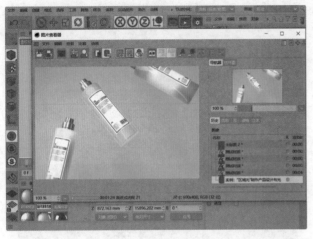

图 9-63

- ■ (编辑渲染设置)：单击该按钮弹出渲染设置窗口，可以在该窗口中设置渲染器参数，如图9-64所示。

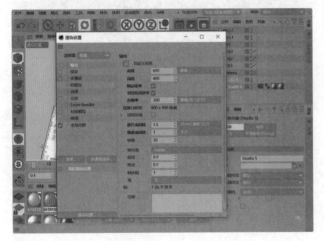

图 9-64

【重点】9.3.4 渲染器设置

本小节中简要介绍渲染器的相关面板。由于渲染器参数非常多，读者学习起来比较枯燥，因此本小节仅简要介绍常用的参数，并以实例的方式演示如何设置一套非常实用、超常用的渲染器参数，读者每次创作作品时按照实例中的参数设置即可。

1. 渲染器

单击【渲染器】下拉按钮即可切换渲染器类型，本书中应用较多的类型是【物理】，如图9-65所示。

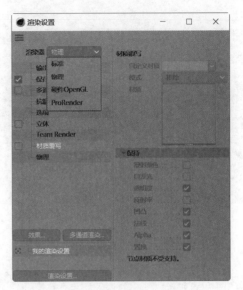

图 9-65

2. 输出

【输出】选项组主要用于设置渲染的宽度、高度、帧范围等，其参数如图9-66所示。

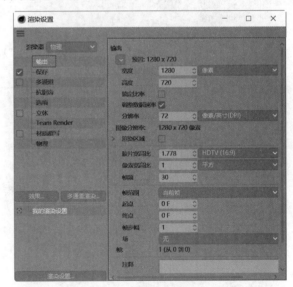

图 9-66

- 宽度/高度：以像素为单位指定图像的宽度/高度。
- 锁定比率：锁定像素纵横比。
- 帧范围：此处可以切换渲染方式，包括手动、当前帧、全部帧、预览范围。渲染单帧图片时可以默认为【当前帧】；渲染动画时可以设置为【全部帧】。

3. 保存

在【保存】选项组中可以设置保存渲染图像的位置、格式、名称等，其参数如图9-67所示。

图 9-67

4. 多通道

【多通道】选项组用于设置分离灯光、模式、投影修正，其参数如图9-68所示。

图 9-68

5. 抗锯齿

【抗锯齿】选项组用于设置渲染的精度，参数包括抗锯齿、过滤等，如图9-69所示。

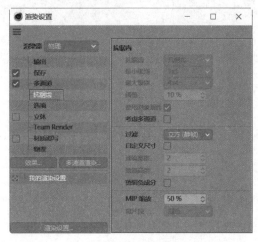

图 9-69

- 抗锯齿：包括无、几何体、最佳。当设置【渲染器】为【物理】时，该选项不可用。
- 过滤：设置渲染器过滤方式，包括立方（静帧）、高斯（动画）、Mitchell、Sinc、方形、三角、Catmull、PAL/NTSC方式。通常渲染静帧图片时推荐使用Mitchell、Catmull等方式，渲染动画时推荐使用高斯（动画）方式。

6. 选项

【选项】选项组用于设置渲染时的各种细节元素，包括透明、折射率、反射、投影等。可以通过选中或取消选中这些复选框控制最终渲染时是否启用这些功能。其参数如图9-70所示。

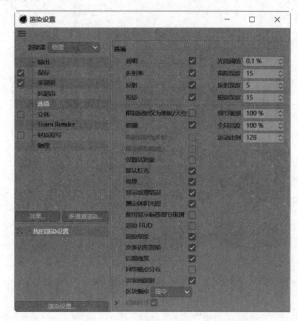

图 9-70

例如，取消选中【反射】复选框，那么在渲染时场景中所有具有反射属性的材质将渲染不出任何反射效果。图9-71所示为选中和取消选中【反射】复选框的对比效果。

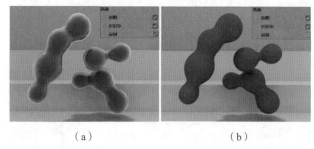

（a）　　　　　　　　　　（b）

图 9-71

7. 立体

【立体】选项组主要用于渲染用于3D电影的参数，其中包括通道参数，如图9-72所示。

中文版Cinema 4D R21从入门到精通（微课视频 全彩版）

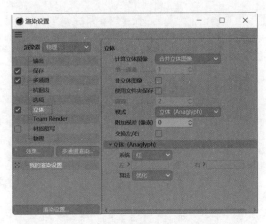

图 9-72

8. Team Render

【Team Render】选项组用于设置分布次表面缓存、分布环境吸收缓存、分布辐照缓存、分布光线映射缓存、分布辐射贴图缓存，如图 9-73 所示。

9. 材质覆写

【材质覆写】选项组用于设置材质覆写和保持，其参数如图 9-74 所示。

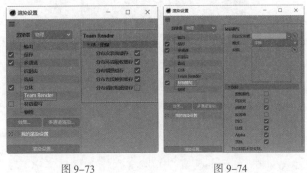

图 9-73　　　　　　图 9-74

10. 物理

【物理】选项组用于设置景深、运动模糊、采样器、细分等参数，如图 9-75 所示。

- 景深：选中该复选框，可以渲染出景深效果。
- 运动模糊：选中该复选框，可以渲染出场景中动画的运动模糊效果。
- 采样器：设置采样器方式，包括固定的、自适应、递增。其中，递增是较为常用的方式，随着渲染时间增多图像会逐渐清晰，随时可以暂停渲染。
- 模糊细分（最大）：设置渲染时画面中模糊部分的细分程度。
- 阴影细分（最大）：设置渲染时画面中阴影部分的细分程度。

图 9-75

11. 效果和多通道渲染

单击【效果】按钮即可添加渲染效果，其中【全局光照】是经常使用的方式。效果的类型如图 9-76 所示。

单击【多通道渲染】按钮即可添加渲染通道，渲染出的通道图片可以导入 Photoshop 等后期软件中进行调节或合成处理。例如，添加【投影】，可以在 Photoshop 中加深或减淡阴影部分，使最终作品可调节的部分非常多，投影、反射、高光、焦散等都可以单独调整。多通道渲染的类型如图 9-77 所示。

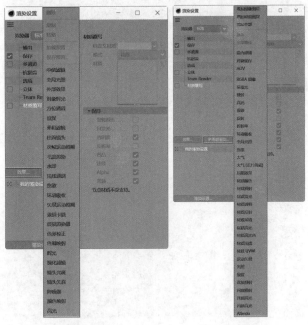

图 9-76　　　　　　图 9-77

实例：常用渲染器设置

扫一扫，看视频

案例路径：Chapter 09 摄像机与渲染器设置→实例：常用渲染器设置

本实例将学习渲染器的参数设置，了解创建渲染最常用的渲染参数如何进行设置，如图9-78所示。

图 9-78

步骤 01 打开本书场景文件【场景文件.c4d】，如图9-79所示。

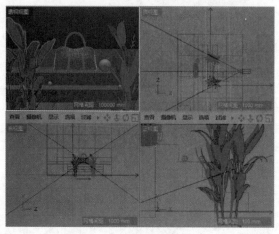

图 9-79

步骤 02 单击【编辑渲染设置】按钮，开始设置渲染参数。设置【渲染器】为【物理】，如图9-80所示。单击【效果】按钮，添加【全局光照】，如图9-81所示。

图 9-80　　　　　　图 9-81

步骤 03 在【输出】选项组中设置输出尺寸，并选中【锁定比率】复选框，如图9-82所示。在【抗锯齿】选项组中设置【过滤】为【Mitchell】，如图9-83所示。

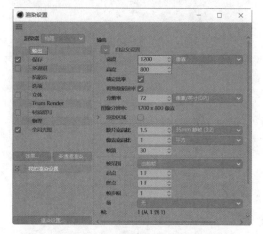

图 9-82

图 9-83

步骤 04 在【物理】选项组中设置【采样器】为【递增】，如图9-84所示。在【全局光照】选项组中设置【首次反弹算法】为【辐照缓存】，【二次反弹算法】为【准蒙特卡洛（QMC）】，【采样】为【高】，如图9-85所示。

图 9-84

中文版Cinema 4D R21从入门到精通（微课视频 全彩版）

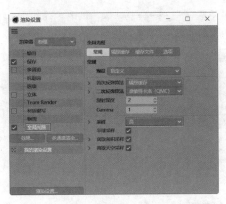

图 9-85

步骤 05 单击【渲染到图片查看器】按钮，渲染效果如图 9-86 所示。

图 9-86

 提示：有时渲染效果中会出现很多黑色或白色斑点，怎么处理

在渲染时有可能会出现黑色或白色斑点效果，画面非常糟糕，如图 9-87 所示。此时可以检查渲染设置，在【全局光照】选项组中检查【首次反弹算法】和【二次反弹算法】的类型，如图 9-88 所示。

图 9-87

图 9-88

更改【全局光照】中【首次反弹算法】和【二次反弹算法】的类型，如图 9-89 所示。再次渲染，可以看到画面效果非常干净、细腻，如图 9-90 所示。

图 9-89

图 9-90

实例：制作景深特效

案例路径：Chapter 09　摄像机与渲染器设置 →实例：制作景深特效

本实例创建摄像机，并设置摄像机参数，继续设置渲染参数。最终渲染出的景深效果如图 9-91 所示。

扫一扫，看视频

图 9-91

步骤 01 打开本书场景文件【场景文件.c4d】，如图 9-92 所示。
步骤 02 单击【渲染到图片查看器】按钮，可以看到渲染效果是没有任何景深模糊的，如图 9-93 所示。
步骤 03 创建一台摄像机，如图 9-94 所示。

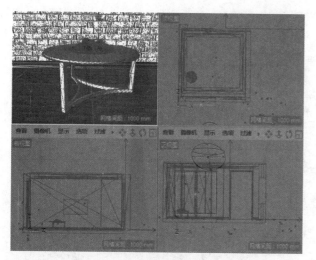

图 9-92

图 9-93　　　　　　　　图 9-94

步骤 04 单击【摄像机】后方的■按钮，使其变为■，如图 9-95 和图 9-96 所示。

图 9-95

图 9-96

步骤 05 按住 Alt 键拖曳鼠标左键即可旋转视图，滚动鼠标中轮即可推拉视图，按住 Alt 键拖曳鼠标中轮即可平移视图。将视图切换至合适的位置，如图 9-97 所示。

步骤 06 如果再次单击■按钮，使其变为■，那么此时无论怎么调整视图都不会影响摄像机视角的效果。在当前状态下，仔细调整摄像机，将其点落在其中一个猕猴桃上，那么离点

越近最终渲染越清晰，越远越虚化，因此这个点的位置很重要，如图 9-98 所示。

图 9-97　　　　　　　　图 9-98

步骤 07 摄像机位置设置好之后，再次单击【摄像机】后方的■按钮，使其变为■，如图 9-99 所示。

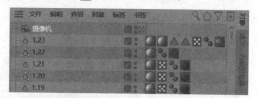

图 9-99

步骤 08 选择【摄像机】，设置参数。选择【对象】选项卡，设置【目标距离】为 36cm，如图 9-100 所示。

步骤 09 选择【物理】选项卡，设置【光圈（f/#）】为 2，如图 9-101 所示。

图 9-100　　　　　　　　图 9-101

步骤 10 设置渲染器参数。单击【编辑渲染设置】■按钮，开始设置渲染参数。设置【渲染器】为【物理】，如图 9-80 所示。单击【效果】按钮，添加【全局光照】，如图 9-81 所示。

步骤 11 在【输出】选项组中设置【宽度】为 1200，【高度】为 840，并选中【锁定比率】复选框，如图 9-102 所示。在【抗锯齿】选项组中设置【过滤】为【Mitchell】，如图 9-83 所示。

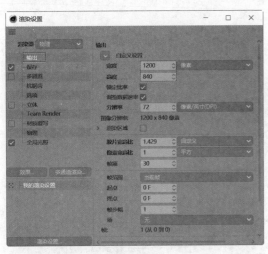

图 9-102

步骤 12 在【物理】选项组中选中【景深】复选框，设置【采样器】为【递增】，如图 9-103 所示。在【全局光照】选项组中设置【首次反弹算法】为【辐照缓存】，【二次反弹算法】为【辐照缓存】，如图 9-104 所示。

图 9-103

图 9-104

步骤 13 单击【渲染到图片查看器】 ▶ 按钮，渲染效果如图 9-105 所示。

图 9-105

Chapter
10

第 10 章

创建灯光与环境

本章内容简介

Cinema 4D与真实世界非常相似，如果没有光，世界是黑的，一切物体都是无法呈现的。所以，在场景中添加灯光是非常必要的。Cinema 4D中的灯光与真实世界中的灯光是非常相似的，在Cinema 4D中创建灯光时，可以参考身边的光源布置方式。

重点知识掌握

- 灯光概念
- 各种灯光的参数
- 各类灯光的使用及综合应用制作各类灯光效果

通过本章学习，我能做什么？

通过对本章的学习，我们应该能够创建出不同时间段的灯光效果，如清晨、中午、黄昏、夜晚等；可以创建出不同用途的灯光效果，如工业场景灯光、室内设计灯光等；也可以发挥想象创建出不同情景的灯光效果，如柔和、自然、奇幻等氛围光照效果。

佳作欣赏

10.1 认识灯光

本节将学习灯光的基本概念、应用灯光的原因、灯光的创建流程，为后面学习灯光技术做准备。

10.1.1 灯光概述

灯光是极具魅力的设计元素，它照射于物体表面，还可在暗部产生投影，使其更立体。Cinema 4D中的灯光不仅是为了照亮场景，更多是为了表达作品的情感。不同的空间需要不同的灯光设置，或明亮、或暗淡、或闪烁、或奇幻，仿佛不同的灯光背后都有着人与环境的故事。在设置灯光时，应充分考虑色彩、色温、照度，其应符合人体工程学，让人更舒适。CG作品中的灯光设计更多会突出个性，夸张的灯光设计可凸显模型造型和画面氛围。图10-1和图10-2所示为优秀的灯光作品。

图 10-1　　　　　　　　图 10-2

10.1.2 应用灯光的原因

现实生活中光是很重要的，它可以照亮黑暗。按照时间的不同，光可以分为清晨阳光、中午阳光、黄昏阳光、夜晚等；按照类型的不同，光可以分为自然光和人造光，如太阳光就是自然光，吊顶灯光则是人造光；按照用途的不同，光可以分为吊顶、台灯、壁灯等。由此可见灯光的分类之多，地位之重要。

在Cinema 4D中，灯光除了可以照亮场景以外，还起到渲染作品气氛、模拟不同时刻、视觉装饰感、增强立体感、增大空间感等作用。图10-3所示为模拟中午的阳光效果和傍晚的光线效果的对比。

（a）正午阳光效果　　　（b）夜晚灯光效果

图 10-3

灯光在创建时，要遵循先创建主光源，然后创建辅助光源，最后创建点缀光源的原则，这样渲染出的作品层次分明、气氛到位、效果真实。

1. 创建主光源

主光源一般在灯光中起到最重要的作用，直观来说就是亮度最大、灯光照射面积较大。

2. 创建辅助光源

辅助光源的亮点仅次于主光源，辅助光源可以是一盏灯光，也可以是多盏灯光。

3. 创建点缀光源

点缀光源的存在不会严重影响整体的亮点，一般点缀光源的面积较小，起到画龙点睛的作用。

10.2 Cinema 4D中的灯光类型

标准灯光是Cinema 4D中最简单的灯光，共计8种类型。不同的灯光类型会产生不同的灯光效果，图2-49所示为标准灯光类型。

扫一扫，看视频

在创建灯光之前，首先要设置渲染器参数，具体可以参考第9章相关内容。灯光类型在创建完成后，默认为【泛光灯】类型。可以通过修改【类型】切换为不同的灯光类型，如图10-4所示。灯光的外观如图10-5所示。

图 10-4　　　　　　　　图 10-5

默认的灯光类型为【泛光灯】，由中心向四周均匀发散光线，并伴随距离的增大产生衰减效果。【泛光灯】常用来模拟吊灯、壁灯、台灯等，如图10-6所示。

（a）吊灯 （b）壁灯 （c）台灯

图10-6

提示：创建灯光的3种方法

创建灯光有3种方法，下面以创建区域光为例进行介绍。

方法1：

执行【创建】|【灯光】|【区域光】命令，如图10-7所示。

图10-7

方法2：

（1）长按 按钮，单击 按钮创建灯光，如图10-8所示。

（2）设置【类型】为【区域光】，如图10-9所示。

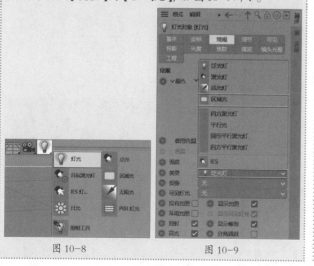

图10-8 图10-9

方法3：

长按 按钮，单击【区域光】按钮创建区域光，如图10-10所示。

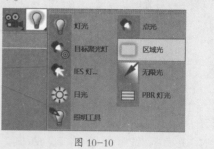

图10-10

1.【常规】选项卡

在【常规】选项卡中可以设置颜色、强度、类型、投影等，如图10-11所示。

图10-11

重点参数：

- 颜色：设置不同的灯光颜色。图10-12所示为设置【颜色】为白色和蓝色的对比效果。

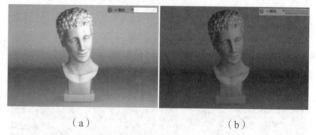

（a） （b）

图10-12

- 使用色温：选中该复选框，可以通过设置色温数值改变颜色。

中文版Cinema 4D R21从入门到精通（微课视频 全彩版）

- 强度：设置灯光的强度。图10-13所示为设置【强度】为100%和200%的对比效果。

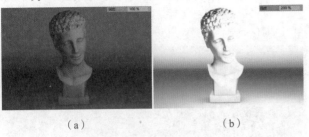

（a）　　　　　　　　（b）

图10-13

- 类型：设置灯光的类型，如图10-14所示。

图10-14

- 投影：设置投影的类型。如果需要该灯光产生投影，那么不可将类型设置为【无】。投影类型共4种，包括无、阴影贴图（软阴影）、光线跟踪（强烈）、区域。图10-15所示为不同投影类型的渲染对比效果。

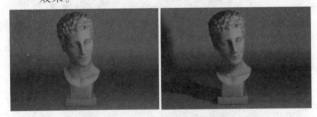

（a）无　　　　　　　（b）阴影贴图（软阴影）

（c）光线跟踪（强烈）　　　（d）区域

图10-15

- 可见灯光：设置可见灯光的类型，包括无、可见、正向测定体积、反向测定体积。
- 没有光照：默认取消选中该复选框，若选中则该灯光关闭效果。

- 显示光照：取消选中该复选框，可隐藏灯光的外轮廓。
- 环境光照：默认取消选中该复选框，取消选中时渲染效果比较正常，若选中则启用环境光照。图10-16所示为取消选中和选中【环境光照】复选框的对比效果。

（a）　　　　　　　　（b）

图10-16

- 漫射：取消选中【漫射】复选框后，视图中的物体本来的颜色被忽略，会突出灯光光泽部分。
- 显示修剪：可以修剪灯光。
- 高光：选中该复选框，具有高光的模型表面会反射出灯光效果；若取消选中该复选框，具有高光的模型表面则不会反射出灯光效果。图10-17所示为选中和取消选中【高光】复选框的对比渲染效果。

（a）　　　　　　　　（b）

图10-17

- GI照明：建议选中该复选框，选中后灯光的照射效果会更均匀、真实。若取消选中该复选框，渲染效果的暗部会较暗，缺少细节。图10-18所示为选中和取消选中【GI照明】复选框的对比渲染效果。

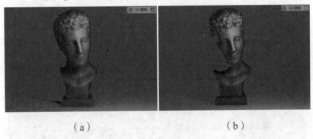

（a）　　　　　　　　（b）

图10-18

2.【细节】选项卡

在【细节】选项卡中可以设置对比、投影轮廓、衰减等，如图10-19所示。

图 10-19

重点参数：

- 对比：该数值越大，灯光的对比效果越强烈。图 10-20 所示为设置不同对比的对比效果。

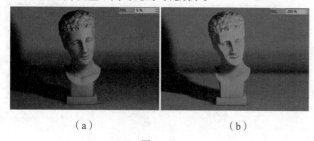

（a）　　　　　　　　　（b）

图 10-20

- 衰减：设置灯光的衰减效果，默认为【无】，该方式的灯光会照亮整个场景。若需要使灯光在一定的范围内照射，那么设置【衰减】为【平方倒数（物理精度）】，并设置合适的半径衰减数值，即可使灯光在该半径范围内产生衰减，超出该范围将不产生光照，如图 10-21 所示。

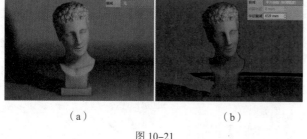

（a）　　　　　　　　　（b）

图 10-21

- 近处修剪：选中该复选框，可以设置【起点】参数，用于设置灯光近处的起点和终点位置。

- 远处修剪：选中该复选框，可以设置【起点】参数，用于设置灯光远处的起点和终点位置。图 10-22 所示为取消选中和选中【近处修剪】和【远处修剪】复选框的对比效果。

（a）　　　　　　　　　（b）

图 10-22

3.【可见】选项卡

在【可见】选项卡中可以设置内部距离、外部距离等，如图 10-23 所示。

图 10-23

重点参数：

- 使用衰减：选中该复选框，可以设置衰减和内部距离数值。
- 衰减：设置衰减的百分比。
- 内部距离：设置灯光的内部距离数值。
- 外部距离：设置灯光的外部距离数值。

4.【投影】选项卡

在【投影】选项卡中可以设置投影、密度等，如图 10-24 所示。

图 10-24

重点参数：

- 投影：设置投影的类型。
- 密度：设置阴影的密度，数值越大，阴影越浓。图 10-25 所示为设置不同密度的对比效果。

（a）　　　　　　　　　　（b）

图 10-25

- 颜色：设置阴影的颜色。
- 投影贴图：设置投影贴图的大小。
- 采样半径：数值越大，噪点越少，渲染速度越慢。

实例：使用【灯光】【区域光】制作夜晚休息室灯光

案例路径：Chapter10 创建灯光与环境→实例：使用【灯光】【区域光】制作夜晚休息室灯光

扫一扫，看视频

本实例使用【灯光】【区域光】制作夜晚休息室灯光，如图 10-26 所示。

图 10-26

Part 01　渲染设置

步骤 01 打开本书场景文件【场景文件.c4d】，如图 10-27 所示。

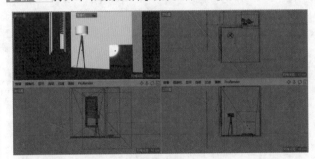

图 10-27

步骤 02 要想灯光设置得合理、正确，首先要对渲染参数进行设置。只有渲染参数设置好后，测试渲染灯光效果时才会得到正确的渲染效果。因此，要按照步骤先设置渲染参数，再创建灯光。单击【编辑渲染设置】⚙按钮，开始设置渲染参数。设置【渲染器】为【物理】，在【输出】选项组中设置【宽度】为1300，【高度】为936，选中【锁定比率】复选框，如图 10-28 所示。

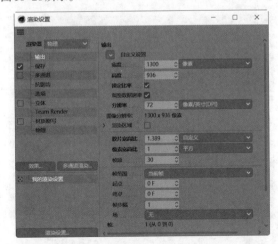

图 10-28

步骤 03 在【抗锯齿】选项组中设置【过滤】为【Mitchell】，如图 10-29 所示。

图 10-29

步骤 04 在【物理】选项组中设置【采样器】为【递增】，如图 10-30 所示。

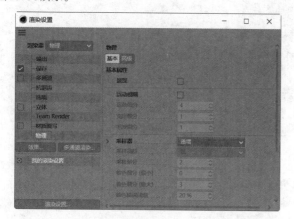

图 10-30

步骤 05 单击【效果】按钮，添加【全局光照】，如图 10-31 所示。

图 10-31

步骤 06 在【全局光照】选项组中设置【首次反弹算法】为【准蒙特卡洛（QMC）】，【二次反弹算法】为【光线映射】，如图 9-89 所示。

Part 02 使用【区域光】制作室外夜色

步骤 01 执行【创建】|【灯光】|【区域光】命令，在窗外创建一盏区域光，目的是向室内照射产生蓝色夜色感觉。区域光位置如图 10-32 所示。

图 10-32

步骤 02 设置该灯光参数。在【常规】选项卡中设置【颜色】为蓝色；在【细节】选项卡中设置【外部半径】为 10cm，【水平尺寸】为 20cm，【垂直尺寸】为 29.577cm；在【可见】选项卡中设置【外部距离】为 50cm，【采样属性】为 2.5cm，如图 10-33 所示。

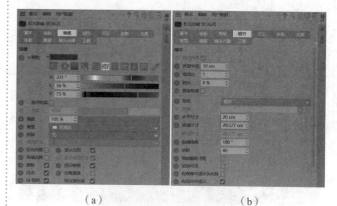

（a） （b）

（c）

图 10-33

步骤 03 单击【渲染到图片查看器】按钮，渲染效果如图 10-34 所示。

图 10-34

Part 03　使用【灯光】制作壁炉火焰光

步骤 01 执行【创建】|【灯光】|【灯光】命令，创建2盏灯光，放置于壁炉内部。灯光位置如图10-35所示。

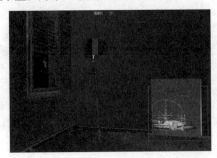

图 10-35

步骤 02 选择右侧的灯光，设置参数。在【常规】选项卡中设置【颜色】为橙色，【强度】为130%，【投影】为【阴影贴图（软阴影）】，取消选中【高光】复选框；在【细节】选项卡中设置【衰减】为【平方倒数（物理精度）】，【半径衰减】为5cm，如图10-36所示。

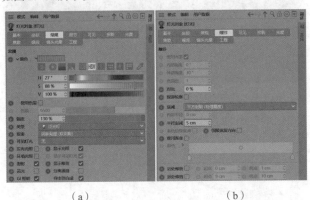

（a）　　　　　　　　　　　（b）

图 10-36

步骤 03 选择左侧的灯光，设置参数。在【常规】选项卡中设置【颜色】为橙色，【强度】为180%，【投影】为【阴影贴图（软阴影）】，取消选中【高光】复选框；在【细节】选项卡中设置【衰减】为【平方倒数（物理精度）】，【半径衰减】为4cm，如图10-37所示。

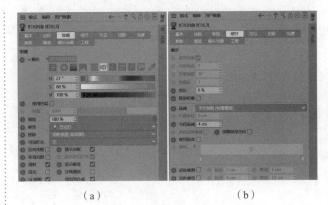

（a）　　　　　　　　　　　（b）

图 10-37

> **提示：此处为何要取消选中【高光】复选框**
>
> 　　默认情况下可以选中【高光】复选框，但是本实例中的壁炉要求具有较强反射的质感，若选中【高光】复选框，在渲染时这两盏灯光会在具有反射属性的物体表面产生强高光，效果并不美观，如图10-38所示。

图 10-38

步骤 04 单击【渲染到图片查看器】 按钮，渲染效果如图10-39所示。

图 10-39

Part 04　使用【灯光】制作落地灯灯光

步骤 01 执行【创建】|【灯光】|【灯光】命令，创建1盏灯光，放置于落地灯灯罩内部。灯光位置如图10-40所示。

图 10-40

步骤 02 选择该灯光，设置参数。在【常规】选项卡中设置【颜色】为浅黄色，【强度】为260%，【投影】为【阴影贴图（软阴影）】；在【细节】选项卡中设置【衰减】为【平方倒数（物理精度）】，【半径衰减】为2cm，如图10-41所示。

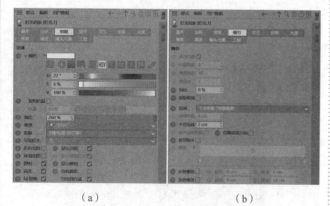

（a）　　　　　　　　　　（b）

图 10-41

步骤 03 单击【渲染到图片查看器】 ▣ 按钮，渲染效果如图10-42所示。

图 10-42

【重点】10.2.2　点光

点光与目标聚光灯类似，但是点光没有目标点，只能通过旋转改变灯光的角度，如图10-43所示。其参数如图10-44所示。

图 10-43　　　　　　　　　　图 10-44

在场景中创建一个点光，如图10-45所示。渲染效果如图10-46所示。

图 10-45　　　　　　　　　　图 10-46

【重点】10.2.3　目标聚光灯

目标聚光灯是指灯光沿目标点方向发射的聚光光照效果。常用该灯光模拟舞台灯光、汽车灯光、手电筒灯光等，如图10-47所示。其光照原理如图10-48所示。

（a）舞台灯光　　　（b）汽车灯光　　　（c）手电筒灯光

图 10-47

图 10-48

目标聚光灯与点光类似，但是目标聚光灯有目标点，可以通过移动目标点的位置改变灯光的角度，如图10-49所示。

中文版Cinema 4D R21从入门到精通（微课视频 全彩版）

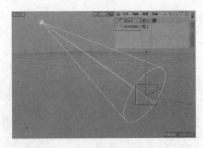

图 10-49

在场景中创建一个目标聚光灯，如图10-50所示。渲染效果如图10-51所示。

图 10-50

图 10-51

在【常规】选项卡中可以设置颜色、强度、投影等，如图10-52所示；在【细节】选项卡中可以设置对比、投影轮廓、衰减等，如图10-53所示。

图 10-52

图 10-53

重点参数：

● 使用内部：默认选中该复选框，若取消选中，则渲染效果中仅有【外部角度】控制渲染范围。图10-54所示为选中和取消选中【使用内部】复选框的渲染效果。

（a）

（b）

图 10-54

● 内部角度：调整圆锥体灯光的角度。

● 外部角度：设置灯光衰减区的角度范围。内部角度与外部角度的差值越大，灯光过渡越柔和。图10-55所示为设置不同的内部角度和外部角度的渲染效果。

（a）

（b）

图 10-55

● 宽高比：设置灯光衰减范围的宽高比。图10-56所示为不同宽高比在视图中的对比效果。

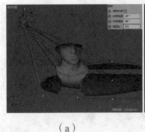

（a）

（b）

图 10-56

在【可见】选项卡中可以设置内部距离、外部距离等，如图10-57所示；在【投影】选项卡中可以设置投影、密度等，如图10-58所示。

图 10-57

图 10-58

实例：使用【目标聚光灯】制作舞台灯光

案例路径:Chapter10 创建灯光与环境→实例：使用【目标聚光灯】制作舞台灯光

本实例使用多盏【目标聚光灯】制作多种颜色交织在一起的戏剧化的舞台灯光，如图10-59所示。

扫一扫，看视频

图 10-59

Part 01　渲染设置

步骤 01 打开本书场景文件【场景文件.c4d】，如图 10-60 所示。

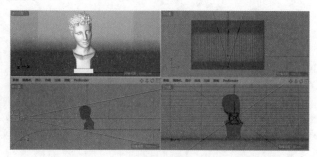

图 10-60

步骤 02 单击【编辑渲染设置】⚙ 按钮，开始设置渲染参数。设置【渲染器】为【物理】，在【输出】选项组中设置【宽度】为1200，【高度】为800，选中【锁定比率】复选框，如图 10-61 所示。

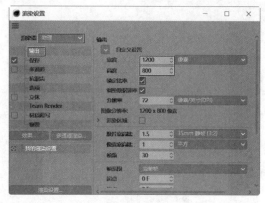

图 10-61

步骤 03 在【抗锯齿】选项组中设置【过滤】为【Mitchell】，如图 10-29 所示。

步骤 04 在【物理】选项组中设置【采样器】为【递增】，如图 10-30 所示。

步骤 05 单击【效果】按钮，添加【环境吸收】，如图 10-62 所示。

步骤 06 在【环境吸收】选项组中设置【最大光线长度】为 150cm，【对比】为-10%，如图 10-63 所示。

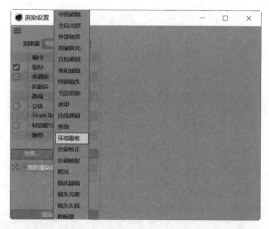

图 10-62

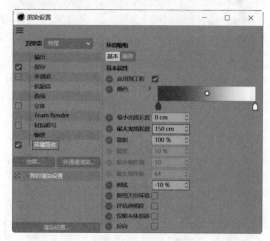

图 10-63

步骤 07 单击【效果】按钮，添加【全局光照】，如图 10-64 所示。

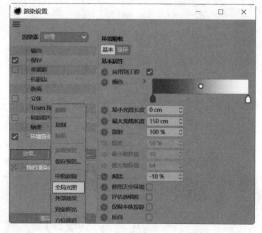

图 10-64

步骤 08 在【全局光照】选项组中设置【首次反弹算法】为【辐照缓存】，【二次反弹算法】为【辐照缓存】，如图 10-65 所示。

图 10-65

Part 02 使用【目标聚光灯】制作3种不同颜色的灯光

步骤 01 执行【创建】|【灯光】|【目标聚光灯】命令，创建一盏目标聚光灯。其位置如图10-66所示。

图 10-66

步骤 02 选择该灯光，设置参数。在【常规】选项卡中设置【颜色】为红色，【强度】为70%，【投影】为【阴影贴图（软阴影）】；在【细节】选项卡中设置【内部角度】为2°，【外部角度】为6°，如图10-67所示。

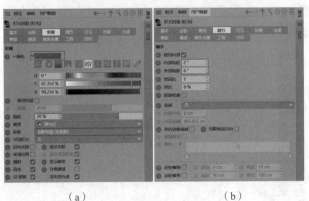

（a） （b）

图 10-67

步骤 03 单击【渲染到图片查看器】▶按钮，渲染效果如图10-68所示。

图 10-68

步骤 04 继续创建一盏目标聚光灯，位置如图10-69所示。

图 10-69

步骤 05 选择该灯光，设置参数。在【常规】选项卡中设置【颜色】为蓝色，【强度】为150%，【投影】为【阴影贴图（软阴影）】；在【细节】选项卡中设置【内部角度】为4°，【外部角度】为8°，如图10-70所示。

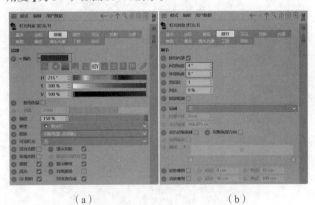

（a） （b）

图 10-70

步骤 06 单击【渲染到图片查看器】▶按钮，渲染效果如图10-71所示。

图 10-71

步骤 07 继续创建一盏目标聚光灯，位置如图10-72所示。

图10-72

步骤 08 选择该灯光，设置参数。在【常规】选项卡中设置【颜色】为紫色，【强度】为50%，【投影】为【阴影贴图（软阴影）】；在【细节】选项卡中设置【内部角度】为0°，【外部角度】为15°，如图10-73所示。

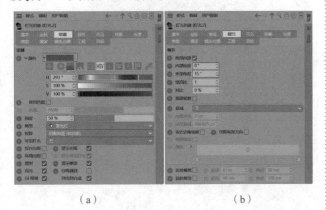

（a）　　　　　　　　　（b）

图10-73

步骤 09 单击【渲染到图片查看器】按钮，渲染效果如图10-74所示。

图10-74

【重点】10.2.4　区域光

区域光是一个方形的照射灯光，具有很强的方向性。区域光常用来模拟较为柔和的光线效果，在室内效果图中应用较多，如室内灯光、窗口光线、柔和光线等，如图10-75所示。

（a）灯带　　　　（b）窗口光线　　　　（c）柔和光线

图10-75

在图10-76所示场景创建区域光，并向创建中的模型照射。渲染出的柔和效果如图10-77所示。

图10-76　　　　　　　　　图10-77

其参数设置如图10-78所示。

图10-78

实例：使用【区域光】制作产品设计布光

扫一扫，看视频

案例路径:Chapter10　创建灯光与环境→实例：使用【区域光】制作产品设计布光

本实例使用【区域光】，并根据"三点布光"原理进行灯光的布置，制作出光线非常柔的效果，如图10-79所示。

图 10-79

Part 01　渲染设置

步骤 01 打开本书场景文件【场景文件.c4d】,如图 10-80 所示。

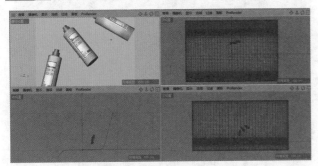

图 10-80

步骤 02 单击【编辑渲染设置】 ⚙ 按钮,开始设置渲染参数。设置【渲染器】为【物理】,在【输出】选项组中设置【宽度】为1200,【高度】为800,选中【锁定比率】复选框,设置【分辨率】为300,如图 10-81 所示。

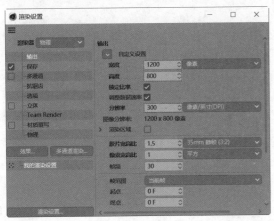

图 10-81

步骤 03 在【抗锯齿】选项组中设置【过滤】为【Mitchell】,如图 10-29 所示。

步骤 04 在【物理】选项组中设置【采样器】为【递增】,如图 10-30 所示。

步骤 05 单击【效果】按钮,添加【全局光照】,如图 10-31 所示。

步骤 06 在【全局光照】选项组中设置【首次反弹算法】

为【辐照缓存】,【二次反弹算法】为【辐照缓存】,如图 10-82 所示。

图 10-82

Part 02　使用【区域光】打造经典的"三点布光"

步骤 01 执行【创建】|【灯光】|【区域光】命令,创建一盏区域光。在透视视图中将其放置在左侧,适当旋转,如图 10-83 所示。

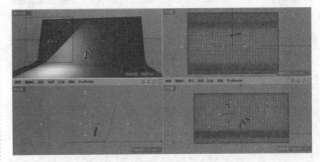

图 10-83

步骤 02 设置该灯光参数。在【常规】选项卡中设置【颜色】为白色,【强度】为65%,【投影】为【区域】;在【细节】选项卡中设置【外部半径】为117.5cm,【水平尺寸】为235cm,【垂直尺寸】为703cm;在【可见】选项卡中置【内部距离】为7.991cm,【外部距离】为7.991cm,【采样属性】为99.886cm,如图 10-84 所示。

（a）　　　（b）　　　（c）

图 10-84

步骤 03 单击【渲染到图片查看器】 ▶ 按钮,渲染效果如图 10-85 所示。

图 10-85

步骤 04 执行【创建】|【灯光】|【区域光】命令，创建一盏区域光。在透视视图中将其放置在右侧，适当旋转，如图 10-86 所示。

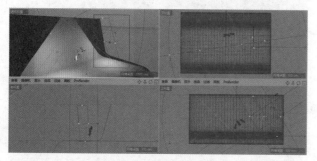

图 10-86

步骤 05 设置该灯光参数。在【常规】选项卡中设置【颜色】为白色，【强度】为 25%，【投影】为【区域】；在【细节】选项卡中设置【外部半径】为 117.5cm，【水平尺寸】为 235cm，【垂直尺寸】为 1000cm；在【可见】选项卡中设置【内部距离】为 7.991cm，【外部距离】为 7.991cm，【采样属性】为 99.886cm，如图 10-87 所示。

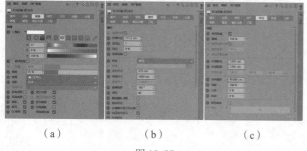

（a）　　　　　（b）　　　　　（c）

图 10-87

步骤 06 单击【渲染到图片查看器】█ 按钮，渲染效果如图 10-88 所示。

图 10-88

步骤 07 执行【创建】|【灯光】|【区域光】命令，创建一盏区域光。在透视视图中将其放置在化妆品的前方，向化妆品照射，如图 10-89 所示。

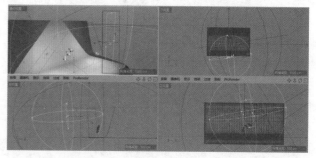

图 10-89

步骤 08 设置该灯光参数。在【常规】选项卡中设置【颜色】为白色，【强度】为 85%，【投影】为【区域】；在【细节】选项卡中设置【外部半径】为 117.5cm，【水平尺寸】为 235cm，【垂直尺寸】为 703cm；在【可见】选项卡中设置【内部距离】为 7.991cm，【外部距离】为 7.991cm，【采样属性】为 99.886cm，如图 10-90 所示。

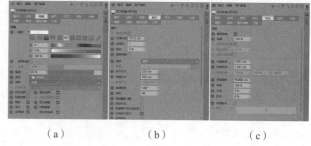

（a）　　　　　（b）　　　　　（c）

图 10-90

步骤 09 单击【渲染到图片查看器】█ 按钮，渲染效果如图 10-91 所示。

图 10-91

实例：使用【区域光】制作阳光效果

　　案例路径：Chapter10 创建灯光与环境→实例：使用【区域光】制作阳光效果

　　本实例使用【天空】制作白色发光天空背景环境，使用【区域光】制作明亮光感，如

图 10-92 所示。

图 10-92

Part 01　渲染设置

步骤 01 打开本书场景文件【场景文件.c4d】，如图 10-93 所示。

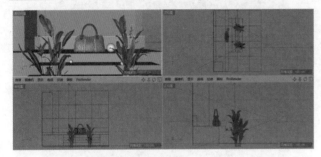

图 10-93

步骤 02 单击【编辑渲染设置】⚙按钮，开始设置渲染参数。设置【渲染器】为【物理】，如图 9-80 所示。单击【效果】，添加【全局光照】按钮，如图 9-81 所示。

步骤 03 在【输出】选项组中设置【宽度】为 1200，【高度】为 800，并选中【锁定比率】复选框，如图 9-82 所示；在【抗锯齿】选项组中，设置【过滤】为【Mitchell】，如图 9-83 所示。

步骤 04 在【物理】选项组中设置【采样器】为【递增】，如图 9-84 所示；在【全局光照】选项组中设置【首次反弹算法】为【辐照缓存】，【二次反弹算法】为【准蒙特卡洛（QMC）】，【采样】为【高】，如图 9-85 所示。

Part 02　使用【天空】制作白色发光天空背景环境

步骤 01 为了更好地模拟场景天空效果，可以创建天空。执行【创建】|【场景】|【天空】命令，如图 10-94 所示。

步骤 02 在界面下方的【材质】窗口中执行【创建】|【新的默认材质】命令，如图 10-95 所示。

步骤 03 双击该材质球，设置材质参数，制作一个发光材质。取消选中【颜色】和【反射】复选框，选中【发光】复选框，设置【颜色】为白色，如图 10-96 所示。

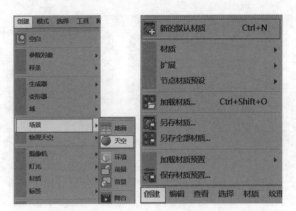

图 10-94　　　　　　　　　图 10-95

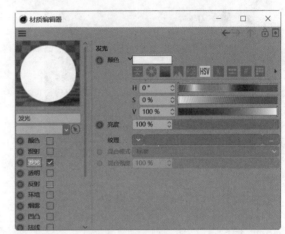

图 10-96

步骤 04 将【材质】窗口中的【发光】拖动到【对象/场次/内容浏览器/构造】中的【天空】位置，当出现🔧图标时松开鼠标，如图 10-97 所示。

图 10-97

步骤 05 此时可以看到天空后方出现了🔲，场景的背景也变为白色，如图 10-98 所示。

步骤 06 单击【渲染到图片查看器】按钮🔲，效果如图 10-99 所示。

图 10-98

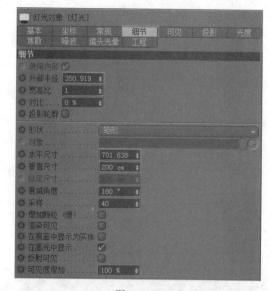

图 10-102

图 10-99

Part 03　使用【区域光】制作明亮光感

步骤 01 执行【创建】|【灯光】|【区域光】命令,创建一盏区域光。在前视图中创建一盏区域光,将其命名为【灯光】,如图 10-100 所示。

步骤 02 在【对象/场次/内容浏览器】面板中选择【灯光】,选择【常规】选项卡,设置【强度】为75%,【投影】为【阴影贴图(软阴影)】,如图 10-101 所示。

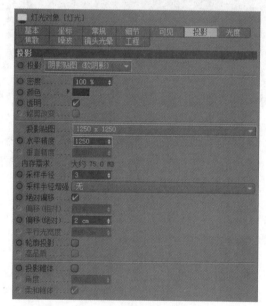

图 10-103

步骤 05 单击【渲染到图片查看器】 按钮,渲染效果如图 10-104 所示。

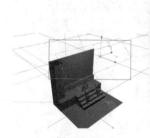

图 10-100

图 10-101

步骤 03 选择【细节】选项卡,设置【外部半径】为350.919cm,【水平尺寸】为701.838cm,【垂直尺寸】为200cm,如图 10-102 所示。

步骤 04 选择【投影】选项卡,设置【投影】为【阴影贴图(软阴影)】,【投影贴图】为1250×1250,【水平精度】为1250,如图 10-103 所示。

图 10-104

中文版Cinema 4D R21从入门到精通(微课视频 全彩版)

【重点】10.2.5 IES灯

IES灯可以产生由灯光向外照射的弧形效果，通常用来模拟室内外效果图中的射灯、壁灯、地灯效果，如图10-105所示。其光照原理如图10-106所示。

（a）射灯　　（b）壁灯　　（c）地灯

图 10-105

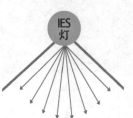

图 10-106

执行【创建】|【灯光】|【IES灯】命令，在弹出的对话框中选择.ies文件，如图10-107所示。其参数设置如图10-108所示。

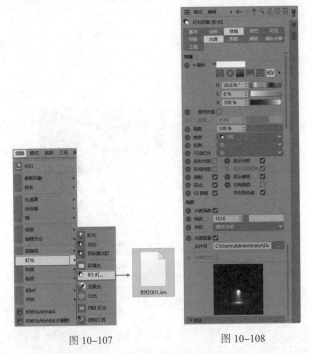

图 10-107　　　　图 10-108

1.【常规】选项卡

在【常规】选项卡中可以设置颜色、强度，如图10-109

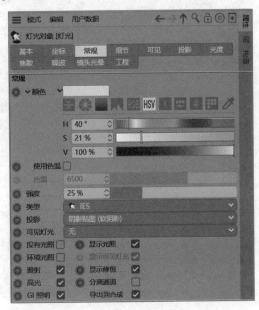

图 10-109

重点参数：

● 颜色：设置灯光的颜色。图10-110所示为设置不同颜色的渲染对比效果。

（a）　　　　　　　　　（b）

图 10-110

● 强度：设置灯光的照射强度。图10-111所示为设置不同强度的渲染对比效果。

（a）　　　　　　　　　（b）

图 10-111

2.【光度】选项卡

在【光度】选项卡中可以设置强度、单位、光度数据等，如图10-112所示。

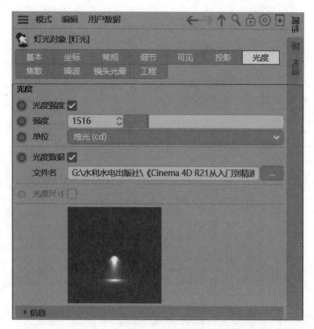

图 10-112

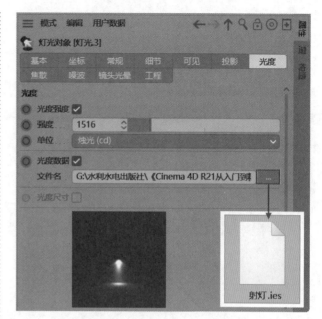

图 10-114

重点参数：

- 光度强度：选中该复选框，可以允许该灯光使用光度强度设置灯光亮度。

- 强度：该数值可以控制灯光的强弱程度，数值越大，灯光效果越亮。图 10-113 所示为设置不同强度的对比效果。

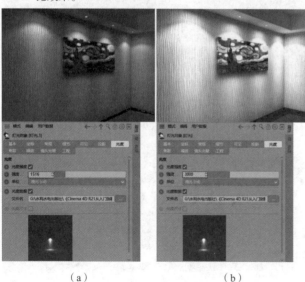

（a） （b）

图 10-113

- 单位：设置灯光强度的类型，包括烛光（cd）和流明（lm）。

- 光度数据：单击【文件名】后方的 按钮，即可加载或更改.ies文件，如图 10-114 所示。

提示：光域网和IES灯什么关系

IES灯在使用时，需要加载光域网文件（.ies文件）。那么什么是光域网呢？

光域网是室内灯光设计的专业名词，是灯光的一种物理性质，确定光在空气中发散的方式。不同的灯在空气中的发散方式是不一样的，产生的光束形状也是不同的。之所以每个光域网文件（.ies文件）的灯光渲染形状效果不同，是因为每个灯在出厂时，厂家对每个灯都指定了不同的光域网。图 10-115 所示为很多光域网渲染效果。可以从网上搜索.ies文件，自行下载广域网文件。

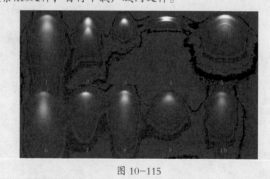

图 10-115

实例：使用【IES灯】制作射灯

扫一扫，看视频

案例路径：Chapter10 创建灯光与环境→实例：使用【IES灯】制作射灯

本实例使用【IES灯】制作射灯效果，如图 10-116 所示。

图 10-116

Part 01　渲染设置

步骤 01 打开本书场景文件【场景文件.c4d】，如图 10-117 所示。

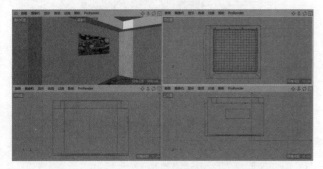

图 10-117

步骤 02 单击【编辑渲染设置】⚙按钮，开始设置渲染参数。设置【渲染器】为【物理】，在【输出】选项组中设置【宽度】为 1300，【高度】为 936，选中【锁定比率】复选框，如图 10-28 所示。

步骤 03 在【抗锯齿】选项组中设置【过滤】为【Mitchell】，如图 10-29 所示。

步骤 04 在【物理】选项组中设置【采样器】为【递增】，如图 10-30 所示。

步骤 05 单击【效果】按钮，添加【全局光照】，如图 9-81 所示。

步骤 06 在【全局光照】选项组中设置【首次反弹算法】为【准蒙特卡洛（QMC）】，【二次反弹算法】为【光线映射】，【采样】为【高】，如图 9-89 所示。

Part 02　使用【区域光】制作窗外夜色

步骤 01 执行【创建】|【灯光】|【区域光】命令，在窗外创建一盏区域光，目的是向室内照射产生蓝色夜色感觉。其位置如图 10-118 所示。

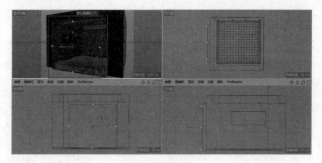

图 10-118

步骤 02 设置该灯光参数。在【常规】选项卡中设置【颜色】为蓝色；在【细节】选项卡中设置【外部半径】为 19.9cm，【水平尺寸】为 39.799cm，【垂直尺寸】为 35.769cm，如图 10-119 所示。

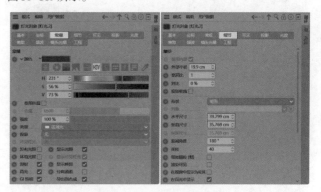

图 10-119

步骤 03 单击【渲染到图片查看器】▶按钮，渲染效果如图 10-120 所示。

图 10-120

Part 03　使用【IES 灯】制作射灯

步骤 01 执行【创建】|【灯光】|【IES 灯】命令，此时在弹出的【请选择 IES 文件】对话框中选择本书场景文件【射灯 001.ies】，如图 10-121 所示。

步骤 02 将创建的 IES 灯旋转 -90°，该灯光才可以竖立，如图 10-122 所示。

步骤 03 将第1个IES灯移动至墙附近、射灯灯泡下方，如图10-123所示。

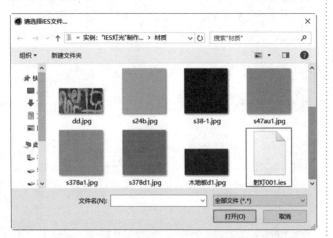

图 10-121

图 10-122 图 10-123

步骤 04 此时选择该灯光，并设置参数。在【常规】选项卡中设置【颜色】为浅黄色，【强度】为25%，【投影】为【阴影贴图（软阴影）】；在【可见】选项卡中设置【外部距离】为50cm，【采样属性】为2.5cm，如图10-124所示。

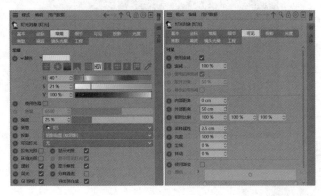

图 10-124

步骤 05 将制作好的第一个IES灯复制3份，移动至合适位置，如图10-125所示。

步骤 06 单击【渲染到图片查看器】▶按钮，渲染效果如图10-126所示。

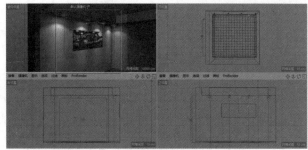

图 10-125

图 10-126

10.2.6 无限光

无限光可以产生一个圆柱状的平行照射区域，主要用于模拟阳光、探照灯、激光光束等效果，如图10-127所示。在制作室内外建筑效果图时，主要使用该灯光模拟室外阳光效果。其光照原理如图10-128所示。

（a）阳光 （b）探照灯 （c）激光光束

图 10-127

图 10-128

图10-129所示为在场景创建无限光，并倾斜照射场景中的沙发。其渲染出的效果很像阳光照射的感觉，如图10-130所示。

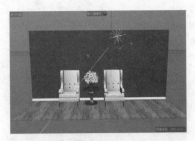

图 10-129

图 10-130

无限光的参数设置如图 10-131 所示。

图 10-131

图 10-133

日光的参数设置如图 10-134 所示。

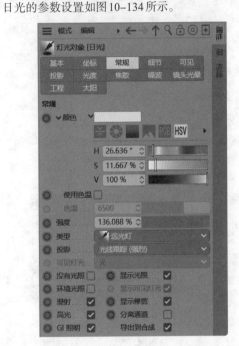

图 10-134

【重点】10.2.7 日光

日光可以模拟真实的太阳光照效果。其场景效果如图 10-132 所示,渲染效果如图 10-133 所示。

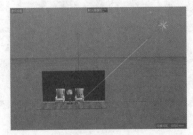

图 10-132

10.3 环境

环境是 Cinema 4D 中非常容易忽略的部分之一,合理运用环境会使渲染效果更真实。本节将主要学习 3 种常见的环境类型,包括物理天空、天空、环境。

【重点】10.3.1 物理天空

物理天空模拟了现实中真实的太阳,因此可以制作出真实的室外光照效果。通过修改其位置和参数可以改变光照效果,从而制作清晨、正午、黄昏、夜晚的光照效果。执行【创建】|【物理天空】|【物理天空】命令,如图 10-135 所示。

1.【时间与区域】选项卡

在【时间与区域】选项卡中可以设置时间、城市等参数,如图 10-136 所示。

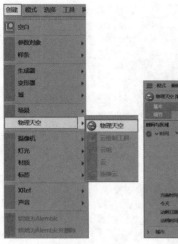

图 10-135　　　　　　　　　图 10-136

图 10-138

重点参数：

● 时间：通过拖动修改钟表的时间位置，即可产生不同时刻的光照效果。图 10-137 所示为不同时间的渲染对比效果。

（a）　　　　　　　　　（b）

图 10-137

● 当前时间：选中该复选框，可以使用当前时间。

● 今天：选中该复选框，可以使用今天时间。

● 城市：设置不同的城市类型。不同的国家和城市，其对应的时间和光照是不一样的。

2. 【天空】选项卡

在【天空】选项卡中可以设置强度、浑浊、臭氧（厘米）等，如图 10-138 所示。

重点参数：

● 物理天空：默认选中该复选框，背景是真实的天空渐变效果。若取消选中该复选框，则可以通过修改【天空】选项卡中的【颜色】设置需要的颜色。

● 视平线：选中该复选框，可以渲染出视平线区域，建议默认取消选中。图 10-139 所示为取消选中和选中【视平线】复选框的对比渲染效果。

● 强度：控制灯光的强弱，数值越大灯光越亮。图 10-140 所示为设置不同强度的对比渲染效果。

（a）　　　　　　　　　（b）

图 10-139

（a）　　　　　　　　　（b）

图 10-140

● 饱和度修正：数值越大背景越鲜艳，数值越小颜色饱和度越低。图 10-141 所示为设置不同饱和度修正的对比渲染效果。

（a）　　　　　　　　　（b）

图 10-141

中文版Cinema 4D R21从入门到精通（微课视频 全彩版）

- 可见强度：设置背景的亮度，数值越大天空越亮，灯光不受影响。图10-142所示为设置不同的可见强度的对比效果。

（a） （b）

图 10-142

- 浑浊：控制天空的浑浊程度，数值越大，渲染效果越偏向暖色调，更适合制作黄昏效果。图10-143所示为设置【浑浊】数值为2和12的对比渲染效果。

（a） （b）

图 10-143

- 臭氧（厘米）：设置大气中臭氧的数值。不同的臭氧（厘米）数值在渲染时会呈现不同的效果。图10-144所示为设置不同臭氧（厘米）数值的渲染效果。

（a） （b）

图 10-144

3.【太阳】选项卡

在【太阳】选项卡中可以设置强度、投影等参数，如图10-145所示。

重点参数：

- 强度：设置灯光的强度，天空不受影响。图10-146所示为不同强度数值的对比渲染效果。
- 饱和度修正：设置太阳照射出的色彩饱和度，数值越大，颜色越深。

图 10-145

（a） （b）

图 10-146

4.【细节】选项卡

在【细节】选项卡中可以设置显示月亮、显示星体等参数，如图10-147所示。

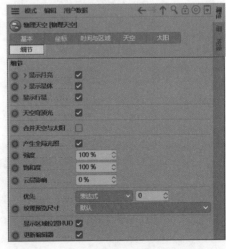

图 10-147

提示：物理天空的位置和角度很重要

物理天空的位置和角度非常重要，不同的位置和角度会渲染出不同的光感。图10-148所示为当前的灯光位置和角度，图10-149所示为渲染效果。

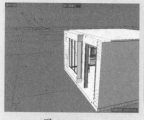

图 10-148　　　　　　　　　图 10-149

图10-150所示为当前的灯光位置和角度，图10-151所示为渲染效果。

图 10-150　　　　　　　　　图 10-151

实例：使用【物理天空】制作黄昏效果

扫一扫，看视频

案例路径：Chapter10　创建灯光与环境→实例：使用【物理天空】制作黄昏效果

本实例使用【物理天空】制作黄昏效果，使用"区域光"制作辅助光，如图10-152所示。

图 10-152

Part 01　渲染设置

步骤（01）打开本书场景文件【场景文件.c4d】，如图10-153所示。

步骤（02）单击【编辑渲染设置】按钮，开始设置渲染参数。设置【渲染器】为【物理】，在【输出】选项组中设置【宽度】为1200，【高度】为840，选中【锁定比率】复选框，如图10-154所示。

图 10-153

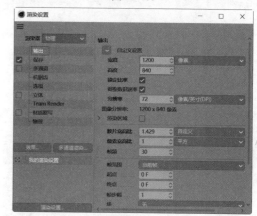

图 10-154

步骤（03）在【抗锯齿】选项组中设置【过滤】为【Mitchell】，如图10-29所示。

步骤（04）在【物理】选项组中设置【采样器】为【递增】，如图10-30所示。

步骤（05）单击【效果】按钮，添加【全局光照】，如图9-81所示。

步骤（06）在【全局光照】选项组中设置【首次反弹算法】为【辐照缓存】，【二次反弹算法】为【辐照缓存】，如图10-155所示。

图 10-155

中文版Cinema 4D R21从入门到精通（微课视频 全彩版）

182

步骤 07 单击【效果】按钮，添加【镜头光斑】，如图10-156所示。

图 10-156

Part 02 创建"物理天空"

步骤 01 执行【创建】|【物理天空】|【物理天空】命令，创建物理天空。在透视视图中将其移动和旋转，要特别注意它的方向，如图10-157所示。

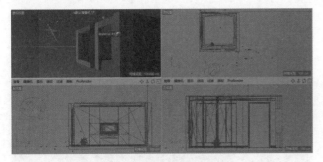

图 10-157

步骤 02 选择【物理天空】，在【时间与区域】选项卡中设置相应参数，如图10-158（a）所示；在【太阳】选项卡中设置【强度】为230%，【颜色】为橙色，如图10-158（b）所示。

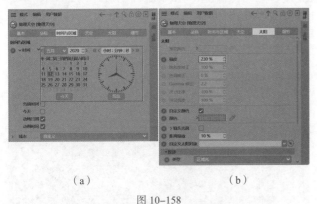

（a）　　　　　　　　（b）

图 10-158

步骤 03 单击【渲染到图片查看器】■按钮，渲染效果如图10-159所示。

图 10-159

Part 03 使用【区域光】制作辅助光

步骤 01 执行【创建】|【灯光】|【区域光】命令，创建一盏区域光，放在室内，使其向窗口处照射，照亮场景，使场景变得更有黄昏的色调，如图10-160所示。

图 10-160

步骤 02 设置该灯光参数。在【常规】选项卡中设置【颜色】为黄色，【强度】为50%，如图10-161所示。

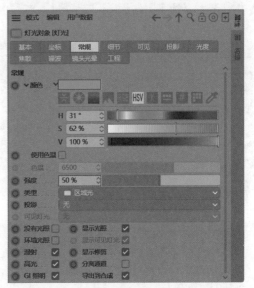

图 10-161

步骤 03 单击【渲染到图片查看器】■按钮，渲染效果如图10-162所示。

图 10-162

实例：使用【物理天空】制作太阳光

扫一扫，看视频

案例路径：Chapter10 创建灯光与环境→实例：使用【物理天空】制作太阳光

本实例使用【物理天空】制作太阳光，如图 10-163 所示。

图 10-163

Part 01 渲染设置

步骤 01 打开本书场景文件【场景文件.c4d】，如图 10-164 所示。

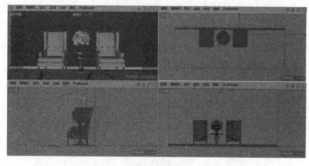

图 10-164

步骤 02 单击【编辑渲染设置】⚙按钮，开始设置渲染参数。设置【渲染器】为【物理】，在【输出】选项组中设置【宽度】为1280，【高度】为720，如图 10-165 所示。

步骤 03 在【抗锯齿】选项组中设置【过滤】为【Mitchell】，如图 10-29 所示。

步骤 04 在【物理】选项组中设置【采样器】为【递增】，如图 10-30 所示。

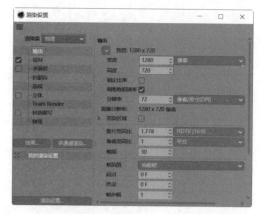

图 10-165

步骤 05 单击【效果】按钮，添加【全局光照】，如图9-81所示。

步骤 06 在【全局光照】选项组中设置【首次反弹算法】为【辐照缓存】，【二次反弹算法】为【辐照缓存】，如图 10-155 所示。

Part 02 创建"物理天空"

步骤 01 执行【创建】|【物理天空】|【物理天空】命令，创建"物理天空"。在透视视图中将其移动和旋转，要特别注意它的方向，如图 10-166 所示。

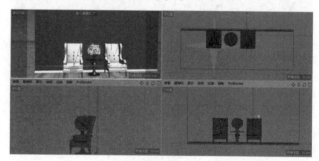

图 10-166

步骤 02 选择【物理天空】，在【时间与区域】选项卡中设置相应参数，如图 10-167（a）所示；在【天空】选项卡中设置【强度】为300%，如图 10-167（b）所示。

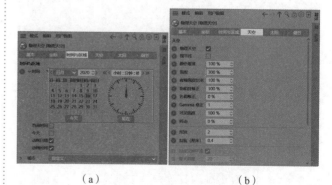

（a） （b）

图 10-167

中文版Cinema 4D R21从入门到精通（微课视频 全彩版）

步骤 03 单击【渲染到图片查看器】![icon]按钮，渲染效果如图 10-168 所示。

图 10-168

实例：使用【物理天空】制作一缕阳光

案例路径：Chapter10 创建灯光与环境→实例：使用【物理天空】制作一缕阳光

本实例使用【物理天空】制作一缕阳光，如图 10-169 所示。

扫一扫，看视频

图 10-169

Part 01 渲染设置

步骤 01 打开本书场景文件【场景文件.c4d】，如图 10-170 所示。

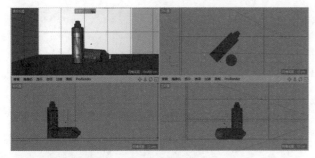

图 10-170

步骤 02 单击【编辑渲染设置】![icon]按钮，开始设置渲染参数。设置【渲染器】为【物理】，在【输出】选项组中设置【宽度】为1300，【高度】为910，选中【锁定比率】复选框，如图 10-171 所示。

步骤 03 在【抗锯齿】选项组中设置【过滤】为【Mitchell】，如图 10-29 所示。

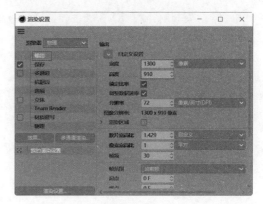

图 10-171

步骤 04 在【物理】选项组中设置【采样器】为【递增】，如图 10-30 所示。

步骤 05 单击【效果】按钮，添加【全局光照】，如图 9-81 所示。

步骤 06 在【全局光照】选项组中设置【首次反弹算法】为【辐照缓存】，【二次反弹算法】为【辐照缓存】，如图 10-155 所示。

Part 02 创建"物理天空"

步骤 01 执行【创建】|【物理天空】|【物理天空】命令，创建物理天空。在透视视图中将其移动和旋转，要特别注意它的方向，如图 10-172 所示。

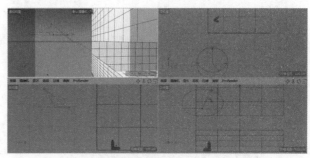

图 10-172

步骤 02 选择【物理天空】，在【时间与区域】选项卡中设置相应参数，如图 10-173（a）所示；在【太阳】选项卡中设置【强度】为130%，如图 10-173（b）所示。

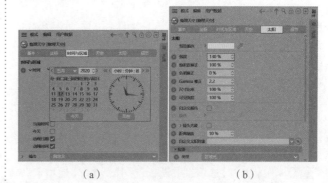

（a）　　　　　　　　（b）

图 10-173

步骤 03 单击【渲染到图片查看器】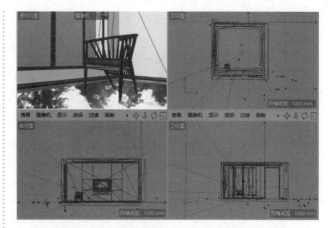按钮，渲染效果如图10-174所示。

图 10-174

10.3.2 创建"天空"

Cinema 4D的场景默认是黑色的，【天空】可以为场景添加背景天空环境。执行【创建】|【场景】|【天空】命令，如图10-94所示。

实例：使用【天空】制作自发光背景天空

扫一扫，看视频

案例路径：Chapter10 创建灯光与环境→实例：使用【天空】制作自发光背景天空

本实例使用【天空】制作自发光背景天空，如图10-175所示。

图 10-175

Part 01 渲染设置

步骤 01 打开本书场景文件【场景文件.c4d】，如图10-176所示。

步骤 02 单击【编辑渲染设置】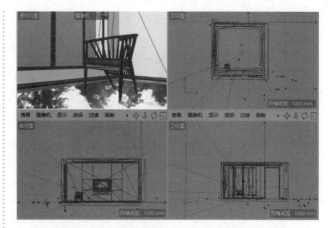按钮，开始设置渲染参数。设置【渲染器】为【物理】，在【输出】选项组中设置【宽度】为1000，【高度】为700，选中【锁定比率】复选框，如图10-177所示。

步骤 03 在【抗锯齿】选项组中设置【过滤】为【Mitchell】，如图10-29所示。

步骤 04 在【物理】选项组中设置【采样器】为【递增】，如图10-30所示。

图 10-176

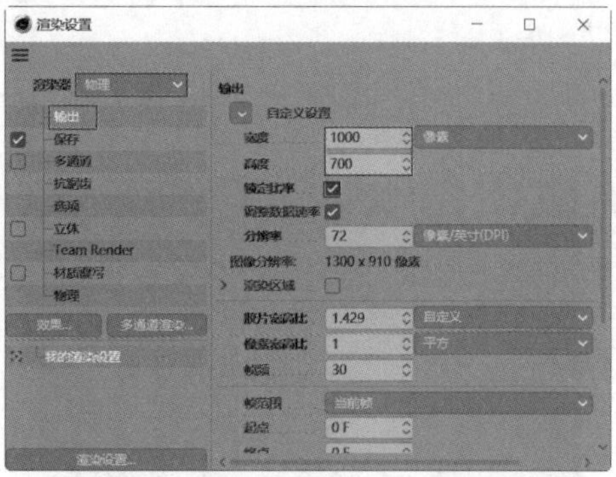

图 10-177

步骤 05 单击【效果】按钮，添加【全局光照】，如图9-81所示。

步骤 06 在【全局光照】选项组中设置【首次反弹算法】为【辐照缓存】，【二次反弹算法】为【辐照缓存】，如图10-155所示。

Part 02 创建"天空"

步骤 01 执行【创建】|【场景】|【天空】命令，如图10-94所示。

步骤 02 执行【创建】|【新的默认材质】命令，新建一个材质球。双击该材质球，进入材质编辑器，选中【发光】复选框，如图10-178所示。

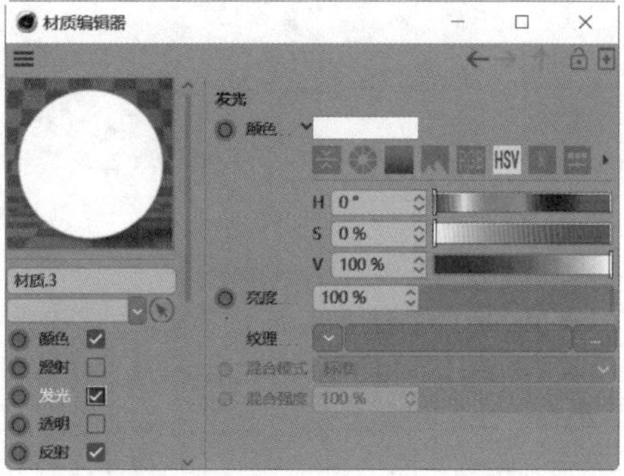

图 10-178

中文版Cinema 4D R21从入门到精通（微课视频 全彩版）

步骤 03 拖动发光的材质球到【天空】上，如图10-179所示。

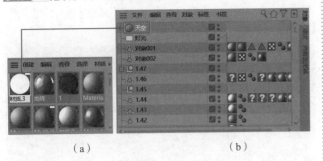

（a） （b）

图10-179

步骤 04 此时【天空】的后方出现了发光材质球，如图10-180所示。

图10-180

步骤 05 单击【渲染到图片查看器】▶按钮，渲染效果如图10-181所示。

图10-181

10.3.3 创建"环境"

环境可以改变场景笼罩在什么颜色的环境中。执行【创建】|【场景】|【环境】命令，如图10-182所示。

图10-182

选择【环境】，可以设置环境颜色和环境强度，从而改变

场景中环境的色彩和色彩浓度，如图10-183所示。渲染时，场景笼罩在该颜色中，如图10-184所示。

图10-183 图10-184

实例：使用【物理天空】【灯光】制作夜晚台灯

案例路径：Chapter10 创建灯光与环境→实例：使用【物理天空】【灯光】制作夜晚台灯

本实例使用【物理天空】制作漆黑的夜晚效果，使用【灯光】制作台灯效果，如图10-185所示。

扫一扫，看视频

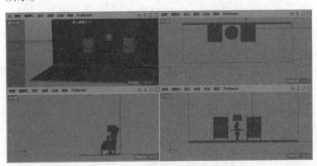

图10-185

Part 01 渲染设置

步骤 01 打开本书场景文件【场景文件.c4d】，如图10-186所示。

图10-186

步骤 02 单击【编辑渲染设置】⚙按钮，开始设置渲染参数。设置【渲染器】为【物理】，在【输出】选项组中设置【宽

度】为1280,【高度】为720,选中【锁定比率】复选框,如图10-187所示。

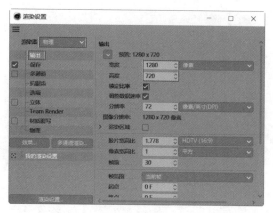

图10-187

步骤03 在【抗锯齿】选项组中设置【过滤】为【Mitchell】,如图10-29所示。

步骤04 在【物理】选项组中设置【采样器】为【递增】,如图10-30所示。

步骤05 单击【效果】按钮,添加【全局光照】,如图10-31所示。

步骤06 在【全局光照】选项组中设置【首次反弹算法】为【准蒙特卡洛(QMC)】,【二次反弹算法】为【光线映射】,如图9-89所示。

Part 02　创建"物理天空"

步骤01 执行【创建】|【物理天空】|【物理天空】命令,创建物理天空。在透视视图中将其移动和旋转,要特别注意它的方向,如图10-188所示。

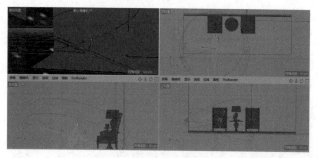

图10-188

> **提示:物理天空的位置很重要**
>
> 　物理天空的位置和角度是最关键的,直接会影响天空效果,如果觉得复杂,你可以将【物理天空】理解为【太阳】,太阳在哪儿?是倾斜照射,还是垂直照射?是在左边照射物体,还是在右边照射物体呢?自然你就知道【物理天空】该怎么摆放位置了。

步骤02 选择【物理天空】,在【时间与区域】选项卡中设置相应参数,如图10-189(a)所示;在【天空】选项卡中设置【强度】为300%,如图10-189(b)所示。

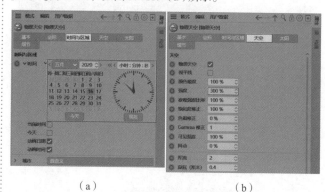

（a）　　　　　　　（b）

图10-189

步骤03 单击【渲染到图片查看器】▶按钮,渲染效果如图10-190所示。

图10-190

Part 03　使用【灯光】制作台灯

步骤01 执行【创建】|【灯光】|【灯光】命令,创建1盏【灯光】,放置于台灯灯罩内部,如图10-191所示。

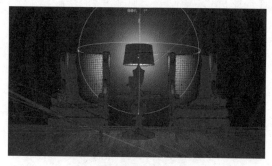

图10-191

步骤02 选择刚创建的【灯光】,设置参数。在【常规】选项卡中设置【颜色】为浅黄色,【强度】为150%,【投影】为【阴影贴图(软阴影)】;在【细节】选项卡中设置【衰减】为【平方倒数(物理精度)】,【半径衰减】为50cm,如图10-192所示。

中文版Cinema 4D R21从入门到精通(微课视频 全彩版)

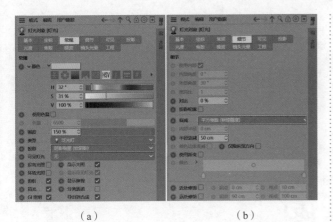

（a）　　　　　　　　　　（b）

图 10-192

步骤 03 单击【渲染到图片查看器】 按钮，渲染效果如图 10-193 所示。

图 10-193

第11章

扫一扫，看视频

材质与贴图

本章内容简介

本章将学习材质编辑器、材质属性和贴图属性的应用，并且在材质编辑器中制作各种质感的材质。

重点知识掌握

- 材质与贴图的概念
- 材质与贴图的区别
- 材质编辑器的使用
- 材质属性和贴图属性

通过本章学习，我能做什么？

通过对本章的学习，我们将学习到如何制作不同质感的材质，以及制作不同的贴图效果。本章中我们将熟悉发光质感、透明质感、金属质感、塑料质感、玻璃质感、皮革质感等制作方法。

佳作欣赏

11.1 了解材质

本节将讲解材质的基本概念和材质与贴图的区别，为后面小节的材质设置内容做铺垫。优秀材质作品如图11-1～图11-3所示。

图11-1   图11-2

图11-3

11.1.1   材质概述

材质就是一个物体看起来是什么样的质地。例如，杯子看起来是玻璃的还是金属的，这就是材质。颜色、反射、高光、透明等都是材质的基本属性。应用材质可以使模型看起来更具质感，制作材质时可以依据现实中物体的真实属性去设置。图11-4所示为玻璃茶壶的材质属性。

图11-4

11.1.2   材质与贴图的区别

材质和贴图是不同的概念。贴图是指物体表面具有的贴图属性，如一个金属锅表面有拉丝贴图质感，一个皮沙发表面有皮革凹凸质感，一个桌子表面有木纹贴图效果。

材质和贴图的制作流程不可混淆，通常要先确定好物体是什么材质，然后确定是否需要添加贴图。例如，一个茶壶，先确定好是光滑的材质，然后考虑在这种质感的情况下是否有凹凸的纹理贴图。

图11-5和图11-6所示为物体设置材质之前和设置光滑材质之后的对比效果。

图11-5   图11-6

图11-7和图11-8所示为物体只设置光滑材质和同时设置凹凸贴图的对比效果。

图11-7   图11-8

因此，可以理解贴图就是纹理，它是附着在材质表面的。设置一个完整材质贴图的流程，应该是先确定好材质类型，最后添加贴图。图11-9所示为材质制作流程。

（a）原始模型效果   （b）设置材质效果   （c）设置材质、
                                                      贴图效果

图11-9

【重点】11.1.3   为物体设置一个材质

（1）执行【创建】|【新的默认材质】命令（快捷键为Ctrl+N），如图2-72所示。

（2）此时出现了一个材质球，双击该材质球，如图2-73所示。

（3）弹出【材质编辑器】对话框，如图2-74所示。

（4）此时即可修改材质编辑器的参数，如设置【颜色】为红色，如图11-10所示。

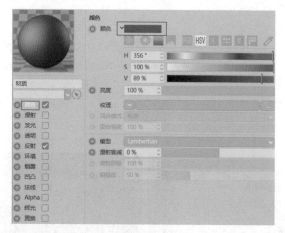

图11-10

（5）按住鼠标左键，将制作好的材质球拖曳到场景中的模型上，如图11-11所示。

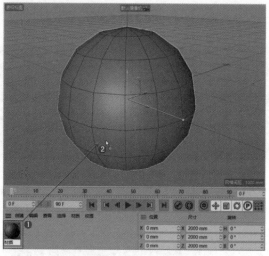

图11-11

（6）此时材质赋予完成，如图11-12所示。

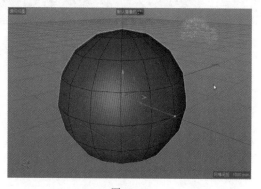

图11-12

11.2 材质编辑器

在Cinema 4D中要想设置材质及贴图，需要在一个工具中完成，这个工具就是材质编辑器。材质编辑器包括很多可以进行编辑的属性，如颜色、漫射、发光、透明、反射、环境、烟雾、凹凸等，如图2-74所示。

图11-13和图11-14所示为制作材质之前和之后的渲染对比效果。

图11-13　　　　　　图11-14

11.3 常用材质属性

扫一扫，看视频

常用材质属性包括颜色、漫射、发光、透明、反射，如图11-15所示。

图11-15

【重点】11.3.1 【颜色】属性

【颜色】属性用于设置材质的固有色属性，即第一眼看到的材质的感觉。可以在【颜色】属性中设置颜色或贴图，其参数如图11-16所示。

中文版Cinema 4D R21从入门到精通（微课视频 全彩版）

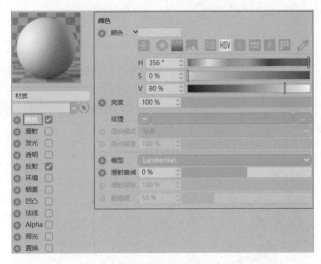

图 11-16

重点参数:

- 颜色:设置模型的颜色。图11-17所示为设置【颜色】为浅灰色和蓝色的渲染效果。

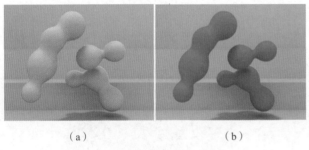

（a）　　　　　　　　　　（b）

图 11-17

- 亮度:设置材质的颜色亮度,数值越大渲染的材质越亮。图11-18所示为设置不同亮度的渲染效果。

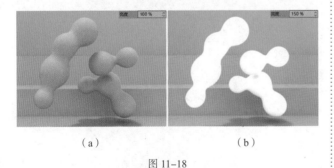

（a）　　　　　　　　　　（b）

图 11-18

- 纹理:单击后方的按钮⌄即可添加贴图。

{重点}11.3.2 【漫射】属性

【漫射】属性可产生投射在粗糙表面上的光,向各个方向漫射的效果,其参数如图11-19所示。

图 11-19

重点参数:

- 亮度:漫射表面的亮度,数值越大越亮,数值越小越暗。图11-20所示为设置【亮度】为100%和30%的对比效果。

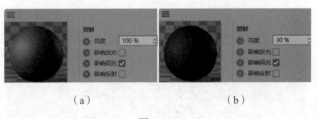

（a）　　　　　　　　　　（b）

图 11-20

{重点}11.3.3 【发光】属性

【发光】属性用于设置材质的发光效果,其参数如图11-21所示。

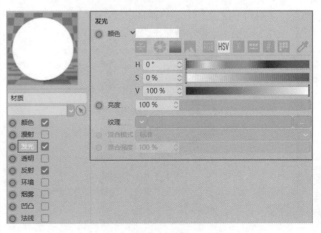

图 11-21

重点参数：

- 颜色：设置自发光的颜色。
- 亮度：设置发光强度。

实例：使用【发光】制作发光灯管材质效果

扫一扫，看视频

案例路径：Chapter11　材质与贴图→实例：使用【发光】制作发光灯管材质效果

本实例使用【发光】属性制作灯管发光发亮的材质效果，如图11-22所示。

图 11-22

步骤 01 打开本书场景文件【场景文件.c4d】，如图11-23所示。

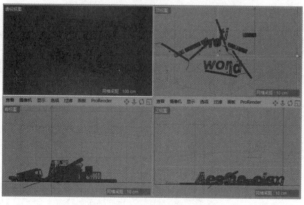

图 11-23

步骤 02 执行【创建】|【新的默认材质】命令，此时新建一个材质球，命名为【发光材质】，如图11-24所示。

图 11-24

步骤 03 双击该材质球，弹出【材质编辑器】对话框，修改参数。取消选中【反射】复选框，选中【发光】复选框，并设置【颜色】为蓝色，【亮度】为500%，如图11-25所示。

步骤 04 发光材质设置完成，将该材质球拖曳到发光灯管的模型上，即可赋予模型材质，如图11-26所示。

图 11-25　　　　　　　　　　图 11-26

> **提示：不方便赋予材质时，可以先隐藏部分模型**
>
> 制作完成发光材质后，将该材质球拖曳到模型上时会发现，只能赋予灯光外层的玻璃模型，却无法赋予内侧的发光灯管。此时可以将外侧的模型隐藏，即可方便赋予材质。单击两次【ChamferCyl011】【ChamferCyl003】【ChamferCyl007】【ChamferCyl011】【ChamferCyl015】后方的图标，使其变为红色，如图11-27所示。

图 11-27

步骤 05 将剩余材质制作完成，如图11-28所示。

图 11-28

【重点】11.3.4 【透明】属性

【透明】属性用于设置材质的透明属性，如制作水材质、玻璃材质等。其参数如图11-29所示。

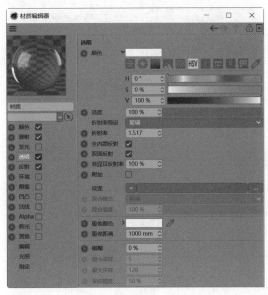

图 11-29

重点参数：

- 颜色：设置透明材质的颜色。图11-30所示为设置【颜色】为白色和黄色的对比效果。

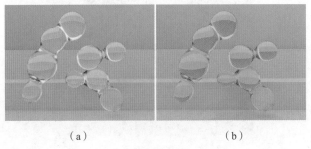

（a） （b）

图 11-30

- 亮度：设置透明的程度，数值越大越透明，数值越小越不透明。图11-31所示为设置【亮度】为100%和70%的对比效果。

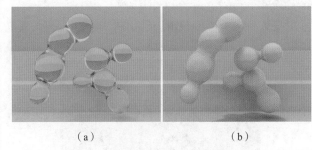

（a） （b）

图 11-31

- 折射率预设：设置材质的折射率预设，如玻璃、啤酒、水等。图11-32所示为设置【折射率预设】为玻璃和水的对比效果。

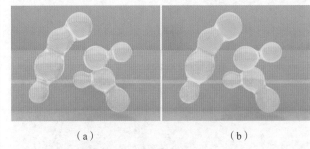

（a） （b）

图 11-32

- 折射率：设置折射率数值，折射率设置得越精准，透明质感的材质越真实。图11-33所示为设置不同折射率的对比效果。

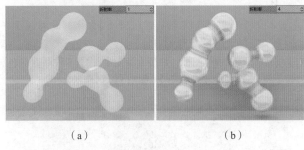

（a） （b）

图 11-33

- 全内部反射：选中该复选框后，可使用菲涅耳反射率。
- 双面反射：控制是否具有双面反射效果。
- 菲涅耳反射率：当选中【全内部反射】复选框后才可用。该参数用于设置反射程度。
- 附加：选中该复选框后，颜色才会对材质有影响。
- 吸收颜色：设置让模型产生一定吸收的重叠那一部分的颜色，这部分的颜色会比其他地方的颜色深一些。
- 吸收距离：用于设置颜色的吸收程度。
- 模糊：用于设置模糊的程度。

实例：使用【透明】制作半透明的气球材质

案例路径：Chapter11　材质与贴图→实例：使用【透明】制作半透明的气球材质

本实例使用【透明】属性制作半透明的气球材质，如图11-34所示。

图11-34

步骤01打开本书场景文件【场景文件.c4d】，如图11-35所示。

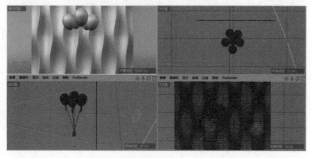

图11-35

步骤02执行【创建】|【新的默认材质】命令，此时新建一个材质球，命名为【气球材质】。选中【颜色】复选框，单击【纹理】后方的✓图标，加载【渐变】，设置3种渐变颜色，设置【类型】为【二维-圆形】，如图11-36所示。

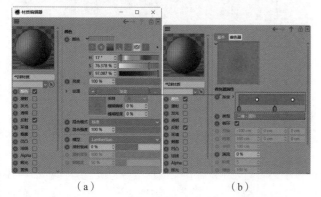

（a）　　　　　　　　　（b）

图11-36

步骤03单击【反射】，再单击【添加】按钮，添加【反射(传统)】，如图11-37所示。

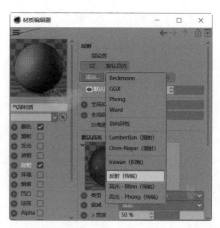

图11-37

步骤04选择新增的【层1】，设置【粗糙度】为9%；【高光强度】为0%，单击【纹理】后方的✓图标，加载【菲涅耳（Fresnel）】，如图11-38所示。

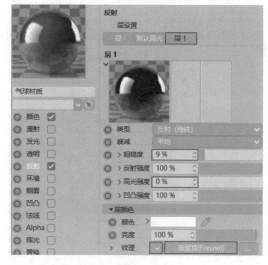

图11-38

步骤05选中【透明】复选框，单击【透明】，设置【颜色】为橙色，【折射率预设】为【塑料（PET）】，如图11-39所示。

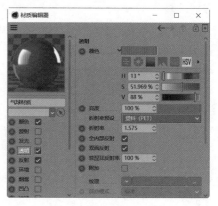

图11-39

中文版Cinema 4D R21从入门到精通（微课视频　全彩版）

步骤 06 单击【透明度】按钮，设置【类型】为【反射（传统）】，【粗糙度】为9%，如图11-40所示。

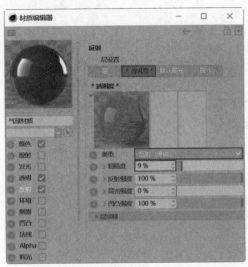

图 11-40

步骤 07 将【层】中的【默认高光】和【层1】调整顺序，如图11-41所示。

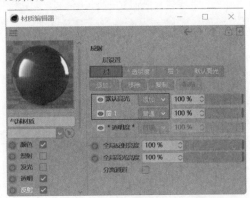

图 11-41

步骤 08 材质设置完成，将该材质球拖曳到相应的模型上，即可赋予模型材质，如图11-42所示。

步骤 09 将剩余材质制作完成，如图11-43所示。

图 11-42   图 11-43

【重点】11.3.5 【反射】属性

　　【反射】属性用于设置材质中反射的相关属性。通常为了得到更好的反射质感，可以单击【添加】按钮，加载【反射（传统）】，如图11-44所示。

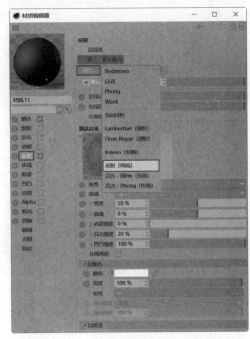

图 11-44

1. 层

单击【层】按钮，参数如图11-45所示。

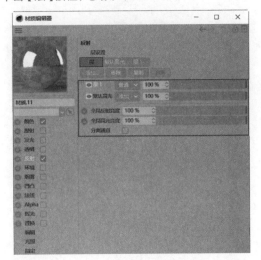

图 11-45

重点参数：
- **全局反射亮度**：设置反射的强度，数值越大反射越强。图11-46所示为设置不同的全局反射亮度的对比效果。
- **全局高光亮度**：设置高光的强度，数值越大高光部分越强。图11-47所示为设置不同的全局高光亮度的对比效果。

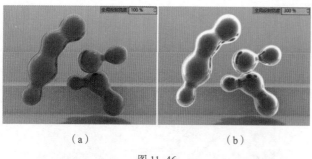

（a）　　　　　　　　　　（b）

图 11-46

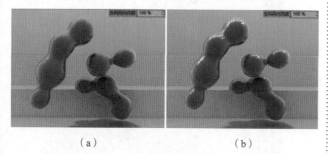

（a）　　　　　　　　　　（b）

图 11-47

2. 默认高光

单击【默认高光】按钮，参数设置如图11-48所示。

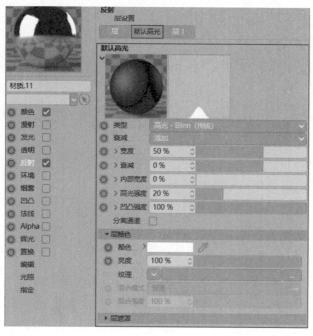

图 11-48

重点参数：

- 类型：设置高光的类型，如图11-49所示。
- 衰减：设置高光的衰减方式，包括添加、金属。
- 高光强度：设置高光区域的高光强度。
- 凹凸强度：设置材质凹凸的强度。

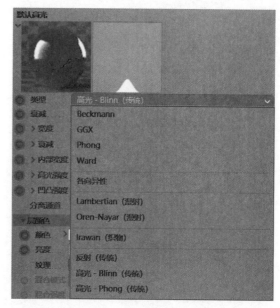

图 11-49

3. 层1

单击【添加】按钮，添加【反射（传统）】，材质编辑器的【反射】中即可新增【层1】，【层1】就是新添加的【反射（传统）】。【反射（传统）】参数如图11-50所示。

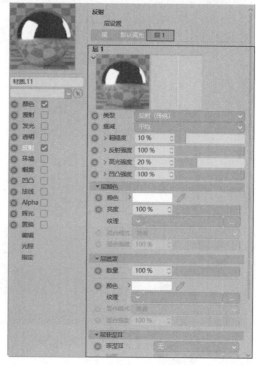

图 11-50

重点参数：

- 类型：设置反射的类型，如图11-51所示。

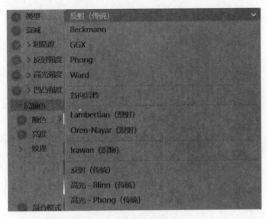

图 11-51

不同的反射类型会产生不同的反射效果，如图 11-52 所示。

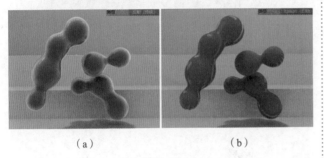

（a）　　　　　　　　（b）

图 11-52

● 衰减：设置衰减类型，包括平均、最大、添加、金属。不同的衰减类型会产生不同的反射衰减效果。图 11-53 所示为设置【衰减】为平均、添加、金属的对比效果。

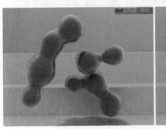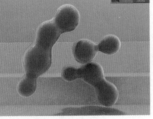

（a）　　　　　　　　（b）

（c）

图 11-53

● 粗糙度：设置材质的粗糙程度，数值越小越光滑，数值越大越粗糙。图 11-54 所示为设置【粗糙度】为 0% 和 100% 的对比效果。

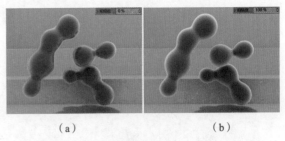

（a）　　　　　　　　（b）

图 11-54

● 反射强度：设置反射强度，数值越大反射越强。图 11-55 所示为设置数值为 10% 和 200% 的对比效果。

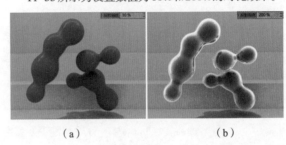

（a）　　　　　　　　（b）

图 11-55

● 高光强度：设置材质表面高光部分的强度，数值越大高光越明显。图 11-56 所示为设置【高光强度】为 10% 和 1000% 的对比效果。

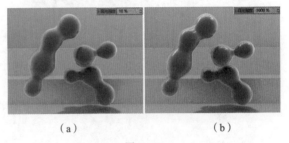

（a）　　　　　　　　（b）

图 11-56

● 纹理：单击【纹理】后方的按钮可以加载贴图，如加载【菲涅耳（Fresnel）】，如图 11-57 所示。

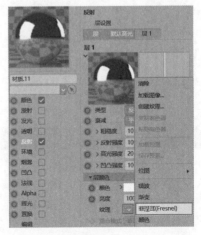

图 11-57

图11-58所示为添加纹理【菲涅耳（Fresnel）】前后的对比效果。

 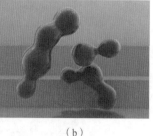

（a）　　　　　　　　　　（b）

图 11-58

- 混合模式：添加纹理后，可以设置该参数。设置不同的混合模式会产生不同的效果。
- 混合强度：设置混合的强度。

实例：使用【反射】制作塑料材质

扫一扫，看视频

案例路径：Chapter11　材质与贴图→实例：使用【发射】制作塑料材质

本实例使用【反射】属性制作塑料材质，如图11-59所示。

图 11-59

步骤 01 打开本书场景文件【场景文件.c4d】，如图11-60所示。

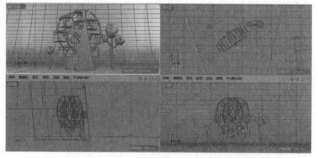

图 11-60

步骤 02 执行【创建】|【新的默认材质】命令，新建一个材质球，命名为【塑料】。双击该材质球，弹出【材质编辑器】对话框，修改参数。选中【颜色】复选框，设置【颜色】为蓝色，如图11-61所示。

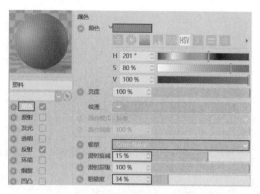

图 11-61

步骤 03 选中【反射】复选框，设置【全局反射亮度】为150%，【全局高光亮度】为150%，【宽度】为32%，【高光强度】为86%；单击【纹理】后方的 图标，加载【过滤】；单击进入【过滤】界面，单击【纹理】后方的 图标，加载【颜色】，如图11-62所示。

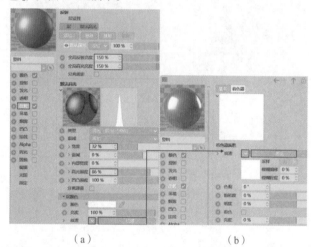

（a）　　　　　　　　　　（b）

图 11-62

步骤 04 单击【添加】按钮，加载【反射（传统）】，如图11-63所示。

图 11-63

中文版Cinema 4D R21从入门到精通（微课视频 全彩版）

步骤 05 单击新添加的【层1】按钮，设置【粗糙度】为12%，【高光强度】为0%，【亮度】为16%，如图11-64所示。

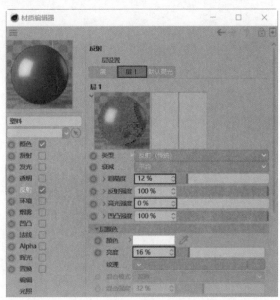

图 11-64

步骤 06 将【层】中的【默认高光】和【默认反射】调整顺序，如图11-65所示。

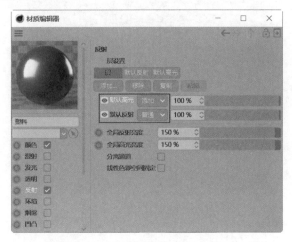

图 11-65

步骤 07 材质设置完成，将该材质球拖曳到左侧棒棒糖上，即可赋予模型材质，如图11-66所示。

步骤 08 将剩余材质制作完成，如图11-67所示。

图 11-66

图 11-67

实例：使用【反射】制作钢笔材质

案例路径:Chapter11 材质与贴图→实例：使用【反射】制作钢笔材质

扫一扫，看视频

本实例使用【反射】属性制作钢笔中的金色金属和钢笔材质，如图11-68所示。

图 11-68

打开本书场景文件【场景文件.c4d】，如图11-69所示。

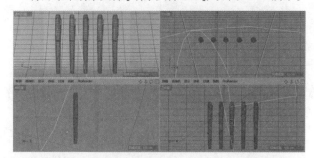

图 11-69

Part 01 金色金属材质

步骤 01 执行【创建】|【新的默认材质】命令，新建一个材质球，命名为【金色金属】。选中【颜色】复选框，设置【颜色】为黑色，如图11-70所示。

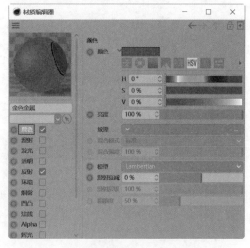

图 11-70

步骤 02 选中【反射】复选框，设置【宽度】为30%，【衰减】为-10%，【高光强度】为100%，如图11-71所示。

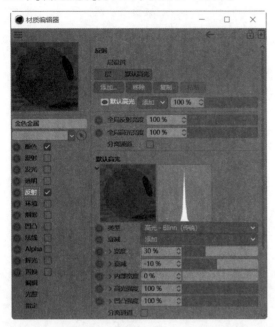

图 11-71

步骤 03 单击【添加】按钮，添加【反射（传统）】，如图11-72所示。

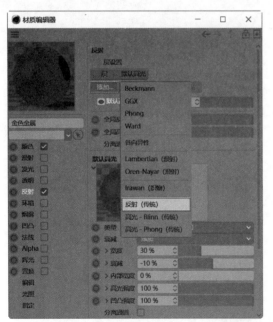

图 11-72

步骤 04 单击新增的【层1】按钮，设置【粗糙度】为5%，【高光强度】为0%，【颜色】为浅黄色，【混合强度】为20%；单击【纹理】后方的 图标，加载【菲涅耳（Fresnel）】，如图11-73所示。

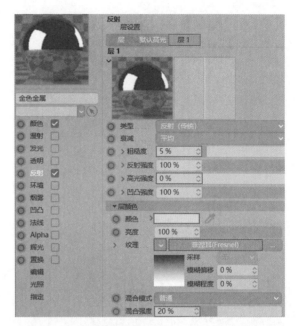

图 11-73

步骤 05 将【层】中的【默认高光】和【层1】调整顺序，如图11-74所示。

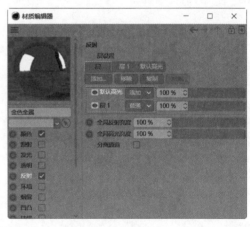

图 11-74

Part 02　银色金属材质

步骤 01 执行【创建】|【新的默认材质】命令，新建一个材质球，命名为【银色磨砂金属】。选中【反射】复选框，设置【宽度】为45%，【衰减】为-10%，【高光强度】为100%，如图11-75所示。

步骤 02 单击【添加】按钮，添加【反射（传统）】，如图11-76所示。

步骤 03 单击新增的【层1】按钮，设置【粗糙度】为30%，【高光强度】为0%，【混合强度】为50%；单击【纹理】后方的 图标，加载【菲涅耳（Fresnel）】，如图11-77所示。

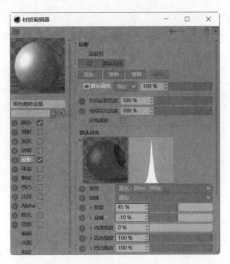

图 11-75

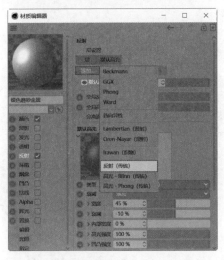

图 11-76

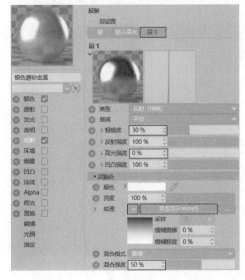

图 11-77

步骤 04 将【层】中的【默认高光】和【层1】调整顺序，如图11-78所示。

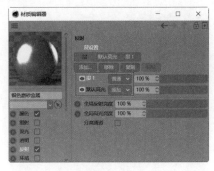

图 11-78

Part 03 黑色塑料材质

步骤 01 执行【创建】|【新的默认材质】命令，新建一个材质球，命名为【黑色塑料】。选中【颜色】复选框，设置【颜色】为黑色，如图11-79所示。

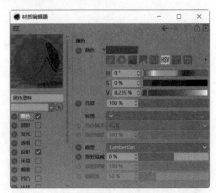

图 11-79

步骤 02 选中【反射】复选框，设置【宽度】为49%，【衰减】为-21%，【高光强度】为71%，如图11-80所示。

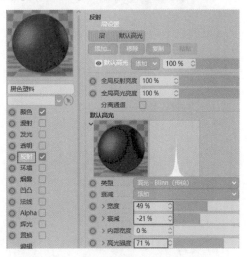

图 11-80

步骤 03 单击【添加】按钮，添加【反射（传统）】，如图11-81所示。

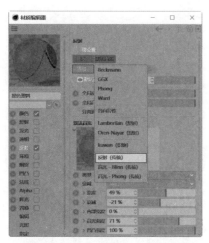

图 11-81

步骤 04 单击新增的【层1】按钮，设置【粗糙度】为5%，【高光强度】为0%，【亮度】为0%，【混合强度】为25%；单击【纹理】后方的 ✓ 图标，加载【菲涅耳（Fresnel）】，如图11-82所示。

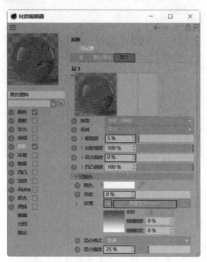

图 11-82

步骤 05 将【层】中的【默认高光】和【层1】调整顺序，如图11-83所示。

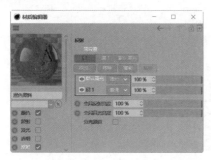

图 11-83

步骤 06 材质设置完成，将该材质球拖曳到相应的模型上，即可赋予模型材质，如图11-84所示。

步骤 07 将剩余材质制作完成，如图11-85所示。

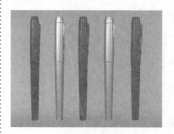 

图 11-84　　　　　　　　　　图 11-85

实例：使用【反射】制作金色金属材质

扫一扫，看视频

案例路径：Chapter11　材质与贴图→实例：使用【反射】制作金色金属材质

本实例使用【反射】属性制作金色金属材质，如图11-86所示。

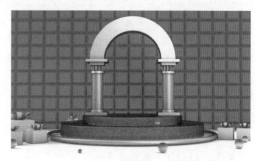

图 11-86

步骤 01 打开本书场景文件【场景文件.c4d】，如图11-87所示。

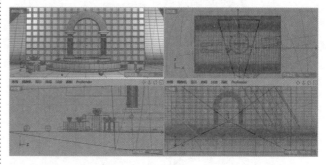

图 11-87

步骤 02 执行【创建】|【新的默认材质】命令，新建一个材质球，命名为【金材质】。选中【颜色】复选框，设置【颜色】为金色，【混合模式】为【添加】；单击【纹理】后方的 ✓ 图标，加载【菲涅耳（Fresnel）】，并设置颜色为深黄色和黄色，如图11-88所示。

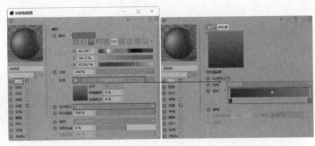

图 11-88

步骤 03 选中【反射】复选框，设置【宽度】为54%，【衰减】为-18%，【内部宽度】为4%，【高光强度】为100%，【颜色】为浅黄色，【亮度】为200%，如图11-89所示。

步骤 04 单击【添加】按钮，添加【反射（传统）】，如图11-90所示。

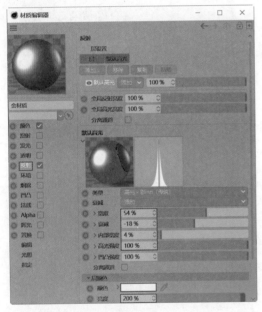

图 11-89

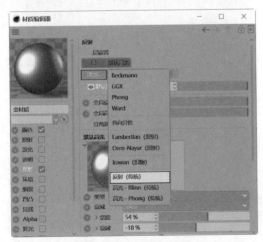

图 11-90

步骤 05 单击新增的【层1】按钮，设置【衰减】为【添加】，【粗糙度】为25%，【高光强度】为0%，【颜色】为浅黄色，【亮度】为70%，【混合模式】为【添加】；单击【纹理】后方的 图标，加载【菲涅耳（Fresnel）】，单击进入【菲涅耳（Fresnel）】界面，选中【物理】复选框，设置【折射率（IOR）】为2.1，如图11-91所示。

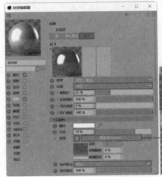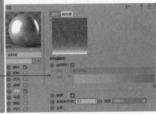

图 11-91

步骤 06 选中【漫射】复选框，并单击【漫射】，选中【影响反射】复选框，设置【混合模式】为【正片叠底】；单击【纹理】后方的 图标，加载【菲涅耳（Fresnel）】，单击进入【菲涅耳（Fresnel）】界面，设置颜色为深黄色和黄色，如图11-92所示。

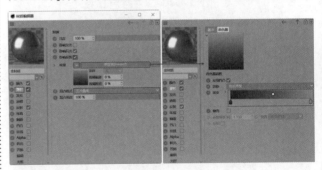

图 11-92

步骤 07 将【层】中的【默认高光】和层1调整顺序，如图11-93所示。

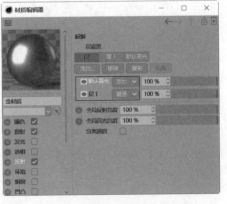

图 11-93

步骤 08 材质设置完成，将该材质球拖曳到相应的模型上，即可赋予模型材质，如图11-94所示。

步骤 09 将剩余材质制作完成，如图11-95所示。

图 11-94　　　　　　　　图 11-95

实例：使用【反射】制作皮革材质

扫一扫，看视频

案例路径：Chapter11　材质与贴图→实例：使用【反射】制作皮革材质

本实例使用【反射】属性制作皮革材质，并修改【凹凸】属性制作真实皮革纹理，如图11-96所示。

图 11-96

步骤 01 打开本书场景文件【场景文件.c4d】，如图11-97所示。

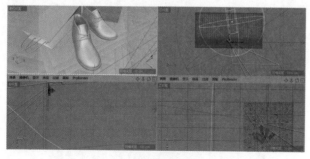

图 11-97

步骤 02 执行【创建】|【新的默认材质】命令，新建一个材质球，命名为【皮革材质】。双击该材质球，弹出【材质编辑器】对话框，修改参数。选中【颜色】复选框，单击【纹理】后方的 ∨ 图标，选择【加载图像】，添加本书场景文件中的位图贴图【leather_31.jpg】，如图11-98所示。

步骤 03 选中【反射】复选框，设置【宽度】为25%，【衰减】为-10%，【内部宽度】为0%，如图11-99所示。

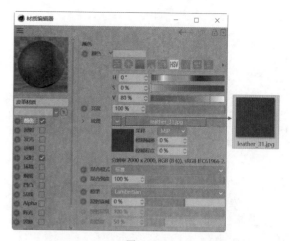

图 11-98

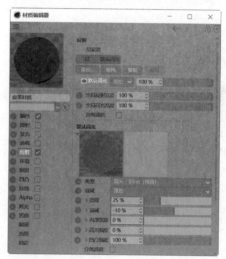

图 11-99

步骤 04 选中【反射】复选框，单击【添加】按钮，加载【反射（传统）】，如图11-100所示。

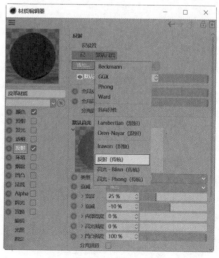

图 11-100

中文版Cinema 4D R21从入门到精通（微课视频　全彩版）

步骤 05 单击新增的【层1】按钮，设置【粗糙度】为15%，【高光强度】为0%，【亮度】为0%；单击纹理后方的 ✓ 图标，添加【菲涅耳（Fresnel）】，设置【混合强度】为25%，如图11-101所示。

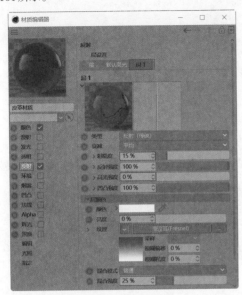

图 11-101

步骤 06 选中【凹凸】复选框，并单击【凹凸】，设置【强度】为200%；单击纹理后方的 ✓ 图标，选择【加载图像】，添加本书场景文件中的位图贴图【leather_31.jpg】，如图11-102所示。

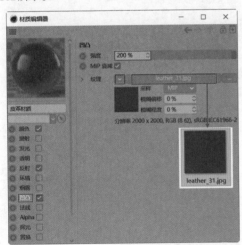

图 11-102

步骤 07 材质设置完成，将该材质球拖曳到鞋子模型上，即可赋予模型材质，但是发现皮革纹理稍微有些大，如图11-103所示。

步骤 08 单击【对象/场次/内容浏览器】中对象【皮鞋】后方的【材质标签】■按钮，设置【平铺U】为0.6，【平铺V】为0.6，如图11-104所示。

图 11-103

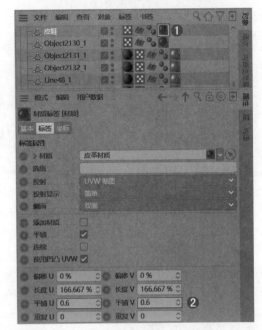

图 11-104

步骤 09 此时的皮革贴图纹理更细致了，如图11-105所示。

步骤 10 将剩余材质制作完成，如图11-106所示。

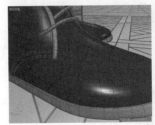

图 11-105

图 11-106

实例：使用【反射】制作彩色渐变化妆品材质

案例路径：Chapter11 材质与贴图→实例：使用【反射】制作彩色渐变化妆品材质

本实例使用【反射】属性制作彩色渐变化妆品材质，如图11-107所示。

扫一扫，看视频

图 11-107

步骤 01 打开本书场景文件【场景文件.c4d】，如图11-108所示。

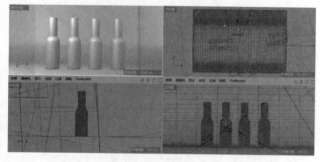

图 11-108

步骤 02 执行【创建】|【新的默认材质】命令，新建一个材质球，命名为【彩色渐变化妆品】。选中【颜色】复选框，单击【纹理】后方的 ✓ 图标，加载【过滤】，单击进入【过滤】界面，并单击【纹理】后方的 ✓ 图标，加载【渐变】，设置3种渐变颜色，设置【类型】为【二维-V】，如图11-109所示。

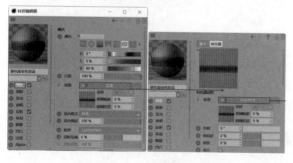

（a）

（b）

图 11-109

步骤 03 选中【反射】复选框，设置【类型】为【高光-Phong（传统）】，设置【高光强度】为34%；单击【纹理】后方的 ✓ 图标，加载【过滤】，单击进入【过滤】界面，单击【纹理】后方的 ✓ 图标，加载【颜色】，如图11-110所示。

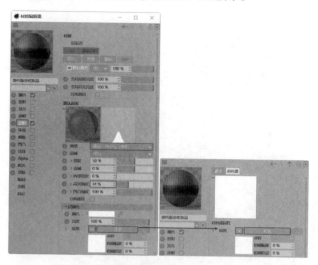

图 11-110

步骤 04 单击【添加】按钮，添加【反射（传统）】，如图11-111所示。

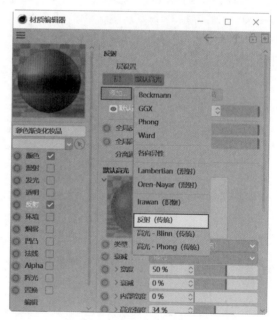

图 11-111

步骤 05 单击新增的【层1】按钮，设置【粗糙度】为0%，【高光强度】为0%，【亮度】为3%；单击【纹理】后方的 ✓ 图标，加载【过滤】，单击进入【过滤】界面，单击【纹理】后方的 ✓ 图标，加载【菲涅耳（Fresnel）】。最后设置【混合强度】为28%，如图11-112所示。

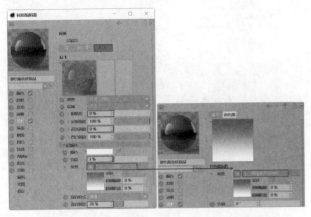

图 11-112

步骤 06 将【层】中的【默认高光】和【层1】调整顺序，如图 11-113 所示。

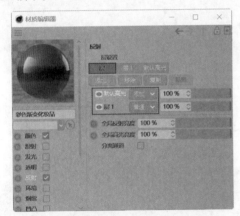

图 11-113

步骤 07 选中【发光】复选框，单击【发光】，单击【纹理】后方的 图标，加载【过滤】，单击进入【过滤】界面，单击【纹理】后方的 图标，加载【渐变】，设置3种渐变颜色，设置【类型】为【二维-V】，如图 11-114 所示。

步骤 08 材质设置完成，将该材质球拖曳到相应的模型上，即可赋予模型材质，如图 11-115 所示。

步骤 09 将剩余材质制作完成，如图 11-116 所示。

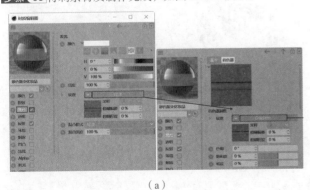

（a）

图 11-114

（b）

图 11-114（续）

图 11-115   图 11-116

实例：使用【反射】【透明】制作玻璃、浅黄色香水、花朵材质

案例路径:Chapter11 材质与贴图→实例:使用【反射】【透明】制作玻璃、浅黄色香水、花朵材质

扫一扫，看视频

本实例使用【反射】属性和【透明】属性制作玻璃、浅黄色香水、花朵材质，如图 11-117 所示。

图 11-117

打开本书场景文件【场景文件.c4d】，如图 11-118 所示。

图 11-118

Part 01 玻璃材质

步骤 01 执行【创建】|【新的默认材质】命令，新建一个材质球，命名为【玻璃】。双击该材质球，弹出【材质编辑器】对话框，修改参数。选中【颜色】复选框，设置【颜色】为灰色，如图 11-119 所示。

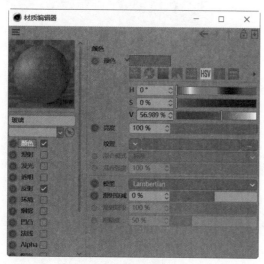

图 11-119

步骤 02 选中【反射】复选框，设置【宽度】为25%，【衰减】为-11%，【高光强度】为100%，如图 11-120 所示。

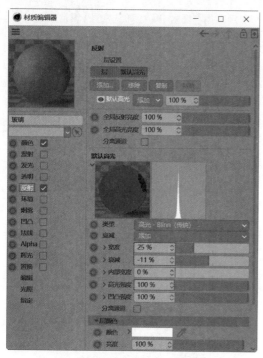

图 11-120

步骤 03 单击【添加】按钮，加载【反射（传统）】，如图 11-121 所示。

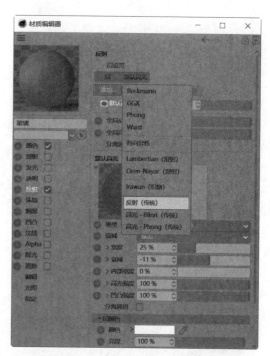

图 11-121

步骤 04 单击新增的【层1】按钮，设置【粗糙度】为0%，【高光强度】为0%，【亮度】为0%；单击纹理后方的 图标，加载【菲涅耳（Fresnel）】，如图 11-122 所示。

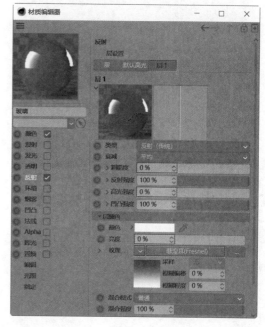

图 11-122

步骤 05 选中【透明】复选框，并单击【透明】，设置【折射率】为1.6，如图 11-123 所示。

步骤 06 单击【透明度】按钮，设置【类型】为【反射（传统）】，【粗糙度】为0%，如图 11-124 所示。

中文版Cinema 4D R21从入门到精通（微课视频 全彩版）

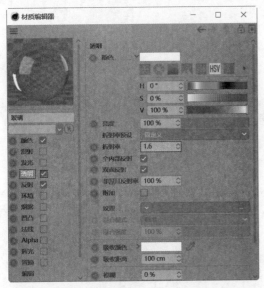

图 11-123

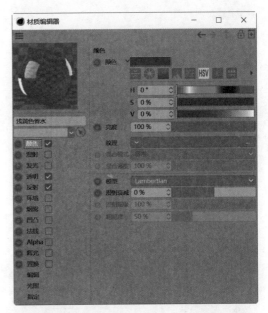

图 11-126

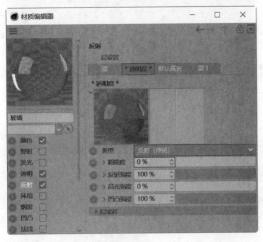

图 11-124

Part 02　浅黄色香水材质

步骤 01 复制【玻璃】材质球。选中【玻璃】材质球，按 Ctrl+C组合键复制、Ctrl+V组合键粘贴。双击底部文字，修改名称为【浅黄色香水】，如图11-125所示。

图 11-125

步骤 02 双击进入【浅黄色香水】材质，修改参数。设置【颜色】为【黑色】，如图11-126所示。

步骤 03 选中【透明】复选框，设置【颜色】为浅黄色，如图11-127所示。

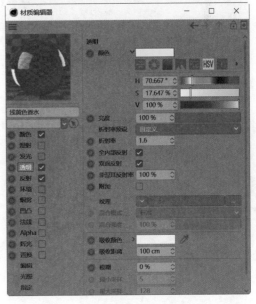

图 11-127

Part 03　花朵材质

步骤 01 执行【创建】|【新的默认材质】命令，新建一个材质球，命名为【花朵】。双击该材质球，弹出【材质编辑器】对话框，修改参数。选中【颜色】复选框，单击【纹理】后方的 图标，选择【加载图像】，添加本书场景文件中的位图贴图【花.jpg】，如图11-128所示。

步骤 02 选中【反射】复选框，设置【默认高光】为10%，【宽度】为26%，【衰减】为-27%，【内部宽度】为24%，【高光强度】为100%，如图11-129所示。

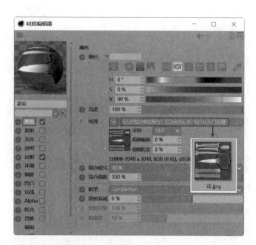

图 11-128

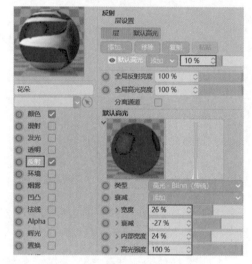

图 11-129

步骤 03 单击【添加】按钮，加载【反射(传统)】，如图11-130所示。

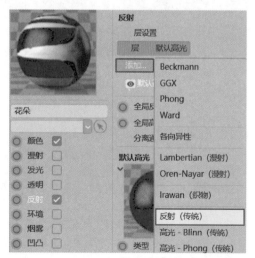

图 11-130

步骤 04 单击新增的【层1】按钮，设置【粗糙度】为4%，【高光强度】为0，【亮度】为0%，【混合强度】为38%，【数量】为10%，单击【纹理】后方的 ∨ 图标，加载【菲涅耳(Fresnel)】，单击进入【菲涅耳(Fresnel)】界面，选中【物理】复选框，如图11-131所示。

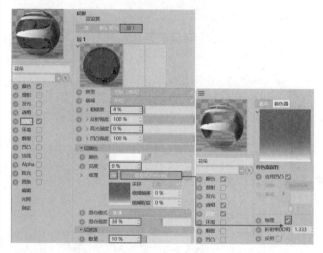

图 11-131

步骤 05 选中【透明】复选框，并单击【透明】，设置【折射率】为1，单击【纹理】后方的 ∨ 图标，选择【加载图像】，添加本书场景文件中的位图贴图【花-黑白.jpg】，如图11-132所示。

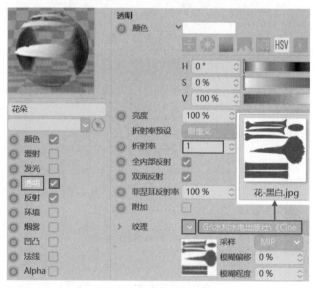

图 11-132

步骤 06 单击【透明度】按钮，设置【类型】为【反射(传统)】，【粗糙度】为4%，如图11-133所示。

步骤 07 材质设置完成，将该材质球拖曳到相应的模型上，即可赋予模型材质。

步骤 08 将剩余材质制作完成，如图11-134所示。

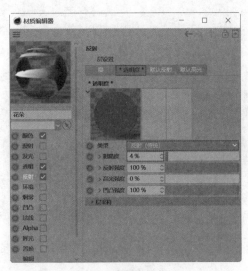

图 11-133

图 11-134

11.4 认识贴图

本节将讲解贴图的基本知识，包括贴图概念、添加贴图等。图 11-135 ～ 图 11-138 所示为 2 组场景设置贴图之前和之后的对比渲染效果。

扫一扫，看视频

图 11-135

图 11-136

图 11-137

图 11-138

11.4.1 贴图概述

贴图是指材质表面的纹理样式，在不同属性（如漫反射、反射、折射、凹凸等）上加载贴图会产生不同的质感，如墙面上的壁纸纹理样式、波涛汹涌水面的凹凸纹理样式、破旧金属的不规则反射样式，如图 11-139 所示。

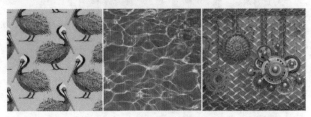

（a）壁纸　　　　（b）水波纹　　　　（c）旧金属

图 11-139

11.4.2 添加贴图

单击【纹理】后方的 ∨ 按钮，即可添加贴图，如图 11-140 所示。

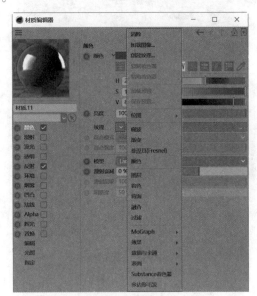

图 11-140

11.5 位图贴图

位图是贴图中使用较多的类型之一，可以简单理解为添加一张图片。

[重点]11.5.1 使用位图贴图

（1）选中【颜色】复选框，单击【纹理】后方的 …… 图标，加载贴图，如图 11-141 所示。

（2）加载贴图之后的效果如图11-142所示。

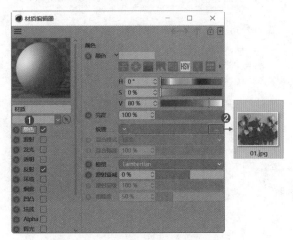

图 11-141

图 11-142

（3）除此之外，还可以选中【颜色】复选框，单击【纹理】后方的 ✓ 图标，选择【加载图像】，添加贴图，如图11-143所示。

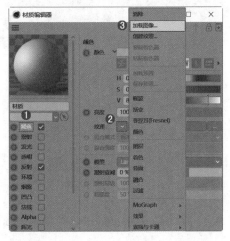

图 11-143

提示：在不同的属性中添加同一种贴图，产生的效果是不同的

在【颜色】的【纹理】中加载位图贴图，场景中可以看到模型的外观贴图产生了变化，如图11-144所示。

图 11-144

在【凹凸】的【纹理】中加载位图贴图，场景中可以看到模型产生了凹凸纹理起伏，如图11-145所示。

图 11-145

实例：使用位图贴图制作猕猴桃

扫一扫，看视频

案例路径：Chapter11 材质与贴图→实例：使用位图贴图制作猕猴桃

本实例在材质的【颜色】中添加位图贴图制作猕猴桃，如图11-146所示。

图 11-146

步骤 01 打开本书场景文件【场景文件.c4d】，如图11-147所示。

步骤 02 执行【创建】|【新的默认材质】命令，新建一个材质球，命名为【猕猴桃】。

图 11-147

步骤 03 双击该材质球，弹出【材质编辑器】对话框，修改参数。选中【颜色】复选框，单击【纹理】后方的 ⌄ 图标，选择【加载图像】，添加本书场景文件中的位图贴图【猕猴桃1.jpg】，如图 11-148 所示。

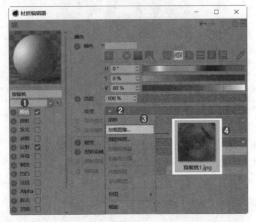

图 11-148

步骤 04 选中【反射】复选框，单击【纹理】后方的 ⌄ 图标，选择【加载图像】，添加本书场景文件中的位图贴图【猕猴桃2.jpg】，如图 11-149 所示。

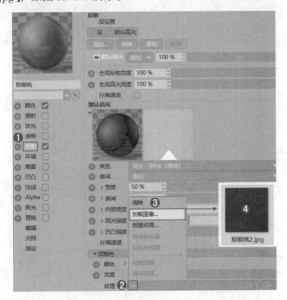

图 11-149

步骤 05 选中【凹凸】复选框，单击【纹理】后方的 ⌄ 图标，选择【加载图像】，添加本书场景文件中的位图贴图【猕猴桃3.jpg】，如图 11-150 所示。

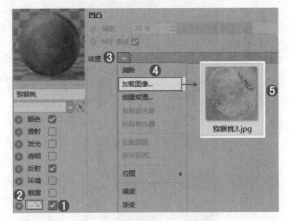

图 11-150

步骤 06 设置【凹凸】强度为150%，如图 11-151 所示。

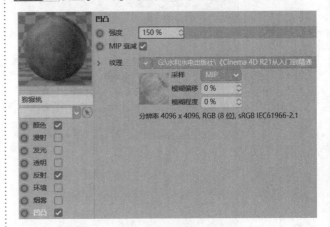

图 11-151

步骤 07 材质设置完成，将该材质球拖曳到猕猴桃模型上，即可赋予模型材质，如图 11-152 所示。

步骤 08 将剩余材质制作完成，如图 11-153 所示。

图 11-152

图 11-153

【重点】11.5.2 材质标签

将制作好的材质赋予模型后，可以看到当前的材质贴图显示效果，如图 11-154 所示。

图 11-154

单击【对象/场次/内容浏览器】中对象后方的【材质标签】■按钮,此时能切换出【材质标签】中的参数,如图 11-155 所示。

图 11-155

重点参数:

● 投射:设置贴图显示的方式,包括UVW贴图、球体、平直、立方体、前沿、空间、收缩包裹、摄像机贴图。不同的方式会显示不同的贴图效果,如图 11-156 所示。

(a)球体　　　　(b)平直

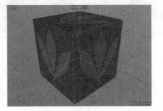

(c)立方体

图 11-156

● 投射显示:设置投射的显示方式,包括简单、网格、实体,如图 11-157 所示。

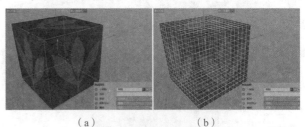

(a)　　　　　　　　(b)

(c)

图 11-157

● 侧面:设置贴图纹理方向,包括双面、正面、背面。
● 平铺:默认选中该复选框,可以设置【重复U】和【重复V】数值。
● 连续:控制贴图在模型上是否使用无缝对接效果。
● 偏移U、偏移V:设置贴图在模型上显示的位置在U(左右)和V(上下)上的偏移。图 11-158 所示为设置【偏移U】为0%和20%的对比效果,图 11-159 所示为设置【偏移V】为0%和30%的对比效果。

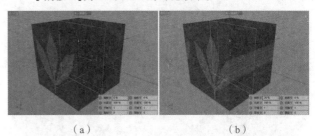

(a)　　　　　　　　(b)

图 11-158

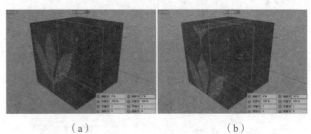

(a)　　　　　　　　(b)

图 11-159

● 长度U、长度V:设置贴图在U和V方向上的拉伸效果。图 11-160 所示为设置【长度U】为50%、100%和150%的对比效果。数值越小贴图重复次数越多;数值越大贴图越放大,显示越不完整。

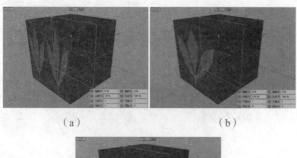

（a）　　　　　　（b）

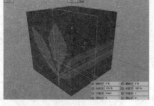

（c）

图 11-160

- 平铺U、平铺V：设置贴图在U和V方向上重复的次数。设置【平铺U】和【平铺V】数值时，相应的【长度U】和【长度V】也会随之变化。也就是说，如果想要更改贴图的重复次数，既可以设置【长度U】和【长度V】数值，也可以设置【平铺U】和【平铺V】数值。

> 提示：如何修改贴图在模型上的位置、缩放、旋转效果
>
> （1）单击【对象/场次/内容浏览器】中对象后方的【材质标签】■按钮，设置合适的投射类型，如【立方体】，如图11-161所示。

图 11-161

（2）激活【纹理】◎按钮，如图11-162所示。

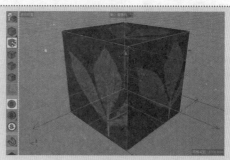

图 11-162

（3）使用【移动】工具✛移动位置，此时可以看到贴图随着移动产生了不同的位置变化，如图11-163所示。

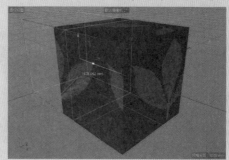

图 11-163

（4）使用【缩放】工具◨适当缩小或放大，此时可以看到贴图在模型显示的重复次数产生了变化，如图11-164所示。

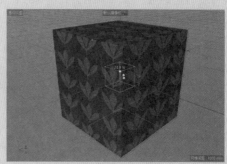

图 11-164

（5）使用【旋转】工具◎适当旋转角度，可以看到贴图在模型上产生了旋转效果，如图11-165所示。

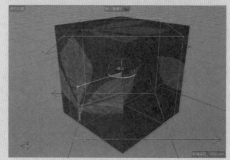

图 11-165

11.6 常用程序贴图

Cinema 4D中的贴图类型很多，其中有几种是比较常用的，如噪波、渐变、菲涅耳（Fresnel）、颜色。

[重点]11.6.1 噪波

噪波可以产生两种颜色交替的波纹效果，其参数如图11-166所示，效果如图11-167所示。

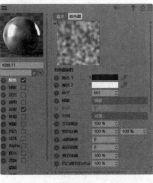

图 11-166

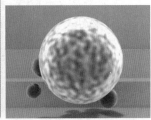

图 11-167

[重点]11.6.2 渐变

渐变可以产生多种颜色按照某种方式渐变的效果，其参数如图11-168所示，效果如图11-169所示。

图 11-168

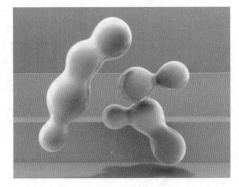

图 11-169

重点参数：

- 渐变：双击下方的滑块可以修改颜色，拖曳滑块可以修改位置，在空白处单击还可以添加滑块，如图11-170所示。

图 11-170

- 类型：设置渐变的类型，如图11-171所示。

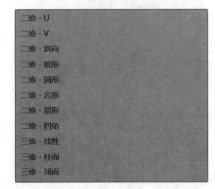

图 11-171

不同的类型产生的渐变效果不同，如图11-172所示。

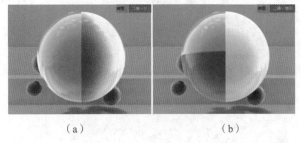

（a） （b）

图 11-172

- 开始：设置渐变开始的位置。图11-173所示为设置不同开始位置的对比效果。

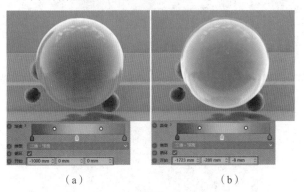

（a） （b）

图 11-173

- 结束：设置渐变结束的位置。
- 半径：设置渐变的半径大小，数值越小，渐变效果产生的重复次数越多。图11-174所示为设置不同半径的对比效果。

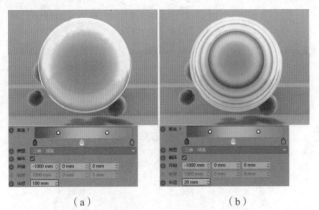

（a） （b）

图 11-174

● 湍流：数值为0%时不会产生混乱感，数值越大，混乱感越强。图11-175所示为设置该数值为0%和10%的对比效果。

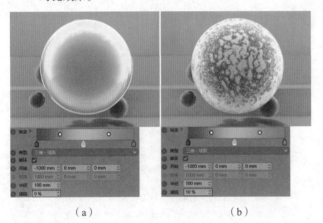

（a） （b）

图 11-175

实例：使用渐变贴图制作彩色棒棒糖

案例路径：Chapter11 材质与贴图→实例：使用渐变贴图制作彩色棒棒糖

本实例使用渐变贴图制作彩色棒棒糖，如图11-176所示。

扫一扫，看视频

图 11-176

步骤 01 打开本书场景文件【场景文件.c4d】，如图11-177所示。

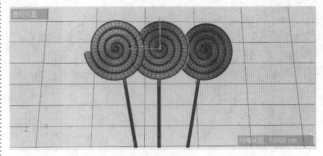

图 11-177

步骤 02 执行【创建】|【新的默认材质】命令，新建一个材质球，命名为【炫彩1】。双击该材质球，弹出【材质编辑器】对话框，修改参数。取消选中【颜色】复选框。选中【发光】复选框，单击【纹理】后方的下拉图标，加载【过滤】，如图11-178所示。

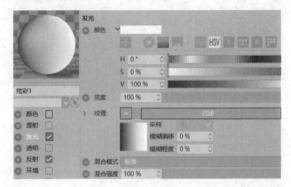

图 11-178

步骤 03 单击进入【过滤】界面，单击【纹理】后方的下拉图标，加载【渐变】；单击进入【渐变】界面，并设置渐变颜色为黄色、橙红色、青绿色，并设置【类型】为【二维-星形】，如图11-179所示。

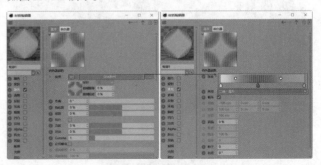

图 11-179

步骤 04 选中【反射】复选框，设置【类型】为【高光-Phong（传统）】，单击【纹理】后方的下拉图标，加载【过滤】；单击进入【过滤】界面，单击【纹理】后方的下拉图标，加载【颜色】，设置为白色，如图11-180所示。

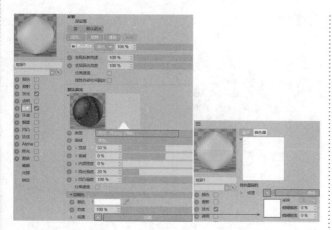

图 11-180

步骤 05 材质设置完成，将该材质球拖曳到左侧棒棒糖上，即可赋予模型材质，如图 11-181 所示。

步骤 06 将剩余材质制作完成，如图 11-182 所示。

图 11-181

图 11-182

重点 11.6.3　菲涅耳(Fresnel)

菲涅耳(Fresnel)可以产生非常舒适的颜色渐变效果。除了在【颜色】中添加制作渐变的色彩变化外，还常在【反射】中添加，制作光滑而柔和的反射过渡效果，如图 11-183 所示。渲染效果如图 11-184 所示。

图 11-183

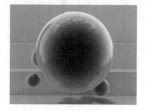

图 11-184

实例：制作烤漆材质

扫一扫，看视频

案例路径：Chapter11　材质与贴图→实例：制作烤漆材质

本实例通过在【颜色】中添加【渐变】、在【反射】中添加【菲涅耳(Fresnel)】制作烤漆材质，如图 11-185 所示。

图 11-185

步骤 01 打开本书场景文件【场景文件.c4d】，如图 11-186 所示。

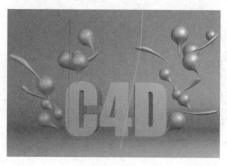

图 11-186

步骤 02 执行【创建】|【新的默认材质】命令，新建一个材质球，命名为【烤漆材质】。选中【颜色】复选框，单击【纹理】后方的 图标，加载【渐变】，单击进入【渐变】界面，设置渐变的颜色为红色和橘黄色，【类型】为【二维-圆形】，如图 11-187 所示。

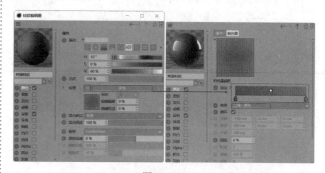

图 11-187

步骤 03 选中【反射】复选框，单击【添加】按钮，加载【反射(传统)】，如图 11-188 所示。

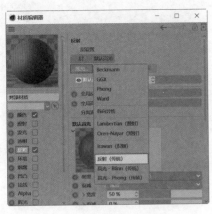

图 11-188

步骤 04 单击新增的【层1】，设置【粗糙度】为0%，【高光强度】为0%，【亮度】为0%，【混合强度】为41%；单击【纹理】后方的 ⌄ 图标，加载【菲涅耳（Fresnel）】，如图 11-189 所示。

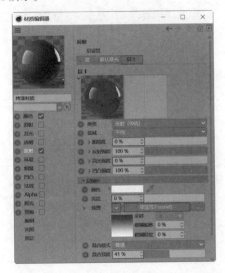

图 11-189

步骤 05 将【层】中的【默认高光】和【层1】调整顺序，如图 11-190 所示。

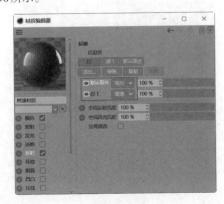

图 11-190

步骤 06 材质设置完成，将该材质球拖曳到相应的模型上，即可赋予模型材质，如图 11-191 所示。

步骤 07 将剩余材质制作完成，如图 11-192 所示。

图 11-191

图 11-192

11.6.4 颜色

颜色可以设置一种单一的颜色，其参数如图 11-193 所示，效果如图 11-194 所示。

图 11-193

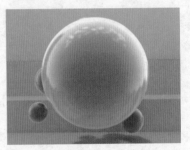

图 11-194

11.7 其他常用程序贴图

除了上面讲解到的4种常用程序贴图之外，Cinema 4D 中还包括几十种贴图方式，如图 11-195 所示。每种贴图方式都有各自对应的参数，参数比较简单。本节中不再重复讲解每个参数的含义，大家可以通过自己动手尝试在修改这些参数时观察材质产生的变化。

11.7.1 图层

在图层贴图中可以添加图像、着色器、效果等，如图 11-196 所示。

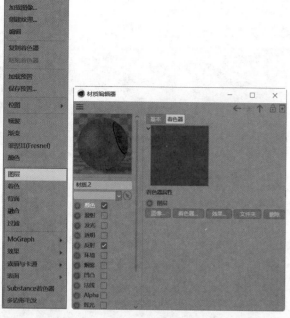

图 11-195　　　　　　　　图 11-196

图 11-198

11.7.2　着色

在着色贴图中可以设置输入、循环、纹理、渐变效果，如图 11-197 所示。

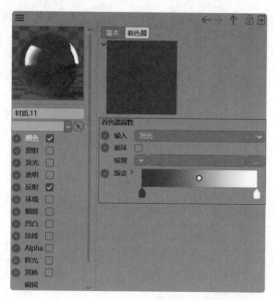

图 11-197

11.7.3　背面

背面贴图可以模拟背面贴图效果，其参数包括纹理、色阶、过滤宽度，如图 11-198 所示。

11.7.4　融合

融合贴图可以制作贴图的融合效果，其参数包括模式、混合、混合通道等，如图 11-199 所示。

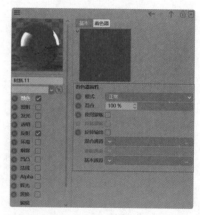

图 11-199

11.7.5　过滤

过滤贴图的参数包括纹理、色调、饱和度、明度等，如图 11-200 所示。

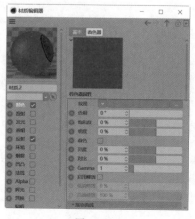

图 11-200

11.7.6 MoGraph

【MoGraph】组中包括4种贴图类型，分别为多重着色器、摄像机着色器、节拍着色器、颜色着色器，如图11-201所示。

图 11-201

11.7.7 效果

【效果】组中包括21种贴图类型，分别为像素化、光谱、变化、各向异性、地形蒙版、扭曲、投射、接近、样条、次表面散射、法线方向、法线生成、波纹、环境吸收、背光、薄膜、衰减、通道光照、镜头失真、顶点贴图、风化，如图11-202所示。

图 11-202

11.7.8 素描与卡通

【素描与卡通】组中包括4种贴图类型，分别为划线、卡通、点状、艺术，如图11-203所示。

图 11-203

11.7.9 表面

【表面】组中包括24种贴图类型，分别为云、光爆、公式、地球、大理石、平铺、星形、星空、星系、显示颜色、木材、棋盘、气旋、水面、火苗、燃烧、砖块、简单噪波、简单湍流、行星、路面铺装、金属、金星、铁锈，如图11-204所示。

图 11-204

重点参数：

- **云**：常用于制作云雾贴图效果。其参数如图11-205所示，渲染效果如图11-206所示。

图 11-205　　　　　　图 11-206

- **光爆**：常用于制作光爆效果。其参数如图11-207所示，渲染效果如图11-208所示。

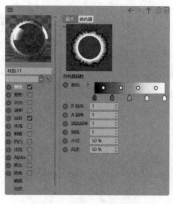 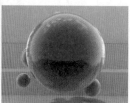

图 11-207　　　　　　图 11-208

- **公式**：设置公式。其参数如图11-209所示。

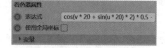

图 11-209

- **地球**：设置地球贴图。其参数如图11-210所示，渲染效果如图11-211所示。

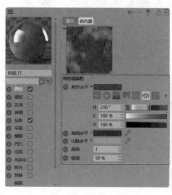 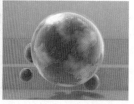

图 11-210　　　　　　图 11-211

- **大理石**：设置大理石纹理贴图、制作大理石地面等。其参数如图11-212所示，渲染效果如图11-213所示。

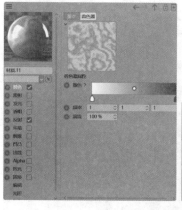 

图 11-212　　　　　　图 11-213

- **平铺**：制作地面瓷砖等具有拼接效果的贴图。其参数如图11-214所示，渲染效果如图11-215所示。

图 11-214　　　　　　图 11-215

- **星形**：设置星形贴图。其参数如图11-216所示，渲染效果如图11-217所示。

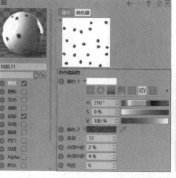 

图 11-216　　　　　　图 11-217

- **星空**：设置深夜中的星空效果。其参数如图11-218所示，渲染效果,如图11-219所示。

中文版Cinema 4D R21从入门到精通（微课视频　全彩版）

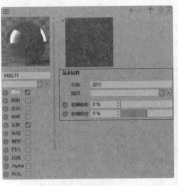
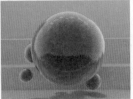

图 11-218 图 11-219

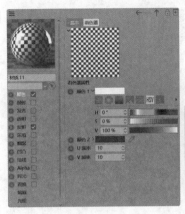

图 11-223 图 11-224

- 星系：设置梦幻星系效果。其参数如图 11-220 所示。

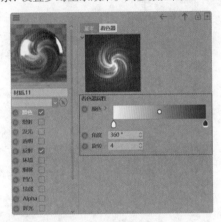

图 11-220

- 木材：设置木材纹理贴图。其参数如图 11-221 所示，
渲染效果如图 11-222 所示。

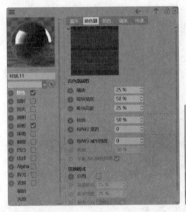
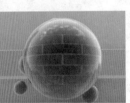

图 11-225 图 11-226

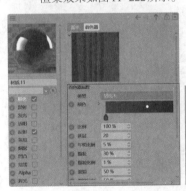
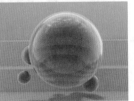

图 11-221 图 11-222

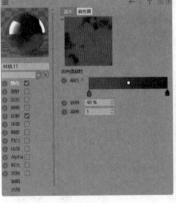
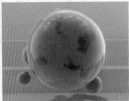

图 11-227 图 11-228

- 棋盘：设置两种颜色相间的棋盘格效果。其参数如图
11-223 所示，渲染效果如图 11-224 所示。
- 砖块：制作砖墙贴图。其参数如图 11-225 所示，渲染
效果如图 11-226 所示。
- 简单噪波：制作噪波纹理。
- 铁锈：设置铁锈贴图纹理。其参数如图 11-227 所示，
渲染效果如图 11-228 所示。

实例：使用大理石贴图制作理石地面

案例路径：Chapter11 材质与贴图→实例：
使用大理石贴图制作理石地面

本实例使用大理石贴图制作理石地面，如
图 11-229 所示。

扫一扫，看视频

图 11-229

步骤 01 打开本书场景文件【场景文件.c4d】，如图 11-230 所示。

图 11-230

步骤 02 执行【创建】|【新的默认材质】命令，新建一个材质球，命名为【地砖】。双击该材质球，弹出【材质编辑器】对话框，修改参数。选中【颜色】复选框，单击【纹理】后方的 ✓ 图标，选择【表面】|【大理石】，并设置颜色为白色和黑色，如图 11-231 所示。

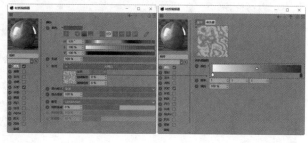

图 11-231

步骤 03 选中【反射】复选框，设置【层颜色】为灰色；单击【添加】按钮，加载【反射（传统）】，如图 11-232 所示。

步骤 04 单击新增的【默认反射】按钮，设置【粗糙度】为 0%，【反射强度】为 150%，【高光强度】为 0%，【亮度】为 0%；单击纹理后方的 ✓ 图标，添加【菲涅耳（Fresnel）】，设置【混合强度】为 32%，如图 11-233 所示。

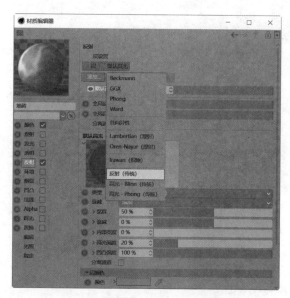

图 11-232

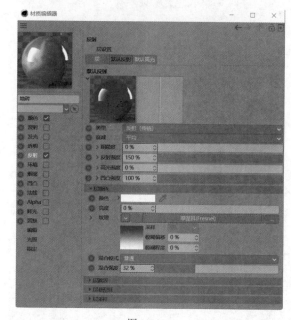

图 11-233

步骤 05 材质设置完成，将该材质球拖曳到地面模型上，即可赋予模型材质，如图 11-234 所示。

步骤 06 将剩余材质制作完成，如图 11-235 所示。

图 11-234　　　　　　　图 11-235

中文版Cinema 4D R21从入门到精通（微课视频 全彩版）

实例：使用铁锈贴图制作艺术陶瓷花瓶

案例路径：Chapter11 材质与贴图→实例：使用铁锈贴图制作艺术陶瓷花瓶

本实例使用铁锈贴图制作艺术陶瓷花瓶，如图11-236所示。

扫一扫，看视频

图 11-236

步骤 01 打开本书场景文件【场景文件.c4d】，如图11-237所示。

图 11-237

步骤 02 执行【创建】|【新的默认材质】命令，新建一个材质球，命名为【花瓶】。双击该材质球，弹出【材质编辑器】对话框，修改参数。选中【颜色】复选框，单击【纹理】后方的▼图标，选择【表面】|【铁锈】，如图11-238所示。

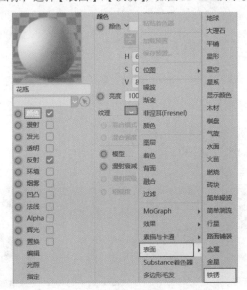

图 11-238

步骤 03 选择【纹理】下方的图案，并修改颜色为青色和黄色，设置【铁锈】为50%，如图11-239所示。

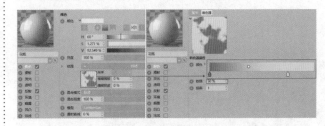

图 11-239

步骤 04 选中【反射】复选框，单击【移除】按钮，如图11-240所示。

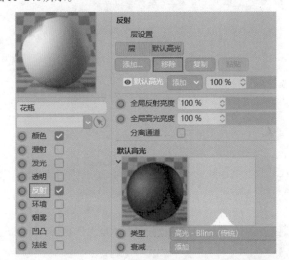

图 11-240

步骤 05 单击【添加】按钮，加载【反射（传统）】，如图11-241所示。

图 11-241

步骤 06 设置【粗糙度】为8%，【反射强度】为150%，【高光强度】为0%，【亮度】为5%；单击【纹理】后方的▼图标，添加【菲涅耳（Fresnel）】，设置【混合强度】为23%，如图11-242所示。

图 11-242

<u>步骤</u> 07 材质设置完成，将该材质球拖曳到花瓶模型上，即可赋予模型材质，如图11-243所示。

<u>步骤</u> 08 将剩余材质制作完成，如图11-244所示。

图 11-243

图 11-244

11.8 其他材质属性

除了前面章节学习到的【颜色】【漫射】【发光】【透明】【反射】属性之外，Cinema 4D中还包括很多材质属性，包括【环境】【烟雾】【凹凸】【法线】【Alpha】【辉光】【置换】属性。

11.8.1 【环境】属性

【环境】属性用于设置材质的环境效果，使具有反射的材质看起来像是处于某种环境中，材质的表面会反射出贴图的效果。其参数如图11-245所示。

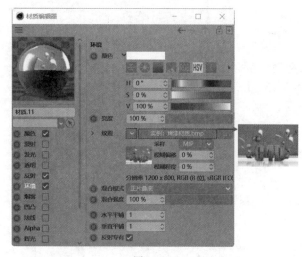

图 11-245

重点参数：

● 纹理：单击后方的 ✔ 按钮即可添加贴图，添加之后材质的表面会反射出该贴图的效果。图11-246所示为未添加贴图和添加贴图的对比效果。

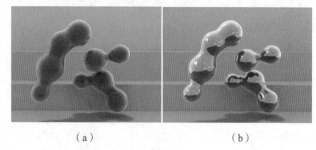

（a）　　　　　　　（b）

图 11-246

● 水平平铺：数值越大，水平方向的贴图重复次数越多。

● 垂直平铺：数值越大，垂直方向的贴图重复次数越多。

11.8.2 【烟雾】属性

【烟雾】属性可使材质看起来像是烟雾的半透明效果，其参数如图11-247所示，渲染效果如图11-248所示。

图 11-247

图 11-248

【凹凸】属性用于设置材质产生凹凸起伏的纹理，其参数如图11-249所示，渲染效果如图11-250所示。

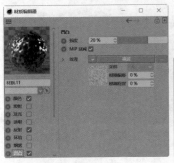 

图 11-249   图 11-250

重点参数：

- 强度：设置凹凸起伏的强烈程度。
- 纹理：单击后方的【∨】按钮即可添加贴图，添加之后材质的表面会出现凹凸起伏的效果。图11-251所示为未添加贴图和添加贴图的对比效果。

（a）   （b）

图 11-251

实例：使用凹凸贴图制作墙体

案例路径:Chapter11 材质与贴图→实例：使用凹凸贴图制作墙体

本实例设置【凹凸】属性，为其添加贴图制作墙体的凹凸纹理效果，如图11-252所示。

扫一扫，看视频

图 11-252

步骤 01 打开本书场景文件【场景文件.c4d】，如图11-253所示。

图 11-253

步骤 02 执行【创建】|【新的默认材质】命令，新建一个材质球，命名为【墙】。双击该材质球，弹出【材质编辑器】对话框，修改参数。取消选中【反射】复选框，选中【颜色】复选框，并设置【颜色】为浅灰色，如图11-254所示。

图 11-254

步骤 03 选中【凹凸】复选框，设置【强度】为400%；单击纹理后方的【∨】图标，选择【加载图像】，添加配套位图贴图【墙-黑白.jpg】，如图11-255所示。

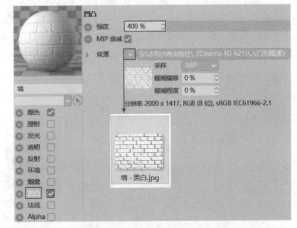

图 11-255

步骤 04 材质设置完成，将该材质球拖曳到墙面模型上，即可赋予模型材质，但是此时砖墙贴图并不合适，如

图11-256所示。

步骤 05 单击【对象/场次/内容浏览器】中对象【墙】后方的【材质标签】 按钮，设置【平铺U】为2.6，【平铺V】为1.2，如图11-257所示。

图11-256　　　　　　　　图11-257

步骤 06 此时的墙贴图即显示正确，如图11-258所示。

步骤 07 将剩余材质制作完成，如图11-259所示。

图11-258　　　　　　　　图11-259

11.8.4　【法线】属性

　　【法线】属性用于设置材质的法线贴图。【法线】与【凹凸】类似但又不同，它们都可以产生凹凸起伏效果，但是【法线】属性会更真实一些，常用于模拟更具逼真的纹理，如草地起伏、毛巾起伏、山脉起伏等。其参数如图11-260所示。

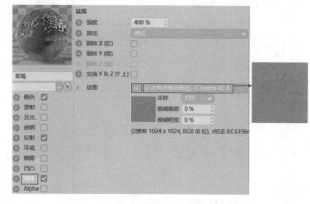

图11-260

重点参数：

● 强度：设置起伏强度，数值越大纹理起伏感越强。图11-261所示为设置【强度】为50%和500%的对比效果。

（a）　　　　　　　　　　（b）

图11-261

● 纹理：单击后方的 按钮即可添加贴图，添加之后材质的表面会出现起伏的效果。图11-262所示为未添加贴图和添加贴图的对比效果。

（a）　　　　　　　　　　（b）

图11-262

实例：使用【法线】制作草莓材质

案例路径：Chapter11　材质与贴图→实例：使用【法线】制作草莓材质

本实例在【法线】属性中加载法线贴图，制作非常逼真的草莓凹凸起伏的纹理质感，如图11-263所示。

扫一扫，看视频

图11-263

步骤 01 打开本书场景文件【场景文件.c4d】，如图11-264所示。

中文版Cinema 4D R21从入门到精通（微课视频 全彩版）

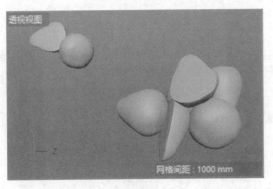

图 11-264

步骤 02 执行【创建】|【新的默认材质】命令，新建一个材质球，命名为【草莓】。双击该材质球，弹出【材质编辑器】对话框，修改参数。选中【颜色】复选框，单击【纹理】后方的 ⌄ 图标，选择【加载图像】，添加本书场景文件中的位图贴图【草莓.jpg】，如图 11-265 所示。

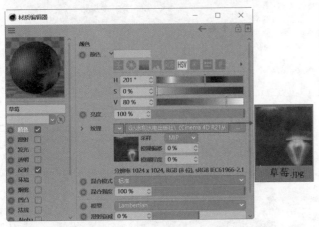

图 11-265

步骤 03 设置【全局反射亮度】为 60%，如图 11-266 所示。

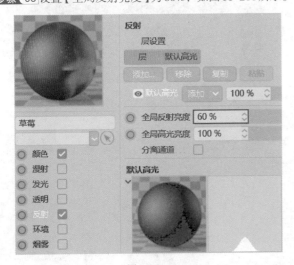

图 11-266

步骤 04 单击【添加】按钮，添加【反射（传统）】，如图 11-267 所示。

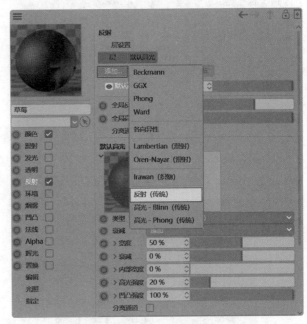

图 11-267

步骤 05 单击新增的【层1】，设置【衰减】为【添加】；单击【纹理】后方的 ⌄ 图标，加载【菲涅耳（Fresnel）】，如图 11-268 所示。

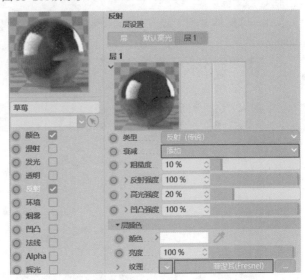

图 11-268

步骤 06 选中【法线】复选框，设置【强度】为 400%；单击【纹理】后方的 ⌄ 图标，选择【加载图像】，添加本书场景文件中的位图贴图【草莓法线贴图.jpg】，如图 11-269 所示。

步骤 07 材质设置完成，将该材质球拖曳到草莓模型上，即可赋予模型材质。

步骤 08 将剩余材质制作完成，如图 11-270 所示。

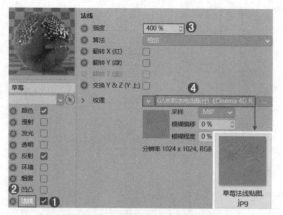

图 11-269

图 11-270

11.8.5 【Alpha】属性

【Alpha】属性常用于设置Alpha的颜色、反相、图像Alpha等，如图11-271所示。

图 11-271

11.8.6 【辉光】属性

【辉光】属性常用于制作材质的辉光效果，其参数如图11-272所示。

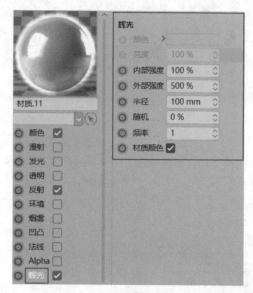

图 11-272

11.8.7 【置换】属性

【置换】属性常用于制作材质的置换效果，其参数如图11-273所示。

图 11-273

扫一扫，看视频

运动图形

本章内容简介

本章主要内容包括运动图形的基本概念、运动图形中效果器的类型及使用方法、运动图形工具的类型及使用方法等。

重点知识掌握

- 效果器的应用
- 运动图形的应用

通过本章学习，我能做什么？

通过本章的学习，我们可以了解多种效果器和运动图形工具的使用方法，并且可以制作很多特殊模型效果及动画效果。

佳作欣赏

12.1 认识运动图形

运动图形是Cinema 4D中极具特色的部分，很多三维软件没有这些功能，不同的运动图形类型可以制作不同的特殊效果。运动图形的类型如图12-1所示。

图 12-1

12.2 效果器

Cinema 4D中包括16种效果器，每种类型可以制作不同的特殊效果。

12.2.1 简易

简易效果器用于简单控制克隆物体的位置、缩放和旋转，其参数如图12-2所示。

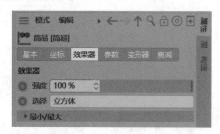

图 12-2

12.2.2 延迟

延迟效果器可以使克隆物体在动画中出现延迟效果，使动画效果更好更稳定，其参数如图12-3所示。

图 12-3

12.2.3 公式

公式效果器可以通过数学公式使物体产生一定规律的运动，其参数如图12-4所示。

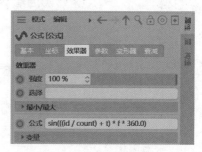

图 12-4

12.2.4 继承

继承效果器可以使一个物体模仿另一个物体发生的动画效果，也可以使一个克隆物体变成另一个克隆物体，其参数如图12-5所示。

图 12-5

12.2.5 推散

推散效果器可以使克隆物体在动画中出现向四周发散的效

中文版Cinema 4D R21从入门到精通（微课视频 全彩版）

果，可以设置推散的方向和推散半径，其参数如图12-6所示。

图 12-6

12.2.6 Python

Python效果器可以使用Python语言，其参数如图12-7所示。

图 12-7

12.2.7 随机

随机效果器可以使克隆模型在运动过程中呈现出随机效果，其参数如图12-8所示。

图 12-8

12.2.8 重置效果器

重置效果器可以将克隆物体中的效果器全部清除，其参数如图12-9所示。

图 12-9

12.2.9 着色

贴图的白色区域对着色效果器起作用，而黑色区域对着色效果器不起作用，其参数如图12-10所示。

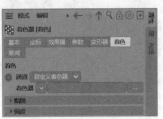

图 12-10

12.2.10 声音

声音效果器的【效果器】选项卡，比其他效果器多了一个【声音】选项卡。将Cinema 4D中可以识别的音频文件添加到音轨中，单击播放键，会看到克隆物体随着音频变化进行运动。其参数如图12-11所示。

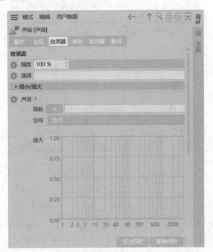

图 12-11

12.2.11　样条

样条效果器可以使模型沿着样条分布。

（1）将创建的模型拖曳到【克隆】下方，设置合适的模式和数量，如图12-12所示。

（2）创建运动图形【样条】，并绘制一个样条。将绘制的样条拖曳至【样条】后方，如图12-13所示。

图 12-12

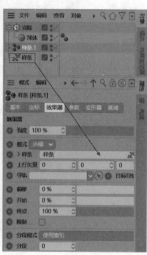

图 12-13

（3）此时模型沿着样条进行分布，如图12-14所示。

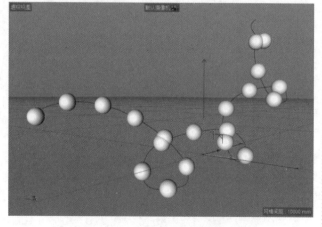

图 12-14

12.2.12　步幅

步幅效果器可以以步幅模式进行设置位置、旋转、缩放的动画效果，如图12-15和图12-16所示。

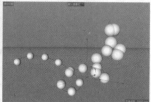

图 12-15　　　　　　　　图 12-16

12.2.13　目标

目标效果器可以使克隆对象产生目标对象的效果，其参数如图12-17所示。

图 12-17

12.2.14　时间

时间效果器不用设置关键帧，就可以对动画进行位置、缩放和旋转变换。时间效果器的属性参数面板与简易效果器大致相同，如图12-18所示。

图 12-18

中文版Cinema 4D R21从入门到精通（微课视频 全彩版）

12.2.15 体积

将几何对象拖曳到体积对象后面的通道上，可以设置为体积效果器的目标对象，影响克隆物体的形状，如图12-19所示。

图 12-19

12.2.16 群组

群组效果器没有太多的效果，而是将多个效果器进行捆绑，可以对效果器的强度进行统一设置，省去了一个一个地进行调节的时间，如图12-20所示。

图 12-20

12.3 运动图形工具

运动图形中除了效果器外，还包括十多种运动图形工具。

扫一扫，看视频

【重点】12.3.1 克隆

克隆可以将模型进行复制，复制方式包括对象、线性、放射、网格排列、蜂窝阵列。将模型拖曳至【克隆】下方即可完成克隆，如图12-21所示。

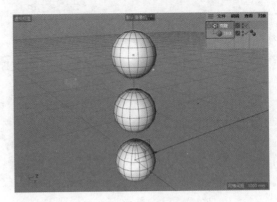

图 12-21

重点参数：

- 模式：设置克隆模式，包括对象、线性、放射、网格排列、蜂窝阵列。
- 对象模式：创建样条，并将样条拖曳至【对象】中，即可使模型沿着样条分布，如图12-22所示。此时效果如图12-23所示。

 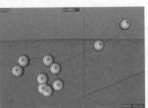

图 12-22　　　　　　　　图 12-23

- 线性模式：模型会沿直线进行克隆，如图12-24所示。
- 放射模式：可以使模型产生放射克隆复制的效果，如图12-25所示。

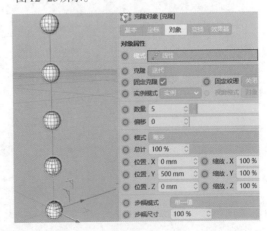

图 12-24

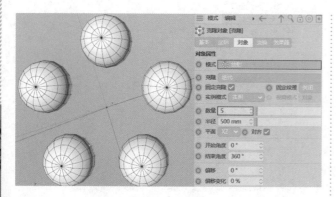

图 12-25

- 网格排列模式：可以使模型产生3个轴向的网格克隆复制，如图12-26所示。

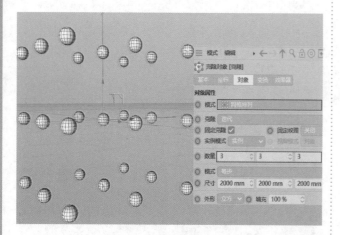

图 12-26

- 蜂窝阵列模式：可以使模型产生类似蜂窝的克隆复制，如图12-27所示。

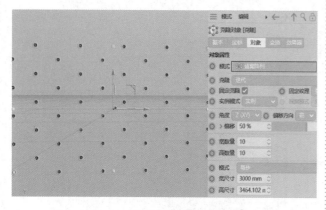

图 12-27

1. 对象模式

图12-28所示为设置【模式】为【对象】时的参数。

图 12-28

- 对象：将样条线拖曳到对象中，这时将沿着样条线进行克隆。
- 排列克隆：选中该复选框，克隆的物体会随着样条线的路径进行一定旋转。
- 导轨：设置克隆物体的导轨。
- 分布：设置克隆物体的分布方式,分为数量、步幅、平均、顶点和轴心5种方式。
    - ◆ 数量：设置克隆物体的数量。
    - ◆ 步幅：设置固定的距离，在样条线上进行平均排列。
    - ◆ 平均：将克隆物体按照克隆的数量进行平均排列。
    - ◆ 顶点：克隆物体只出现在样条线的顶点上。
    - ◆ 轴心：克隆物体在样条线的轴心上。
- 每段：选中该复选框后，会改变克隆物体之间的间隔。
- 偏移/偏移变化：设置克隆物体的偏移及偏移的变化比例。
- 开始/结束：设置克隆物体的开始与结束位置。
- 循环：选中该复选框后，克隆物体出现循环效果。

2. 线性模式

图12-29所示为设置【模式】为【线性】时的参数。
- 数量：设置克隆物体的数量。
- 偏移：设置克隆物体的偏移数值。

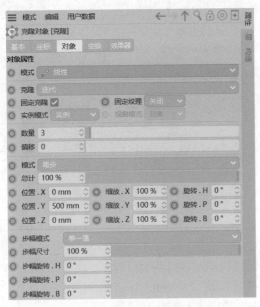

图 12-29

- 模式：设置克隆物体的距离，分为每步和终点2种方式，默认为每步。
  - ◆每步：克隆的每个物体间的距离。
  - ◆终点：克隆物体的第一个与最后一个之间的距离已经固定，只在该范围内进行克隆。
- 总计：设置当前数值的百分比。
- 位置.X/.Y/.Z：设置克隆物体不同轴向上物体之间的间距。数值越大，克隆物体之间的间隔越大。
- 缩放.X/.Y/.Z：设置克隆物体的缩放效果。根据不同轴向上的缩放比例，可以使克隆物体呈现出递进或递减的效果。当3个缩放数值相同时，可以称为等比缩放。
- 旋转：设置沿着物体的旋转角度，每一个克隆物体的旋转都是在前一个物体的基础上进行旋转。
- 步幅模式：分为单一值和累计2种模式，单一值是将物体之间的变化进行平均处理，累计是指克隆物体在前一个物体的效果上再进行变化。其通常与步幅尺寸和步幅旋转.H/.P/.B结合使用。
- 步幅尺寸：设置克隆物体之间的步幅尺寸，只影响克隆对象之间的间距，不影响其他属性参数。
- 步幅旋转.H/.P/.B：设置克隆物体的旋转角度。

3. 放射模式

图 12-30 所示为设置【模式】为【放射】时的参数。

- 数量：设置克隆物体的数量。
- 半径：设置放射模式的范围大小。
- 平面：克隆物体可以沿着XY/ZY/XZ方向进行克隆。
- 对齐：当选中该复选框后，克隆物体都会向着克隆中心排列。
- 开始角度/结束角度：设置克隆物体的起始与终点位置。

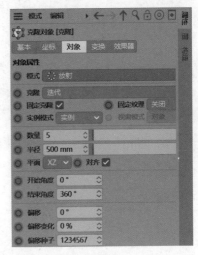

图 12-30

- 偏移：设置克隆物体的偏移。
- 偏移变化：设置偏移的变化程度。
- 偏移种子：设置偏移距离的随机性。

4. 网格排列模式

图 12-31 所示为设置【模式】为【网格排列】时的参数。

图 12-31

- 数量：设置克隆物体在X/Y/Z上的数量。
- 模式：分为端点和每步两种方式。
- 尺寸：设置克隆物体之间的距离。
- 外形：设置克隆的形状，分为立方、球体、圆柱和对象4种方式。
- 填充：设置模型中心的填充程度。

5. 蜂窝阵列模式

图 12-32 所示为设置【模式】为【蜂窝阵列】时的参数。

- 角度：克隆物体可以沿着Z（XY）/X（ZY）/Y（XZ）方向进行克隆。
- 偏移方向：设置偏移的方向，分为高和宽2种方式。
- 宽数量/高数量：设置克隆的蜂窝阵列大小。
- 形式：设置克隆物体排列的形状。

图 12-32

实例：使用【克隆】制作钟表

扫一扫，看视频

案例路径：Chapter 12 运动图形→实例：使用【克隆】制作钟表

本实例使用克隆效果器制作钟表，如图 12-33 所示。

图 12-33

步骤 01 执行【创建】|【参数对象】|【圆柱】命令，如图 4-73 所示。设置【半径】为 20cm，【高度】为 1cm，【旋转分段】为 50，【方向】为【+X】，如图 12-34 所示。

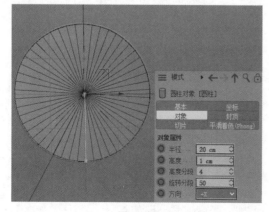

图 12-34

步骤 02 执行【创建】|【参数对象】|【球体】命令，设置【半径】为 1.5cm，【分段】为 30，【类型】为【半球体】，如图 12-35 所示。

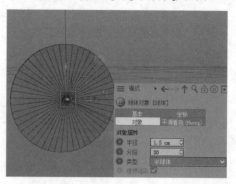

图 12-35

步骤 03 执行【运动图形】|【克隆】命令，如图 12-36 所示。在【对象/场次/内容浏览器】中选择【球体】，将其拖曳到【克隆】位置上，当出现 ⬇ 图标时松开鼠标，如图 12-37 和图 12-38 所示。

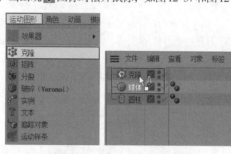

图 12-36　　　　　　　图 12-37

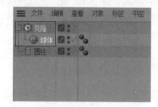

图 12-38

步骤 04 选择【克隆】，在【对象】选项卡中设置【模式】为【放射】，【数量】为 12，【半径】为 18cm，如图 12-39 所示。此时效果如图 12-40 所示。

图 12-39　　　　　　　图 12-40

步骤 05 单击【旋转】◎按钮，按住鼠标左键并按住Shift键，将其沿着Z轴旋转90°，并适当调整其位置，如图12-41所示。

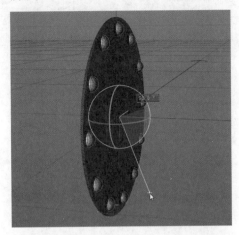

图 12-41

步骤 06 执行【创建】|【参数对象】|【角锥】命令，创建一个角锥，设置尺寸均为2.5cm，【方向】为+X，设置完成后将其调整到合适的位置，如图12-42所示。

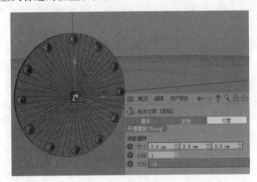

图 12-42

步骤 07 执行【创建】|【参数对象】|【多边形】命令，创建一个多边形，设置【宽度】为3.5cm，【高度】为15cm，选中【三角形】复选框，【方向】为【+X】，如图12-43所示。

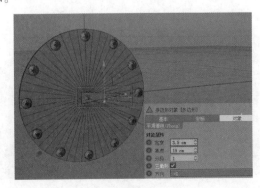

图 12-43

步骤 08 再次创建一个多边形，设置【宽度】为3.5cm，【高度】为18cm，选中【三角形】复选框，设置【方向】为【+X】，如图12-44所示。单击【转为可编辑对象】 按钮，并单击【启用轴心】 按钮，调整多边形的中心点，调整完成后再次单击【启用轴心】 按钮，完成对轴心的调节，如图12-45所示。

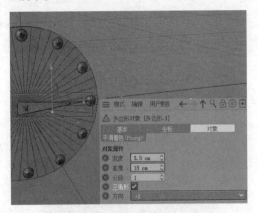

图 12-44

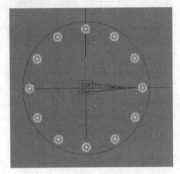

图 12-45

步骤 09 单击【旋转】◎按钮，按住鼠标左键并按住Shift键，将其沿着X轴旋转30°，如图12-46所示。

步骤 10 案例最终效果如图12-47所示。

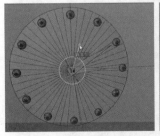

图 12-46

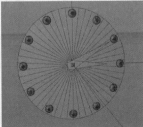

图 12-47

重点 12.3.2 矩阵

矩形可以在场景中独立使用，但是在渲染中不会被渲染出来，如图12-48所示。

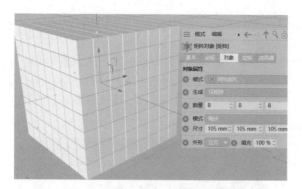

图 12-48

【重点】12.3.3 分裂

分裂可将物体按照多边形的形状分割成相互独立的部分，所以要出现分裂效果需要模型由多边形组成。分裂模式分为3种，分别是直接、分裂片段和分裂片段&连接，如图12-49所示。分裂模式也可以结合效果器出现各种不同的效果。

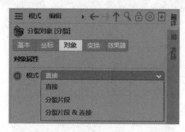

图 12-49

【重点】12.3.4 破碎(Voronoi)

破碎(Voronoi)可以将模型处理为碎片效果。在【对象/场次/内容浏览器】中选择模型，并将其拖动到【破碎(Voronoi)】位置上，当出现↓图标时松开鼠标，如图12-50所示。图12-51所示宝石已经产生了破碎效果。

图 12-50

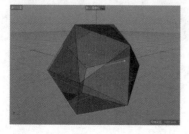

图 12-51

【破碎(Voronoi)】参数如图12-52所示。

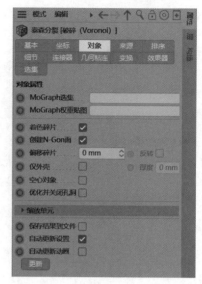

图 12-52

实例：使用【破碎】【克隆】制作创意台灯

扫一扫，看视频

案例路径：Chapter 12 运动图形→实例：使用【破碎】【克隆】制作创意台灯

本实例使用【破碎】【克隆】制作创意台灯，如图12-53所示。

图 12-53

步骤 01 执行【创建】|【参数对象】|【宝石】命令，如图12-54所示。在【对象】选项卡中设置【半径】为15cm，【分段】为1，【类型】为【碳原子】，如图12-55所示。

图 12-54

图 12-55

中文版Cinema 4D R21从入门到精通（微课视频 全彩版）

步骤 02 执行【运动图形】|【破碎（Voronoi）】命令，如图12-56所示。在【对象/场次/内容浏览器】中选择【宝石】，按住鼠标左键将其拖曳到【破碎（Voronoi）】位置上，当出现↓图标时松开鼠标，效果如图12-57所示。

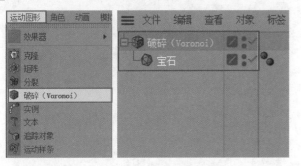

图 12-56　　　　　　图 12-57

步骤 03 在选择【破碎（Voronoi）】的状态下，在【对象】选项卡中设置【偏移碎片】为1cm，选中【反转】和【仅外壳】复选框，设置【厚度】为1cm，如图12-58所示。

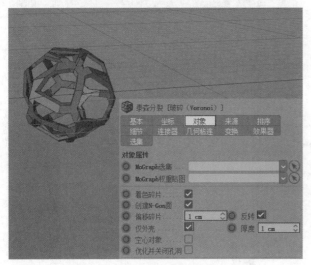

图 12-58

步骤 04 执行【创建】|【参数对象】|【球体】命令，如图12-59所示。创建完成后，在【对象】选项卡中设置【半径】为3cm，【分段】为30，如图12-60所示。

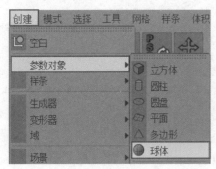

图 12-59

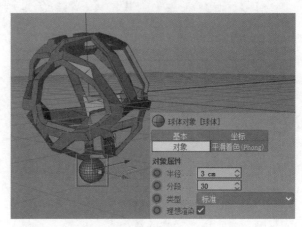

图 12-60

步骤 05 执行【运动图形】|【克隆】命令，如图12-36所示。在【对象/场次/内容浏览器】中选择【球体】，按住鼠标左键将其拖曳到【克隆】位置上，当出现↓图标时松开鼠标，效果如图12-61所示。

图 12-61

步骤 06 在选中【克隆】的状态下，在【对象】选项卡中设置【模式】为【线性】，【数量】为4，【总计】为15%，设置完成后将球体调整到合适的位置，如图12-62所示。

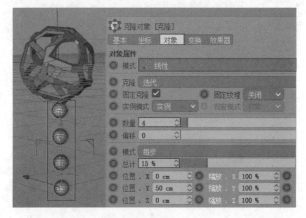

图 12-62

步骤 07 执行【创建】|【参数对象】|【圆柱】命令，如图4-73所示。在【对象】选项卡中设置该圆柱体的【半径】为1cm，【高度】为30cm，如图12-63所示。

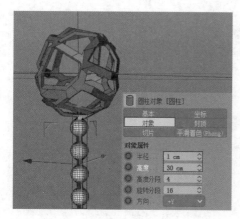

图 12-63

步骤【08 再次创建一个圆柱体，在【对象】选项卡中设置【半径】为7cm，【高度】为2cm。设置完成后将其调整到合适的位置，如图12-64所示。

步骤【09 案例最终效果如图12-65所示。

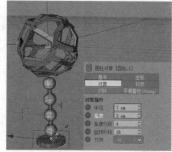
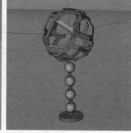

图 12-64　　　　　　　图 12-65

实例：使用【破碎】制作文字错位效果

扫一扫，看视频

案例路径：Chapter 12　运动图形→实例：使用【破碎】制作文字错位效果

本实例使用【破碎】制作文字错位效果，如图12-66所示。

图 12-66

步骤【01 执行【运动图形】|【文本】命令，如图12-67所示。在【对象】选项卡上设置【深度】为40cm，【细分数】为6，并设置合适的文本内容和字体，如图12-68所示。

图 12-67

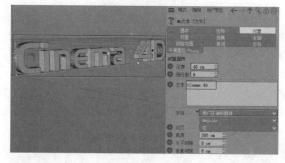

图 12-68

步骤【02 执行【运动图形】|【破碎（Voronoi）】命令，如图12-56所示。在【对象/场次/内容浏览器】中选择【文本】，将其拖曳到【破碎（Voronoi）】位置上，当出现↓图标时松开鼠标，如图12-69和图12-70所示。

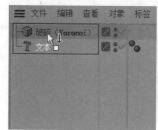

图 12-69　　　　　　　图 12-70

步骤【03 选择【破碎（Voronoi）】，在【对象】选项卡中设置【偏移碎片】为5cm，如图12-71所示。

图 12-71

中文版Cinema 4D R21从入门到精通（微课视频 全彩版）

步骤 04 选择刚创建的元素，如图12-70所示。按Ctrl+C组合键将其进行复制，按Ctrl+V组合键将其进行粘贴，如图12-72所示。

图 12-72

步骤 05 选择【破碎（Voronoi）.1】，在【对象】选项卡中选中【反转】复选框，如图12-73所示。此时效果如图12-74所示。

图 12-73

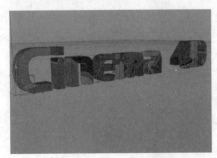

图 12-74

步骤 06 单击【移动】✥按钮，将其沿着Z轴进行移动，如图12-75所示。

步骤 07 案例最终效果如图12-76所示。

图 12-75　　　　　图 12-76

实例：使用【破碎】制作地面破碎效果

案例路径:Chapter 12 运动图形→实例：使用【破碎】制作地面破碎效果

本实例使用【破碎】制作球体下落碰撞三维文字并撞击地面破碎后的效果，如图12-77所示。

扫一扫，看视频

图 12-77

步骤 01 执行【创建】|【参数对象】|【平面】命令，如图12-78所示。在场景中创建一个平面，并在【对象】选项卡中设置【宽度】和【高度】均为1000cm，如图12-79所示。

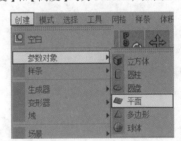

图 12-78

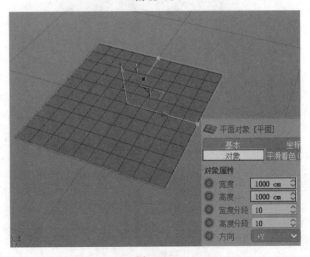

图 12-79

第12章　运动图形

245

步骤 02 在【对象/场次/内容浏览器】中选择【平面】的状态下右击，在弹出的快捷菜单中执行【模拟标签】|【碰撞体】命令，如图12-80所示。

图 12-80

步骤 03 执行【创建】|【参数对象】|【地形】命令，如图12-81所示。执行【运动图形】|【破碎（Voronoi）】命令，如图12-56所示。此时【对象/场次/内容浏览器】中的效果如图12-82所示。

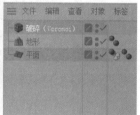

图 12-81　　　　　　　　图 12-82

步骤 04 在【对象/场次/内容浏览器】中选择【地形】，按住鼠标左键将其拖曳到【破碎（Voronoi）】位置上，当出现↓图标时松开鼠标，效果如图12-83所示。

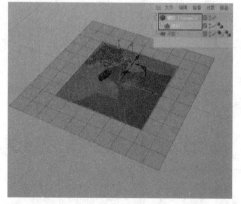

图 12-83

步骤 05 在选择【破碎（Voronoi）】的状态下右击，在弹出的快捷菜单中执行【模拟标签】|【刚体】命令，如图12-84所

示。单击 按钮，选择【动力学】选项卡，设置【激发】为【开启碰撞】，如图12-85所示。

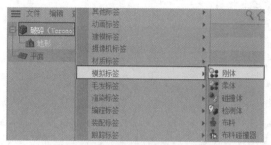

图 12-84

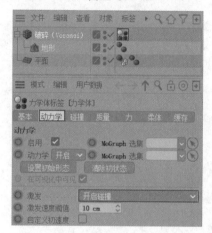

图 12-85

步骤 06 执行【运动图形】|【文本】命令，如图12-67所示。创建完成后，在【对象】选项卡中设置【深度】为69cm，【水平间隔】为34cm，并设置合适的文本与字体，如图12-86所示。

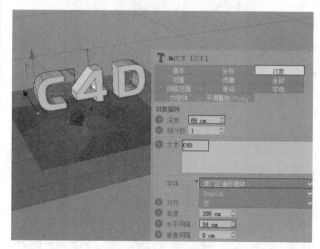

图 12-86

步骤 07 在【封盖】选项卡中选中【独立斜角控制】复选框，设置【尺寸】为3cm，【分段】为1，如图12-87所示。此时效果如图12-88所示。

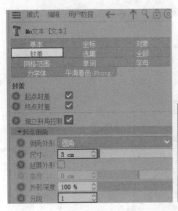

图 12-87　　　　　　　　图 12-88

步骤 08 在选择【文本】的状态下右击，在弹出的快捷菜单中执行【模拟标签】|【刚体】命令，如图 12-89 所示。单击 按钮，选择【动力学】选项卡，设置【激发】为【开启碰撞】，如图 12-90 所示。

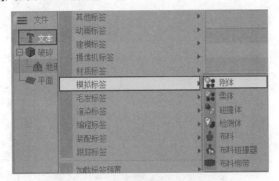

图 12-89

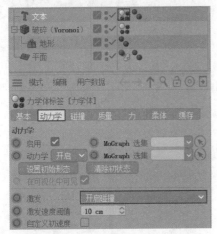

图 12-90

步骤 09 执行【创建】|【参数对象】|【球体】命令，在场景中创建一个球体，并设置其【半径】为 30cm，如图 12-91 所示。在选择【球体】的状态下右击，在弹出的快捷菜单中执行【模拟标签】|【刚体】命令，如图 12-92 所示。

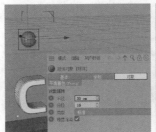

图 12-91　　　　　　　　图 12-92

步骤 10 在选择【球体】的状态下，按 Ctrl+C 组合键将其进行复制，再按 Ctrl+V 组合键将其粘贴 2 次，并分别将粘贴的球体进行位置调整，效果如图 12-93 所示。

步骤 11 设置完成后单击【向前播放】▶按钮，案例最终效果如图 12-94 所示。

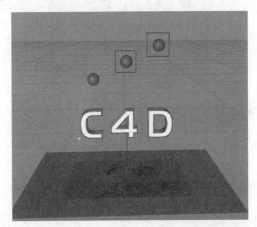

图 12-93

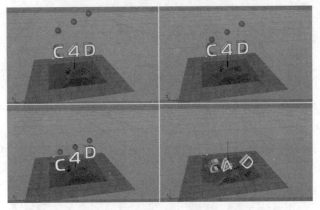

图 12-94

【重点】12.3.5　实例

实例工具需要结合动画编辑窗口，在播放动画时拖曳对象立方体，可以看到对象后面出现了拖动效果，如图 12-95 所示。

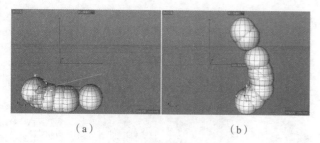

（a）　　　　　　　　　　（b）

图 12-95

实例中的【对象】选项卡如图 12-96 所示。

图 12-96

重点参数：

- 对象参考：设置实例的参考对象。
- 历史深度：设置实例的数量。

{重点} 12.3.6　文本

文本工具可在视图中创建文本对象，执行【运动图形】|
【文本】命令，会在视图中出现三维立体的文字效果，如图 12-97
和图 12-98 所示。

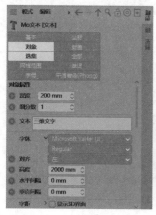

图 12-97　　　　　　图 12-98

12.3.7　追踪对象

使用追踪对象工具时会在物体运动的过程中出现运动的
线条，其参数如图 12-99 所示。

图 12-99

{重点} 12.3.8　运动样条

运动样条可用于制作模型的生长动画效果，其参数如
图 12-100 所示。

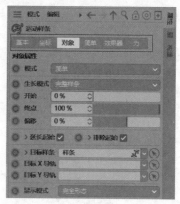

图 12-100

1. 对象

【对象】选项卡如图 12-101 所示。

图 12-101

中文版Cinema 4D R21从入门到精通（微课视频　全彩版）

重点参数:

- 模式: 分为简单、样条和Turtle 3种模式。每种模式在视图中都具有不同的效果，也会有不同的参数设置。
- 生长模式: 分为完整样条和独立的分段2种方式。完整样条是指生长出一个完整的样条，而独立的分段是指多个样条线同时生长。
- 开始/终点: 设置运动样条的开始与终点位置。
- 偏移: 设置运动样条的偏移变化。
- 延长起始/排除起始: 当选中该复选框后，开始和终点数值超过100%后，会在样条以外产生模型变化效果。
- 显示模式: 设置运动样条显示方式，分为线、双重线和完全形态3种模式。

2. 简单

【简单】选项卡如图12-102所示。

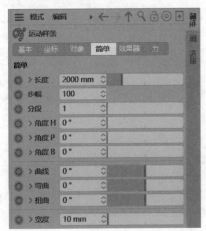

图 12-102

重点参数:

- 长度: 设置运动样条的长度。单击三角箭头，可以通过控制曲线来调节长度，也可通过方程来设置运动样条的形状。
- 分段: 设置运动图形的样条线的数量，与角度.H/.P/.B结合使用。
- 角度.H/.P/.B: 设置运动样条在X/Y/Z轴上的旋转角度。
- 曲线/弯曲/扭曲: 设置运动样条在X/Y/Z轴上发生的一些扭曲效果。
- 宽度: 设置运动样条中产生样条线的粗细。

实例: 使用【运动样条】【扫描】制作花朵样式杯垫模型

案例路径:Chapter 12 运动图形→实例:使用【运动样条】【扫描】制作花朵样式杯垫模型

本实例使用【运动样条】【扫描】制作花朵样式杯垫模型，如图12-103所示。

扫一扫，看视频

图 12-103

步骤01 执行【运动图形】|【运动样条】命令，如图12-104所示。选择刚创建的运动样条，在【对象】选项卡中设置【显示模式】为【线】，如图12-105所示。

图 12-104   图 12-105

步骤02 在【简单】选项卡中设置【长度】为2cm，如图12-106所示。

图 12-106

步骤03 执行【创建】|【样条】|【花瓣】命令，如图12-107所示。在【对象】选项卡中设置【内部半径】为3cm，【外部半径】为5cm，如图12-108所示。

图 12-107

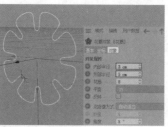
图 12-108

步骤 04 执行【创建】|【生成器】|【扫描】命令，如图12-109所示。

步骤 05 按住Shift键选择【运动样条】和【花瓣】，按住鼠标左键将其拖曳到【扫描】位置上，当出现↓图标时松开鼠标，效果如图12-110所示。并进入【对象】选项卡，设置【终点缩放】为0%，【结束旋转】为-37°，【结束生长】为2%。

图 12-109

图 12-110

步骤 06 单击【旋转】 按钮，将其沿着Y轴旋转90°，如图12-111所示。案例最终效果如图12-112所示。

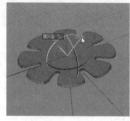
图 12-111

图 12-112

实例：使用【运动样条】制作文字分离效果

扫一扫，看视频

案例路径：Chapter 12 运动图形→实例：使用【运动样条】制作文字分离效果

本实例使用【运动样条】制作文字分离效果，如图12-113所示。

图 12-113

步骤 01 执行【运动图形】|【运动样条】命令，如图12-104所示。在【对象】选项卡中设置【模式】为【样条】，【显示模式】为【线】，如图12-114所示。

步骤 02 执行【创建】|【样条】|【星形】命令，如图12-115所示。在【对象】选项卡中设置【内部半径】为5cm，【外部半径】为2cm，【点】为6，如图12-116所示。

图 12-114

图 12-115

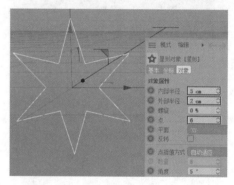
图 12-116

步骤 03 执行【创建】|【生成器】|【扫描】命令，如图12-109所示。按住Ctrl键选择【星形】与【运动样条】，按住鼠标左键将其拖曳到【扫描】位置上，当出现↓图标时松开鼠标，效果如图12-117所示。

步骤 04 执行【创建】|【样条】|【文本】命令，如图12-118所示。在【对象】选项卡中设置合适的文本和字体，并设置【高度】为100cm，如图12-119所示。

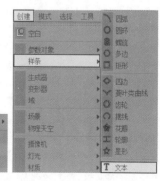
图 12-117

图 12-118

中文版Cinema 4D R21从入门到精通（微课视频 全彩版）

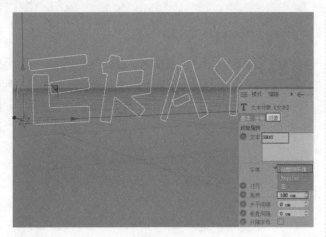

图 12-119

步骤 05 在【对象/场次/内容浏览器】中选择【运动样条】，选择【样条】选项卡，将【文本】拖曳到【源样条】后方，并设置【生成器模式】为【均匀】，如图 12-120 所示。

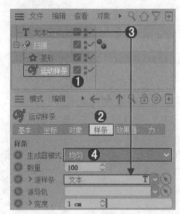

图 12-120

步骤 06 在【对象/场次/内容浏览器】中选择【扫描】，在【对象】选项卡中取消选中【使用围栏方向】和【使用围栏比例】复选框，如图 12-121 所示。此时效果如图 12-122 所示。

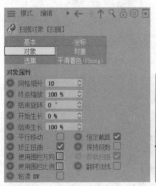

图 12-121

图 12-122

步骤 07 在【对象/场次/内容浏览器】中选择【运动样条】，并选择【效果器】选项卡，如图 12-123 所示。执行【运动图形】|【效果器】|【Python】命令，如图 12-124 所示。

图 12-123   图 12-124

步骤 08 添加完效果器之后，在【对象/场次/内容浏览器】中选择【Python】，在【效果器】选项卡中设置【强度】为 10%，如图 12-125 所示。

图 12-125

步骤 09 案例最终效果如图 12-126 所示。

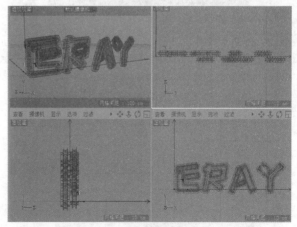

图 12-126

12.3.9 运动挤压

运动挤压可以使模型产生逐渐挤压变形的效果，可以配合随机效果器使用。其参数如图 12-127 所示，效果如

图 12-128 所示。

图 12-127　　　　　　图 12-128

实例：使用【运动挤压】【随机】效果器制作汽车摆件模型

扫一扫，看视频

案例路径:Chapter 12　运动图形→实例：使用【运动挤压】【随机】效果器制作汽车摆件模型

本实例使用【运动挤压】【随机】效果器制作汽车摆件模型，如图12-129所示。

图 12-129

步骤 01 执行【创建】|【参数对象】|【球体】命令，如图12-59所示。创建完成后，在【对象】选项卡中设置【半径】为5cm，【分段】为30，如图12-130所示。

图 12-130

步骤 02 单击【转为可编辑对象】 按钮，将刚创建的球体

转换为可编辑对象；单击【框选】 按钮，并在界面的最左侧单击【多边形】 按钮；进入正视图，按住鼠标左键并进行拖曳，对多边形进行框选，如图12-131所示。右击，在弹出的快捷菜单中执行【细分】命令，如图12-132所示。

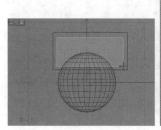
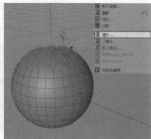

图 12-131　　　　　　图 12-132

步骤 03 此时效果如图12-133所示。执行【选择】|【设置选集】命令，如图12-134所示。

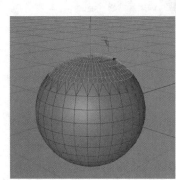

图 12-133　　　　　　图 12-134

步骤 04 执行【运动图形】|【运动挤压】命令，如图12-135所示。在【对象/场次/内容浏览器】中选择【运动挤压】，按住鼠标左键将其拖曳到【球体】位置上，当出现 图标时松开鼠标，效果如图12-136所示。

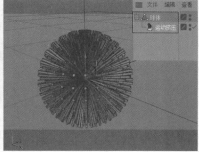

图 12-135　　　　　　图 12-136

步骤 05 在【对象/场次/内容浏览器】中选择【运动挤压】，选择【对象】选项卡，按住鼠标左键将【多边形选集】△按钮拖曳到【多边形选集】后方，如图12-137所示。此时效果如图12-138所示。

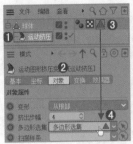

图12-137 　　　　　　　　图12-138

步骤 06 在【变换】选项卡中分别设置位置、缩放、旋转的数值，如图12-139所示。

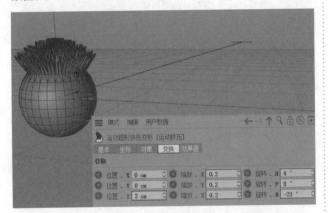

图12-139

步骤 07 选择【效果器】选项卡，如图12-140所示。执行【运动图形】|【效果器】|【随机】命令，如图12-141所示。

图12-140 　　　　　　　　图12-141

步骤 08 在【对象/场次/内容浏览器】中选择【随机】，在【效果器】选项卡中设置【强度】为1%，【随机模式】为【噪波】，【动画速率】为45%，如图12-142所示。此时效果如图12-143所示。设置完成后，单击【向前播放】▶按钮观察动画效果。

图12-142 　　　　　　　　图12-143

实例：使用【运动挤压】【公式】效果器制作球体的变化效果

案例路径:Chapter 12 运动图形→实例：使用【运动挤压】【公式】效果器制作球体的变化效果

本实例使用【运动挤压】【公式】效果器制作球体的变化效果，如图12-144所示。

扫一扫，看视频

图12-144

步骤 01 执行【创建】|【参数对象】|【球体】命令，如图12-59所示。在【对象】选项卡中设置【半径】为100cm，【分段】为30，如图12-145所示。

图12-145

步骤 02 执行【运动图形】|【运动挤压】命令，如图12-135所示。在【对象/场次/内容浏览器】中选择【运动挤压】，按住鼠标左键将其拖曳到【球体】位置上，当出现⬇图标时松开鼠标，效果如图12-146所示。此时效果如图12-147所示。

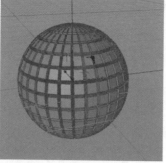

图 12-146 图 12-147

步骤 03 在【变换】选项卡中分别设置位置与缩放的数值，如图 12-148 所示。

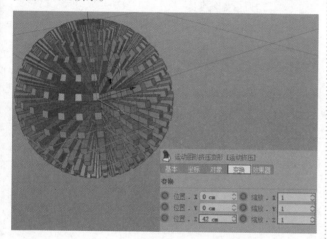

图 12-148

步骤 04 在选择【运动挤压】的状态下选择【效果器】选项卡，执行【运动图形】|【效果器】|【公式】命令，如图 12-149 所示。在选择【公式】的状态下，在【效果器】选项卡中设置【强度】为7%，【f-频率】为0.75，如图 12-150 所示。

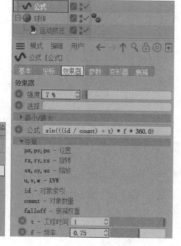

图 12-149 图 12-150

步骤 05 在【参数】选项卡中设置【P.X】为0cm，【缩放】为25，选中【等比缩放】【绝对缩放】【旋转】复选框，设置【R.B】为360°，如图 12-151 所示。

步骤 06 设置完成后单击【向前播放】▶按钮。案例最终效果如图 12-152 所示。

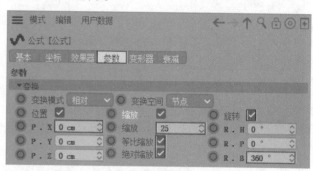

图 12-151

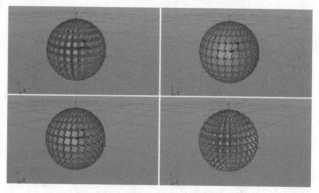

图 12-152

12.3.10 多边形FX

多边形FX可以使模型或样条呈现分裂效果，可以结合随机效果器一起使用。其参数如图 12-153 所示。

图 12-153

设置随机效果器中的【强度】，即可产生不同程度的碎片爆炸效果，如图 12-154 所示。

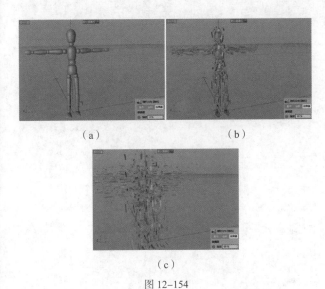

（a） （b）

（c）

图 12-154

12.3.11　线形克隆工具

选择模型，执行【运动图形】|【线形克隆工具】命令，并在【结束位置】和【克隆数量】文本框中输入合适的数值，按Enter键，即可完成克隆，如图12-155所示。

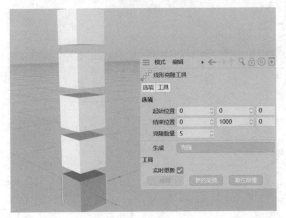

图 12-155

12.3.12　放射克隆工具

选择模型，执行【运动图形】|【放射克隆工具】命令，

并在【半径】和【克隆数量】文本框中输入合适的数值，按Enter键，即可完成克隆，如图12-156所示。

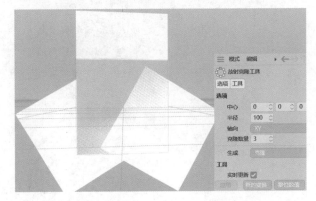

图 12-156

12.3.13　网格克隆工具

选择模型，执行【运动图形】|【网格克隆工具】命令，并在【尺寸】和【克隆数量】文本框中输入合适的数值，按Enter键，即可完成克隆，如图12-157所示。

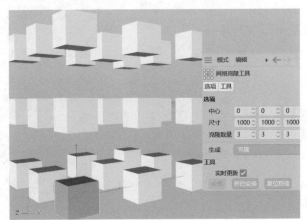

图 12-157

Chapter
13
第13章

扫一扫，看视频

关键帧动画

本章内容简介

本章将学习关键帧动画技术。通过本章学习，我们应该学会使用自动关键帧、记录活动对象设置关键帧动画。关键帧动画技术常应用于电商广告动画、影视栏目包装、产品展示动画、建筑动画等行业。

重点知识掌握

- 熟练掌握关键帧动画的相关工具
- 熟练掌握关键帧动画的使用方法

通过本章学习，我能做什么？

通过本章的学习，我们可以使用关键帧动画制作一些简单的动画效果，如位移动画、旋转动画、缩放动画、参数动画等。

佳作欣赏

13.1 认识动画

本节将学习动画和关键帧动画的基本概念。

13.1.1 动画概述

动画（Animation）意思为"灵魂"，动词animate是"赋予生命"的意思。因此，动画是指使某物活动起来，是一种创造生命运动的艺术。动画是一门综合艺术，它集合了绘画、影视、音乐、文学等多种艺术门类。Cinema 4D的动画功能比较强大，常应用于多个行业领域，如影视动画、广告动画、电视栏目包装、实验动画、游戏等。图13-1～图13-4所示为优秀动画作品。

图 13-1   图 13-2

图 13-3   图 13-4

13.1.2 动画的名称解释

- **帧**：动画里最小的单位，通常1秒为24帧，相当于1秒有24张连续播放的照片。
- **镜头语言**：使用镜头表达作品情感。
- **景别与角度**：景别是指由于摄像机与被摄体的距离不同，而造成被摄体在摄像机录像器中所呈现出的范围大小的区别，包括特写、近景、中景、全景、远景。角度是指摄像机与被摄体的角度，包括俯视、平视、仰视。不同景别与角度的切换在影视作品中带来的视觉感受及心理感受不同。
- **声画关系**：声音和画面的配合。
- **蒙太奇**：包括画面剪辑和画面合成两方面。画面剪辑指由许多画面或图样并列或叠化而成一个统一的图画作品，画面合成指制作这种组合方式的艺术或过程。电影将一系列在不同地点、从不同距离和角度、以不同方法拍摄的镜头排列组合起来，叙述情节，刻画人物。
- **动画节奏**：动画节奏是指动画镜头根据剧情设置的快慢节奏。动画制作时需注意动画的韵律、节奏。

{重点} 13.1.3 关键帧动画概述

关键帧动画是动画的一种，是指在一定的时间内对象的状态发生变化，这个过程就是关键帧动画。关键帧动画是动画技术中最简单的类型，其工作原理与很多非线后期软件，如Premiere、After Effects类似。图13-5所示为关键帧动画在三维动画电影中的应用。

图 13-5

{重点} 13.2 Cinema 4D动画工具

关键帧动画是Cinema 4D中最基础的动画内容。帧是指一幅画面，通常1秒为24帧，可以理解为1秒有24张照片播放，这个连贯的动画过程就是1秒的视频画面。而Cinema 4D中的关键帧动画是指在不同的时间对对象设置不同的状态，从而产生动画效果。

扫一扫，看视频

Cinema 4D的界面下方包含很多动画工具，包括自动关键帧、记录活动对象、时间轴、播放等，如图13-6所示。

图 13-6

1.关键帧工具

关键帧工具包括 ◉（自动关键帧）和 ◉（记录活动对象），如图13-7所示。

图 13-7

- ◉（自动关键帧）按钮：单击该按钮，窗口变为红色，表示此时可以记录关键帧。在该状态下，在不同时刻对模型、材质、灯光、摄像机等设置动画都可以被记录，如图13-8所示（快捷键为Ctrl+F9）。

图 13-8

- （记录活动对象）按钮：拖曳时间轴，单击该按钮可以添加关键点，如图13-9所示（快捷键为F9）。

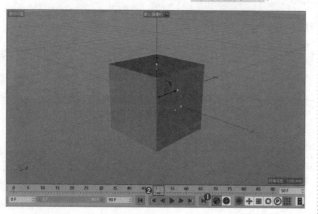

图 13-9

2. 播放按钮

播放按钮用于在动画制作时播放或跳转时间，其相关工具如图13-10所示。

图 13-10

- （转到开始）：单击该按钮，即可将时间跳转至时间轴最左侧。
- （转到上一关键帧）：单击该按钮，即可将时间跳转至上一个添加的关键帧上。
- （转到上一帧）：单击该按钮，即可将时间向前跳转一帧。
- （向前播放）：单击该按钮，将播放动画。
- （转到下一帧）：单击该按钮，即可将时间向后跳转一帧。
- （转到下一关键帧）：单击该按钮，即可将时间跳转至下一个添加的关键帧上。
- （转到结束）：单击该按钮，即可将时间跳转至时间轴最右侧。

3. 设置时间工具

设置时间工具用于设置时间轴中的时间长短及起始和结束时间的帧数，如图13-11所示。

图 13-11

- 0 F （起始帧数）：设置起始帧数。若设置数值为20F，那么时间轴最左侧为20F，如图13-12所示。

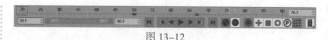

图 13-12

- 0 F   90 F （时间轴中显示的时间）：拖曳左右两侧的 按钮，即可设置时间轴中显示的起始和结束帧数，如图13-13所示。

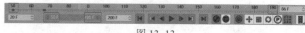

图 13-13

- 90 F （结束帧数）：设置动画的结束帧数，如图13-14所示。

图 13-14

4. 时间轴

在时间轴中拖曳鼠标，即可将时间移动至不同位置，如图13-15所示。

图 13-15

5. 其他动画工具

除了以上工具外，Cinema 4D中还包括几种工具，主要用于开或关记录动画，如图13-16所示。

图 13-16

- （关键帧选集）：为关键帧设置选集对象。
- （位置 开/关记录位置）、（缩放 开/关记录缩放）、（旋转 开/关记录旋转）、（参数 开/关记录参数级别动画）、（点级别动画 开/关记录点级别动画）：当这些按钮处于激活状态时，设置这些属性时将记录动画；当这些按钮处于未激活状态时（如按钮变为 ），设置这些属性时将不会记录动画。
- （方案设置）：用于设置一秒为多少帧，长按该按钮即可设置。

实例：使用关键帧动画制作位移和旋转动画

案例路径：Chapter13 关键帧动画→实例：使用关键帧动画制作位移和旋转动画

本实例使用自动关键帧和记录活动对象工具创建关键帧动画，制作模型的位移和旋转动画效果，如图13-17所示。

中文版Cinema 4D R21从入门到精通（微课视频 全彩版）

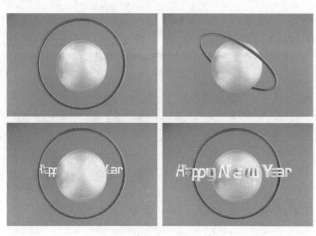

图 13-17

步骤 01 打开本书场景文件【场景文件.c4d】，如图 13-18 所示。

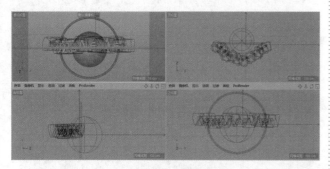

图 13-18

步骤 02 为文字制作位移动画。选择【空白】，将时间轴移动至第 0F，单击激活【自动关键帧】 按钮，此时窗口四周出现红色框，在顶视图中将其向上方移动，最后单击【记录活动对象】 按钮，此时在第 0F 产生第 1 个关键帧，如图 13-19 所示。

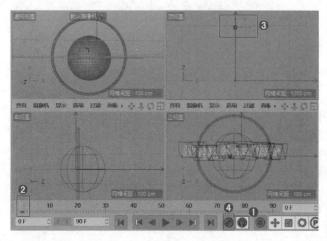

图 13-19

步骤 03 将时间轴移动到 75F 位置，在顶视图中将【空白】向

下移动，直至在透视视图中可以看到三维文字效果，此时产生第 2 个关键帧，如图 13-20 所示。

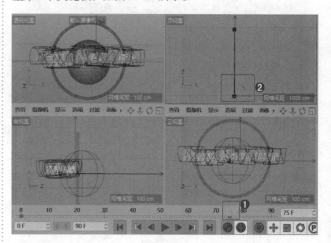

图 13-20

步骤 04 为圆环制作位移动画。保持【自动关键帧】 按钮被激活的状态，选择【圆环】模型，将时间轴移动至第 0F，单击【记录活动对象】 按钮，此时在第 0F 产生第 1 个关键帧，如图 13-21 所示。

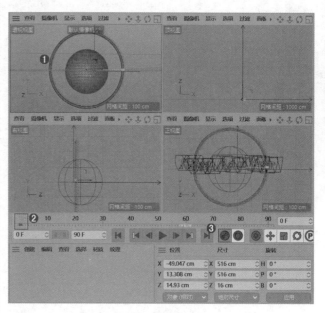

图 13-21

步骤 05 将时间轴移动到 60F 位置，设置【旋转】的【H】为 180°，【P】为 180°，此时产生第 2 个关键帧，如图 13-22 所示。

步骤 06 完成动画后，再次单击【自动关键帧】 按钮，完成动画制作。设置完成后单击【向前播放】 按钮，如图 13-23 所示。

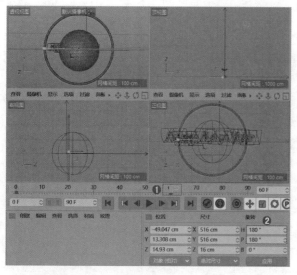

图 13-22

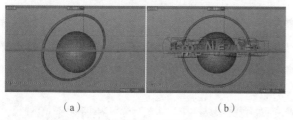

（a）　　　　　　（b）

图 13-23

实例：使用关键帧动画制作球体和立方体动画

扫一扫，看视频

案例路径：Chapter13　关键帧动画→实例：使用关键帧动画制作球体和立方体动画

本实例使用自动关键帧和记录活动对象工具为参数设置关键帧动画，制作球体和立方体动画，如图13-24所示。

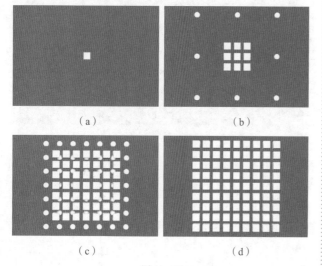

（a）　　　　　　（b）

（c）　　　　　　（d）

图 13-24

步骤 01 创建一个【球体】模型，设置【半径】为60cm，【分段】为16，如图13-25所示。

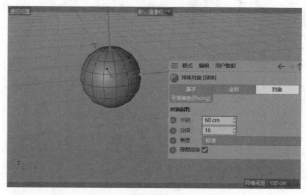

图 13-25

步骤 02 创建一个【立方体】模型，设置【尺寸.X】为150cm，【尺寸.Y】为150cm，【尺寸.Z】为150cm，如图13-26所示。

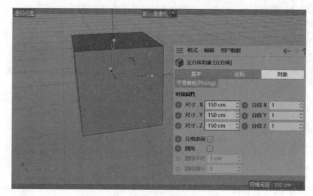

图 13-26

步骤 03 执行【运动图形】|【克隆】命令，如图12-36所示。

步骤 04 按住鼠标左键并拖曳【球体】到【克隆.1】上，出现↓图标时松开鼠标，如图13-27所示。

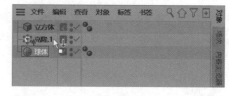

图 13-27

步骤 05 选择【克隆.1】，将时间轴移动至第0F，单击激活【自动关键帧】按钮，设置【模式】为【网格排列】，【数量】均为1，【模式】为【端点】，【尺寸】为1800cm、1800cm、0cm，单击【记录活动对象】按钮，此时在第0F产生第1个关键帧，如图13-28所示。

步骤 06 将时间轴移动至第90F，设置【数量】为9、9、1，如图13-29所示。

步骤 07 拖动时间轴，可以看到球体产生了克隆动画效果，如图13-30所示。

图 13-28

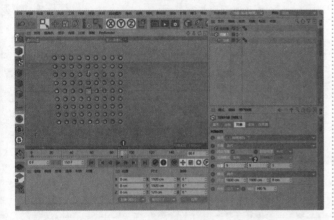

图 13-29

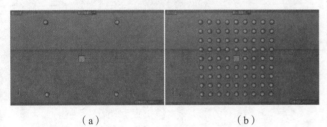

（a）　　　　　　　　（b）

图 13-30

步骤 08 用同样的方式制作立方体动画。执行【运动图形】|【克隆】命令，如图 12-36 所示。

步骤 09 按住鼠标左键并拖曳【立方体】到【克隆.2】上，出现 ⬇ 图标时松开鼠标，如图 13-33 所示。

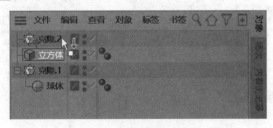

图 13-31

步骤 10 保持【自动关键帧】⬤按钮被激活的状态，选择【克隆.2】，将时间轴移动至第 0F，设置【模式】为【网格排列】，【数量】均为 1，【尺寸】为 225cm、225cm、0cm，单击【记

录活动对象】⬤按钮，此时在第 0F 产生第 1 个关键帧，如图 13-32 所示。

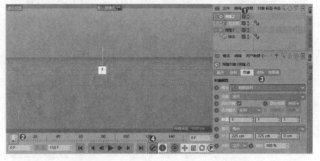

图 13-32

步骤 11 将时间轴移动至第 90F，设置【数量】为 9、9、1，如图 13-33 所示。

图 13-33

步骤 12 完成动画后，再次单击【自动关键帧】⬤按钮，完成动画制作。设置完成后单击【向前播放】▶按钮，如图 13-34 所示。

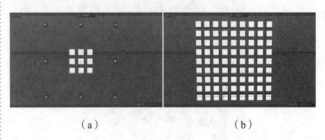

（a）　　　　　　　　（b）

图 13-34

实例：使用关键帧动画制作 LOGO 动画

案例路径：Chapter13 关键帧动画→实例：使用关键帧动画制作 LOGO 动画

本实例使用关键帧动画为爆炸的参数设置动画，制作 LOGO 动画，如图 13-35 所示。

扫一扫，看视频

图 13-35

步骤 01 打开本书场景文件【场景文件.c4d】，如图 13-36 所示。

步骤 02 执行【创建】|【变形器】|【爆炸】命令，如图 13-37 所示。

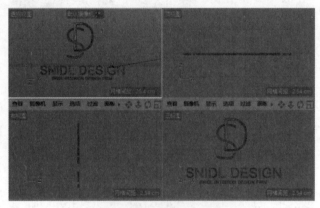

图 13-36

图 13-37

步骤 03 按住鼠标左键并拖曳【爆炸】到【Text001】上，出现 图标时松开鼠标，如图 13-38 所示。

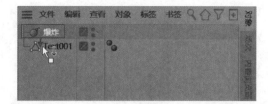

图 13-38

步骤 04 开始制作三维文字爆炸动画。选择【爆炸】，将时间轴移动至第 0F，单击激活【自动关键帧】按钮，设置【强度】为 100%，【速度】为 254cm，【角速度】为 200°，【终点尺寸】为 200，【随机特性】为 80%，单击【记录活动对象】按钮，此时在第 0F 产生第 1 个关键帧，如图 13-39 所示。

图 13-39

步骤 05 此时，时间轴时长不够。设置时间轴中的数值为 200F，拖曳时间轴中 图标到最右侧，使其变为 200F，如图 13-40 所示。

图 13-40

步骤 06 将时间轴移动至第 130F，设置【强度】为 0%，如图 13-41 所示。

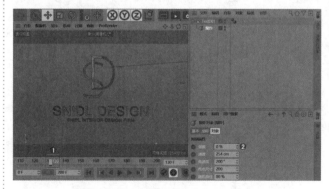

图 13-41

步骤 07 完成动画后，再次单击【自动关键帧】按钮，完成动画制作。设置完成后单击【向前播放】按钮，如图 13-42 所示。

图 13-42

实例：使用关键帧动画制作球体变形动画

案例路径:Chapter13　关键帧动画→实例:使用关键帧动画制作球体变形动画

本实例使用关键帧动画制作球体变形动画，如图 13-43 所示。

扫一扫，看视频

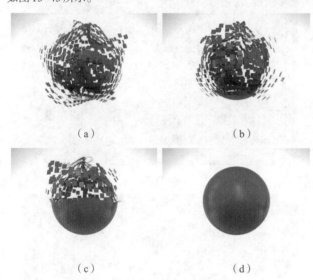

（a）　　　　　　　　（b）

（c）　　　　　　　　（d）

图 13-43

步骤 01 执行【创建】|【参数对象】|【球体】命令，如图 12-59 所示。创建完成后，在【对象】选项卡中设置【分段】为 50，如图 13-44 所示。

图 13-44

步骤 02 执行【运动图形】|【多边形FX】命令，如图 13-45 所示。在【对象/场次/内容浏览器】中选择【多边形FX】，按住鼠标左键将其拖曳到【球体】位置上，当出现 ⬇ 图标时松开鼠标，如图 13-46 所示。在【对象】选项卡中设置【模式】为【部分面（Polys）/样条】，如图 13-47所示。

图 13-45　　　　图 13-46　　　　图 13-47

步骤 03 选择【衰减】选项卡，并在合适的位置双击创建一个新域，如图 13-48 所示。此时效果如图 13-49 所示。

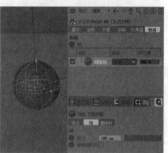

图 13-48　　　　　　　　图 13-49

步骤 04 在【对象/场次/内容浏览器】中选择【球体域】，如图 13-50 所示。在【域】选项卡中设置【类型】为【线性域】，【长度】为 200cm，【方向】为【Y+】，如图 13-51所示。

图 13-50　　　　　　　　图 13-51

步骤 05 在【对象/场次/内容浏览器】中选择【多边形FX】，并选择【效果器】选项卡，如图 13-52 所示。执行【运动图形】|【效果器】|【随机】命令，如图 12-141 所示。

图 13-52

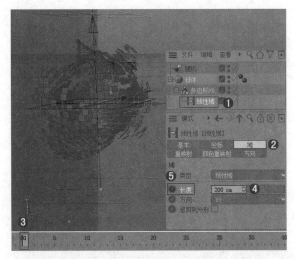

图 13-57

步骤 06 在【效果器】选项卡中设置【强度】为40%,【随机模式】为【噪波】,【动画速率】为50%,【缩放】为50%,如图 13-53 所示。此时效果如图 13-54 所示。

 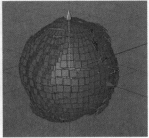

图 13-53   图 13-54

步骤 07 在【对象/场次/内容浏览器】中选择【随机】,在【参数】选项卡中设置【P.X】为150cm,【P.Y】为150cm,【P.Z】为200cm,如图 13-55 所示。此时效果如图 13-56 所示。

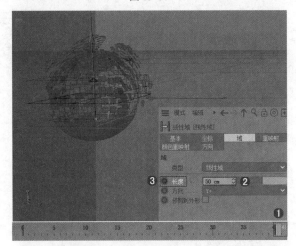

图 13-58

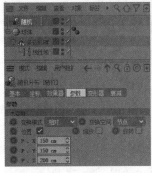 

图 13-55   图 13-56

步骤 08 在【对象/场次/内容浏览器】中选择【线性域】,并选择【域】选项卡,将时间滑块放置在0F处,设置【长度】为200cm,并单击【长度】前方的按钮,如图 13-57 所示。将时间滑块拖动到40F处,设置【长度】为50cm,并单击【长度】前方的按钮,如图 13-58 所示。

步骤 09 将时间滑块放置在60F处,设置【长度】为0cm,并单击【长度】前方的按钮,如图 13-59 所示。

步骤 10 设置完成后单击【向前播放】按钮,案例动画效,如图 13-60 所示。

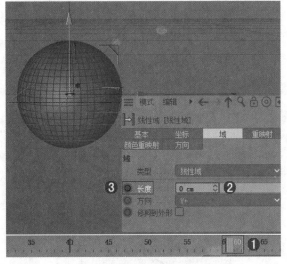

图 13-59

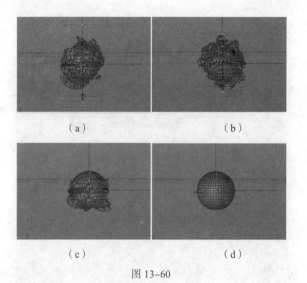

（a）　　　　　　　　　　（b）

（c）　　　　　　　　　　（d）

图 13-60

实例：使用关键帧动画制作融球动画

案例路径：Chapter13　关键帧动画→实例：
使用关键帧动画制作融球动画

本实例使用关键帧动画制作融球动画，如
图 13-61 所示。

扫一扫，看视频

（a）　　　　　　　　　　（b）

（c）　　　　　　　　　　（d）

图 13-61

步骤 01 创建 2 个球体模型【球体】和【球体.1】，如图 13-62 所示。

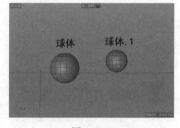

图 13-62

步骤 02 执行【创建】|【生成器】|【融球】命令，如图 13-63 所示。

图 13-63

步骤 03 选择【球体】和【球体.1】，将其拖曳至【融球】上，出现 ↓ 图标时松开鼠标，如图 13-64 所示。

图 13-64

步骤 04 设置【球体】的位置动画。选择【球体】模型，将时间轴移动至第 0F，单击【自动关键帧】按钮 ⬤，此时窗口四周出现红色框，最后单击【记录活动对象】 ⬤ 按钮，此时在第 0F 产生第 1 个关键帧，如图 13-65 所示（两个球体距离越近，融球的效果越明显）。

步骤 05 将时间轴移动到 51F 位置，在视图中将【球体】向【球体.1】移动，此时产生第 2 个关键帧，如图 13-66 所示。

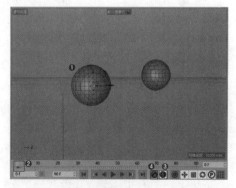

图 13-65

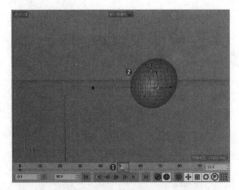

图 13-66

图 13-68

步骤 06 设置完成后单击【向前播放】▶按钮，动画效果如图 13-67 所示。

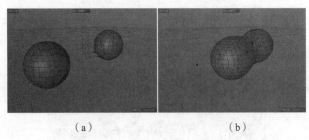

（a）　　　　　　　　（b）

图 13-67

步骤 07 继续用同样的方法创建球体和融球，如图 13-68 所示。

步骤 08 设置完成后单击【向前播放】▶按钮，案例动画效果如图 13-69 所示。

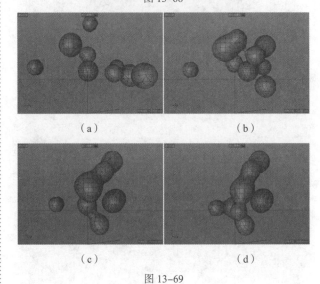

（a）　　　　　　　　（b）

（c）　　　　　　　　（d）

图 13-69

中文版Cinema 4D R21从入门到精通（微课视频 全彩版）

Chapter
14

第14章

扫一扫，看视频

炫酷的粒子

本章内容简介

本章将学习发射器和力场知识。发射器是Cinema 4D中用于制作特殊效果的工具，功能强大，可以制作处于运动状态的、数量众多并且随机分布的颗粒状效果，也可以制作抽象粒子、粒子轨迹等用于影视特效或电视栏目包装的碎片化效果。力场是一种可应用于其他物体上的"作用力"，力场常配合发射器粒子使用。

重点知识掌握

- 熟练掌握发射器的使用
- 熟练掌握力场与发射器的综合使用

通过本章学习，我能做什么?

通过本章的学习，我们可以使用力场与粒子制作效果逼真的自然界中常见的效果，如烟雾、水流、落叶、雨、雪、尘等；还可以制作一些影视包装中常见的粒子运动效果，如纷飞的文字或者碎片、物体爆炸、液体流动等效果。

佳作欣赏

14.1 认识粒子

粒子和力场是密不可分的两种工具，本节即介绍粒子和力场的概念和用途。

14.1.1 粒子概述

粒子是Cinema 4D中用于制作特殊效果的工具，功能强大，可以制作处于运动状态的、数量众多并且随机分布的颗粒状效果。

14.1.2 粒子的用途

Cinema 4D中的粒子可以模拟粒子碎片化动画，不仅可以设置粒子的发射方式，还可以设置发射的对象类型。常用粒子对象制作自然效果，包括烟雾、水流、落叶、雨、雪、尘等；也可以制作抽象化效果，包括抽象粒子、粒子轨迹等，用于影视特效或电视栏目包装的碎片化效果。图14-1和图14-2所示为粒子星空和羽毛粒子效果。

图 14-1

图 14-2

14.1.3 力场概述

力场通常不是单独存在的，一般会与粒子结合使用。力场需要与对象进行结合，使粒子对象或模型对象产生力场的作用效果。例如，粒子受到风力吹动、模型受到爆炸影响产生爆炸碎片。

14.1.4 力场的用途

1. 粒子+力场的【力】=粒子变化

例如，让超级喷射粒子受到重力影响，如图14-3所示。

图 14-3

2. 粒子+力场的【反弹】=粒子反弹

例如，让发射粒子接触到【反弹】，产生粒子反弹，如图14-4所示。

（a）　　　　　　　　（b）

图 14-4

14.2 粒子

执行【模拟】|【粒子】命令，可以看到【粒子】级联菜单包括【发射器】和【烘焙粒子】，如图14-5所示。

图 14-5

【重点】14.2.1 发射器

扫一扫，看视频

执行【模拟】|【粒子】|【发射器】命令，创建一个粒子发射器，如图14-6所示。拖动时间轴，会看到粒子产生了发射效果，如图14-7所示。

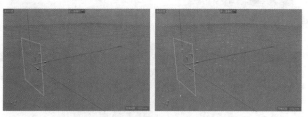

图 14-6　　　　　　　图 14-7

1.【粒子】选项卡

【粒子】选项卡中的参数如图14-8所示。

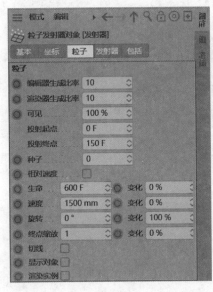

图14-8

重点参数:

- 编辑器生成比率:设置视图中粒子的数量。图14-9所示为设置该数值为10和100的对比效果。

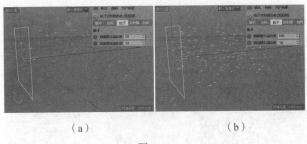

（a） （b）

图14-9

- 渲染器生成比率:设置渲染时粒子的数量。
- 可见:显示粒子数量的百分比,数值越大,显示越多。图14-10所示为设置【可见】为100%和10%的对比效果。

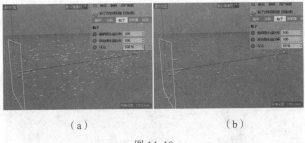

（a） （b）

图14-10

- 投射起点:设置粒子开始发射的最初时间。
- 投射终点:设置粒子停止发射的最后时间。

- 种子:设置粒子发射的随机效果。
- 生命/变化:设置粒子的寿命和随机变化。
- 速度/变化:设置粒子的速度和随机变化。
- 旋转/变化:设置粒子的旋转和随机变化。
- 终点缩放/变化:设置粒子最后的尺寸和随机变化。图14-11所示为设置【终点缩放】为1和30的对比效果。

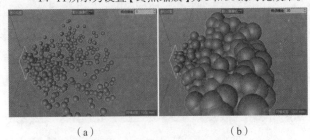

（a） （b）

图14-11

- 显示对象:选中该复选框,可以显示出三维实体效果。但其前提条件是需要用发射器发射实体模型,因此要将模型拖曳至【发射器】下方,如图14-12所示。

图14-12

图14-13所示为取消选中和选中【显示对象】复选框的对比效果。

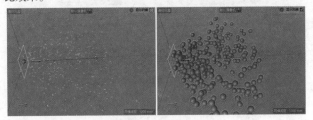

（a）取消选中【显示对象】 （b）选中【显示对象】

图14-13

2.【发射器】选项卡

【发射器】选项卡中的参数如图14-14所示。

图14-14

重点参数:

- 发射器类型:设置发射器类型,包括角锥和圆锥。
- 水平尺寸:设置发射器水平方向的大小。
- 垂直尺寸:设置发射器垂直方向的大小。
- 水平角度:设置发射器水平向外发射的角度。图14-15所示为设置【水平角度】为0°和120°的对比效果。

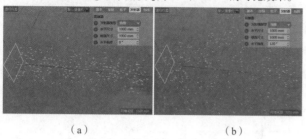

（a） （b）

图 14-15

- 垂直角度:设置发射器垂直向外发射的角度。

3.【包括】选项卡

【包括】选项卡中的参数如图14-16所示。

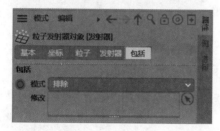

图 14-16

【重点】14.2.2 烘焙粒子

在创建完成发射器后,需要选择发射器。执行【模拟】|【粒子】|【烘焙粒子】命令,烘焙之后的粒子可以在时间轴中拖动进行回放。其参数如图14-17所示。

图 14-17

重点参数:

- 起点:设置烘焙粒子的起始时间。
- 终点:设置烘焙粒子的结束时间。
- 每帧采样:设置采样的数值。
- 烘焙全部:设置全部烘焙帧数。

实例:使用【发射器】制作吹泡泡动画

扫一扫,看视频

案例路径:Chapter14 炫酷的粒子→实例:使用【发射器】制作吹泡泡动画

本实例使用【发射器】制作喷射球体粒子效果,看起来像是吹泡泡一样,如图14-18所示。

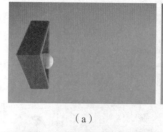

（a） （b）

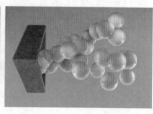

（c） （d）

图 14-18

步骤 01 在场景中创建【管道】和【球体】模型,调整其位置,并设置参数,如图14-19所示。

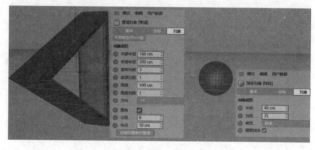

图 14-19

步骤 02 执行【模拟】|【粒子】|【发射器】命令,如图14-20所示。将发射器放置在管道的中间位置,如图14-21所示。

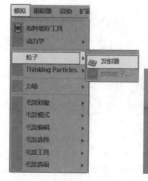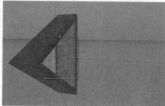

图 14-20 图 14-21

中文版Cinema 4D R21从入门到精通(微课视频 全彩版)

步骤 03 按住鼠标左键并拖曳【球体】到【发射器】上，出现↓图标时松开鼠标，如图14-22所示。

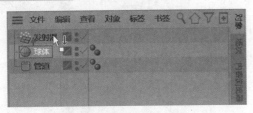

图 14-22

步骤 04 选择【发射器】，在【粒子】选项卡中设置【旋转】为50°，选中【显示对象】复选框；在【发射器】选项卡中设置【水平角度】为50°，【垂直角度】为50°，如图14-23所示。

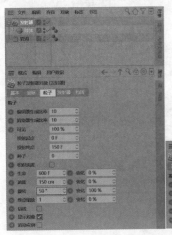

（a）　　　　　　　　（b）

图 14-23

步骤 05 单击【向前播放】▶按钮，最终动画效果如图14-24所示。

（a）　　　　　　　　（b）

图 14-24

实例：使用【发射器】制作标志飞走

案例路径：Chapter14 炫酷的粒子→实例：使用【发射器】制作标志飞走

本实例使用【发射器】制作喷射文字粒子效果，如图14-25所示。

扫一扫，看视频

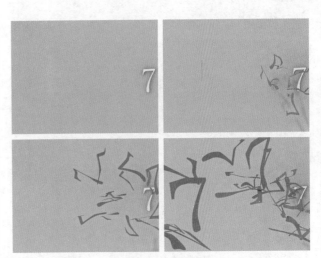

图 14-25

步骤 01 打开本书场景文件【场景文件.c4d】，如图14-26所示。

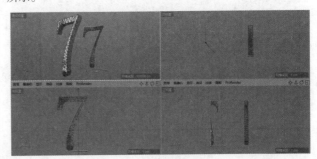

图 14-26

步骤 02 执行【模拟】|【粒子】|【发射器】命令，如图14-20所示。将发射器放置在数字7的前方，如图14-27所示。

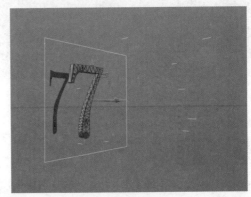

图 14-27

步骤 03 按住鼠标左键并拖曳【文字】到【发射器】上，出现↓图标时松开鼠标，此时【发射器】和【文字】的关系如图14-28所示。

步骤 04 选择【发射器】，在【粒子】选项卡中设置【速度】为15cm，【变化】为10%，【旋转】为80°，选中【显示对象】

复选框，如图14-29所示。

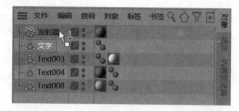

图 14-28

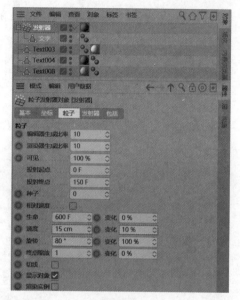

图 14-29

步骤 05 最终动画效果如图14-30所示。

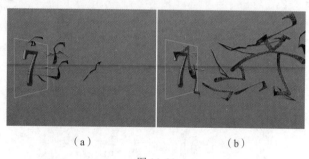

（a）　　　　　　　　　（b）

图 14-30

中文版Cinema 4D R21从入门到精通（微课视频 全彩版）

重点 14.3 力场

力场可以理解为作用力。例如，下雨时，适逢一阵风吹过，雨滴会沿风吹的方向偏移。这个"风"就可以利用"力场"功能中的【风力】进行制作。力场是应用于其他对象，需要依附于其他对象存在的。Cinema 4D中包括9类力场，分别为引力、反弹、破坏、域力场、摩擦、重力、旋转、湍流、风力，如图14-31所示。

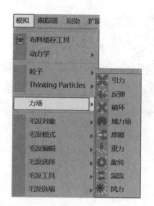

图 14-31

14.3.1 引力

粒子在碰撞到【引力】时会产生互相汇聚吸引或互相排斥散开的效果。

（1）提前设置好粒子发射球体，执行【模拟】|【力场】|【引力】命令，如图14-32所示。

（2）在场景中将【引力】移动到当前位置，如图14-33所示。

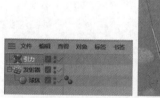

图 14-32　　　　　　　　　图 14-33

（3）拖动时间轴，可以看到粒子碰到引力产生了汇聚效果，如图14-34所示。

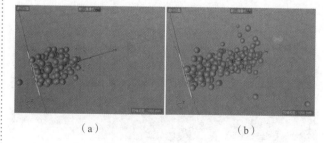

（a）　　　　　　　　　（b）

图 14-34

【引力】参数设置如图14-35所示。

图 14-35

重点参数：

- 强度：设置粒子引力的强度，数值为正时粒子汇聚吸引，数值为负时粒子排斥分散。图14-36和图14-37所示为设置【强度】为50和-50的对比效果。

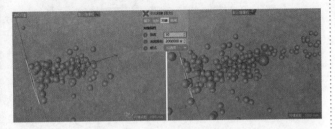

图14-36

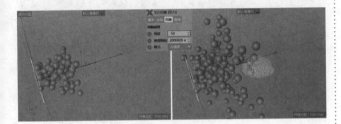

图14-37

- 速度限制：设置粒子飞舞的速度，数值越大粒子运动越快。
- 模式：设置引力方式，包括加速度和力。

14.3.2 反弹

发射的粒子碰到【反弹】会产生反弹动画。

（1）提前设置好粒子发射球体，执行【模拟】|【力场】|【反弹】命令，如图14-38所示。

（2）在场景中将【反弹】适当移动和旋转，摆放到当前位置，如图14-39所示。

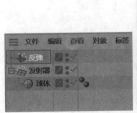

图14-38

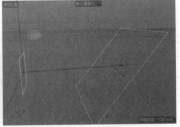

图14-39

（3）拖动时间轴，可以看到粒子碰到反弹后产生了反弹动画，如图14-40所示。

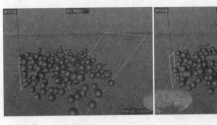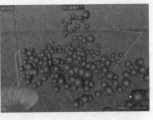

（a）　　　　　　　　（b）

图14-40

【反弹】参数设置如图14-41所示。

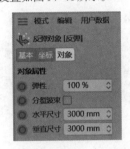

图14-41

重点参数：

- 弹性：控制反弹的弹性强度。
- 水平尺寸：设置反弹水平方向的尺寸。
- 垂直尺寸：设置反弹垂直方向的尺寸。

14.3.3 破坏

粒子碰到【破坏】后就消失不见了。

（1）提前设置好粒子发射球体，然后在菜单栏执行【模拟】|【力场】|【破坏】命令，如图14-42所示。

图14-42

（2）移动【破坏】的位置，如图14-43所示。

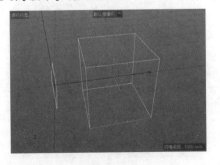

图14-43

（3）拖动时间轴，可以看到粒子碰到【破坏】时就消失了，如图14-44所示。

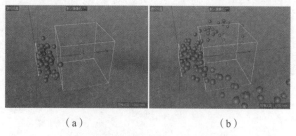

（a）　　　　　　　　　（b）

图14-44

【破坏】参数设置如图14-45所示。

图14-45

重点参数：

- 随机特性：设置消失的程度，数值越小，粒子碰到【破坏】消失的可能性就越大。图14-46所示为设置【随机特性】为0%和60%的对比效果。

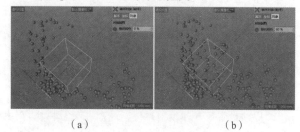

（a）　　　　　　　　　（b）

图14-46

- 尺寸：设置【破坏】的尺寸。

14.3.4　域力场

域力场可以搭配动力学、布料、毛发和粒子一起，产生更丰富的动画变化。其参数如图14-47所示。

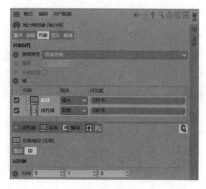

图14-47

14.3.5　摩擦

【摩擦】可以降低粒子的运动速度。

（1）提前设置好粒子发射球体，执行【模拟】|【力场】|【摩擦】命令，如图14-48所示。

图14-48

（2）拖动时间轴，可以看到粒子碰到【摩擦】产生了摩擦动画，如图14-49所示。

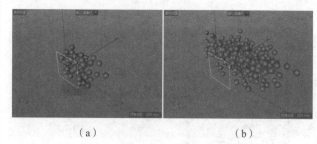

（a）　　　　　　　　　（b）

图14-49

【摩擦】参数设置如图14-50所示。

图14-50

重点参数：

- 强度：设置摩擦强度，数值越大，粒子运动越慢。图14-51所示为设置【强度】为10和100的对比效果。

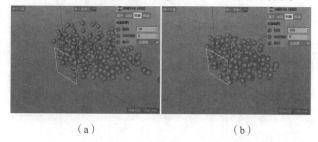

（a）　　　　　　　　　（b）

图14-51

- 角度强度：设置摩擦阻力的角度数值。
- 模式：设置摩擦方式，包括加速度和力。

14.3.6　重力

【重力】可以使粒子产生真实的重力下落效果。

（1）提前设置好粒子发射球体，执行【模拟】|【力场】|【重力】命令，如图14-52所示。

图14-52

（2）拖动时间轴，可以看到粒子产生了受到重力下落的抛物线动画，如图14-53所示。

（a）　　　　　　　　　　　（b）

图14-53

【重力】参数设置如图14-54所示。

图14-54

重点参数：

- 加速度：设置重力的加速度，数值越大粒子下落得越快。图14-55和图14-56所示为设置【加速度】为250mm和2500mm的对比效果。

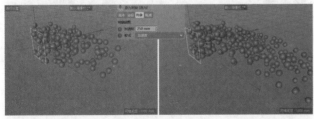

图14-55

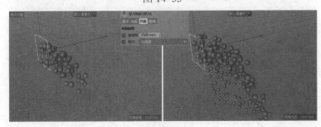

图14-56

- 模式：设置重力的方式，包括加速度、力、空气动力学风。

14.3.7　旋转

【旋转】可以使粒子产生螺旋旋转的运动。

（1）提前设置好粒子发射球体，执行【模拟】|【力场】|【旋转】命令，如图14-57所示。

图14-57

（2）拖动时间轴，可以看到粒子产生了螺旋旋转动画，如图14-58所示。

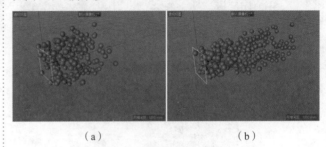

（a）　　　　　　　　　　　（b）

图14-58

【旋转】参数设置如图14-59所示。

图14-59

重点参数：

- 角速度：设置旋转的速度，数值越大粒子螺旋旋转越快。
- 模式：设置旋转的模式，包括加速度、力、空气动力学风。

14.3.8　湍流

【湍流】可以使粒子产生湍流紊乱的随机运动效果。

（1）创建一组粒子发射效果，单击【向前播放】按钮▶，可以看到粒子向前产生均匀的直线运动，如图14-60所示。

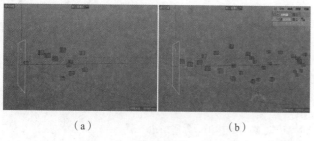

（a）　　　　　　　　　　（b）

图 14-60

（2）创建湍流，并设置【强度】，单击【向前播放】按钮
▶，可以看到粒子产生了非常随机的运动，如图 14-61 所示。

图 14-61

【湍流】参数设置如图 14-62 所示。

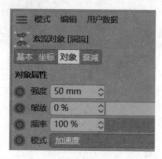

图 14-62

重点参数：

强度：设置湍流紊乱的强度。

14.3.9　风力

【风力】可以将粒子吹散。

（1）提前设置好粒子发射球体，执行【模拟】|【力场】|
【风力】命令，如图 14-63 所示。

（2）移动【风力】的位置，如图 14-64 所示。

图 14-63　　　　　　图 14-64

（3）拖动时间轴，可以看到粒子被【风力】吹散了，如
图 14-65 所示。

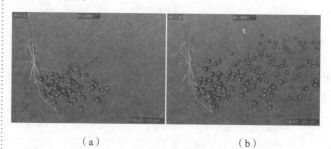

（a）　　　　　　　　　　（b）

图 14-65

【风力】参数设置如图 14-66 所示。

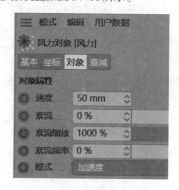

图 14-66

重点参数：

● 速度：设置风力大小。

● 紊流：设置风吹动粒子产生的紊流混乱效果。图 14-67
　和图 14-68 所示为设置【紊流】为 0% 和 50% 的对比
　效果。

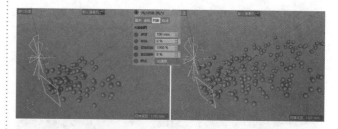

图 14-67

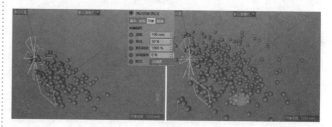

图 14-68

实例：使用【发射器】【风力】【湍流】制作炫彩粒子球

案例路径:Chapter14 炫酷的粒子→实例：使用【发射器】【风力】【湍流】制作炫彩粒子球

扫一扫，看视频

本实例使用【发射器】【风力】【湍流】制作炫彩粒子球，如图14-69所示。

（a）

（b）

（c）

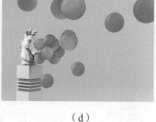
（d）

图 14-69

步骤（01打开本书场景文件【场景文件.c4d】，如图14-70所示。

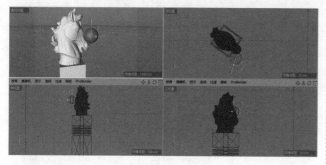

图 14-70

步骤（02执行【模拟】|【粒子】|【发射器】命令，如图14-20所示。创建完成后，打开【粒子】选项卡，在【粒子】选项组中设置【投射终点】为130F，【生命】为500F，【旋转】为60°，选中【显示对象】复选框，如图14-71所示。

步骤（03按住鼠标左键并拖曳【球体】到【发射器】上，出现⬇图标时松开鼠标，如图14-72所示。此时【发射器】和【球体】的关系如图14-73所示。

步骤（04移动、旋转发射器的位置，放置在马头前方，如图14-74所示。

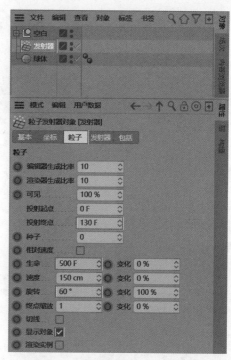

图 14-71

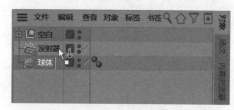

图 14-72

图 14-73

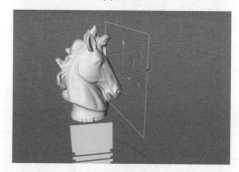

图 14-74

步骤（05拖动时间轴，可以看到发射器发射很多球体，并沿着直线发射，如图14-75所示。

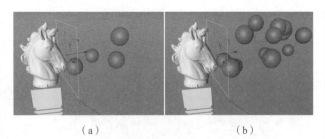

（a） （b）

图 14-75

步骤 06 接下来改变其发射方向，让其更自然。执行【模拟】|【力场】|【风力】命令，如图 14-76 所示。创建完成后在【对象】选项卡中选择【风力】，并设置【速度】为 20cm，【紊流缩放】为 1000%，如图 14-77 所示。

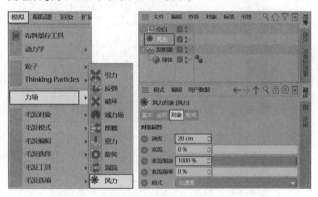

图 14-76 图 14-77

步骤 07 此时调整风力的位置和旋转，并注意箭头的方向就是风吹动的方向，如图 14-78 所示。

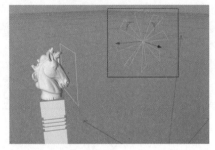

图 14-78

步骤 08 此时风吹动球产生了偏移转弯的感觉，但是不够混乱，如图 14-79 所示。

（a） （b）

图 14-79

步骤 09 制作球体飞舞的紊乱感。执行【模拟】|【力场】|【湍流】命令，如图 14-80 所示。创建完成后在【对象】选项卡中选择【湍流】，并设置【强度】为 80cm，【缩放】为 10%，如图 14-81 所示。

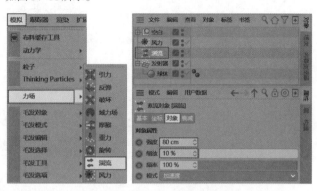

图 14-80 图 14-81

步骤 10 此时场景中的湍流如图 14-82 所示。

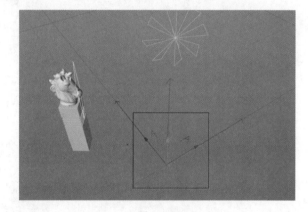

图 14-82

步骤 11 最终动画效果如图 14-83 所示。

（a） （b）

图 14-83

实例：使用【发射器】【风力】制作广告

扫一扫，看视频

案例路径：Chapter14 炫酷的粒子→实例：使用【发射器】【风力】制作广告

本实例使用【发射器】【风力】制作喷射多种几何体动画效果，如图 14-84 所示。

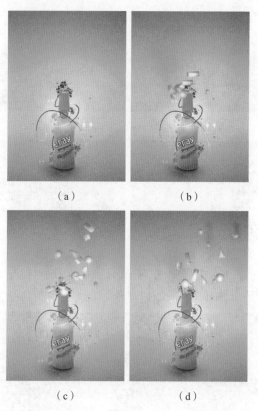

（a）　　　　　　　（b）

（c）　　　　　　　（d）

图 14-84

步骤 01 打开本书场景文件【场景文件.c4d】，场景中预先创建好了宝石、圆柱、圆锥、球体、立方体、平面模型各一个，如图 14-85 所示。

图 14-85

步骤 02 执行【模拟】|【粒子】|【发射器】命令，如图 14-20 所示。将发射器放置在瓶口位置，如图 14-86 所示。

图 14-86

步骤 03 选择【宝石】【圆柱】【圆锥】【球体】【立方体】，并按住鼠标左键将它们拖曳到【发射器】上，出现图标时松开鼠标，如图 14-87 所示。此时【发射器】和 5 个模型的关系如图 14-88 所示。

图 14-87　　　　　　　　图 14-88

步骤 04 创建完成后在【对象】选项卡中选择【发射器】，并在【粒子】选项卡中设置【生命】的【变化】为 30%，【旋转】为 50°，【变化】为 60%，选中【显示对象】复选框；在【发射器】选项卡中设置【水平角度】为 240°，【垂直角度】为 180°，如图 14-89 所示。

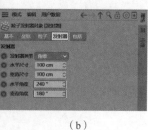

（a）　　　　　　　　　　　（b）

图 14-89

步骤 05 此时的动画效果如图 14-90 所示。

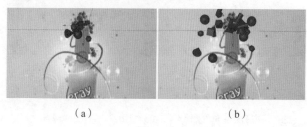

（a）　　　　　　　　　　（b）

图 14-90

步骤 06 执行【模拟】|【力场】|【风力】命令，如图 14-76 所示。

步骤 07 旋转风力的方向，使其箭头朝向右上方，如图 14-91 所示。

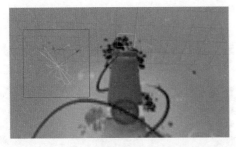

图 14-91

步骤 08 创建完成后在【对象】选项卡中选择【风力】，并设置【速度】为15cm，【紊流】为20%，如图14-92所示。

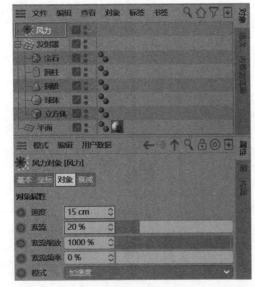

图 14-92

步骤 09 最终动画效果如图14-93所示。

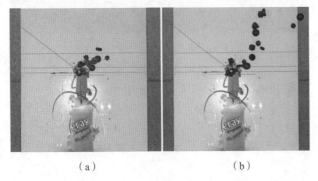

（a）　　　　　　　　　（b）

图 14-93

实例：使用【发射器】制作橘子掉落效果

扫一扫，看视频

案例路径：Chapter14　炫酷的粒子→实例：使用【发射器】制作橘子掉落效果

本实例使用【发射器】制作橘子掉落到文字模型中，如图14-94所示。

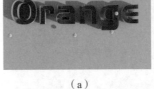

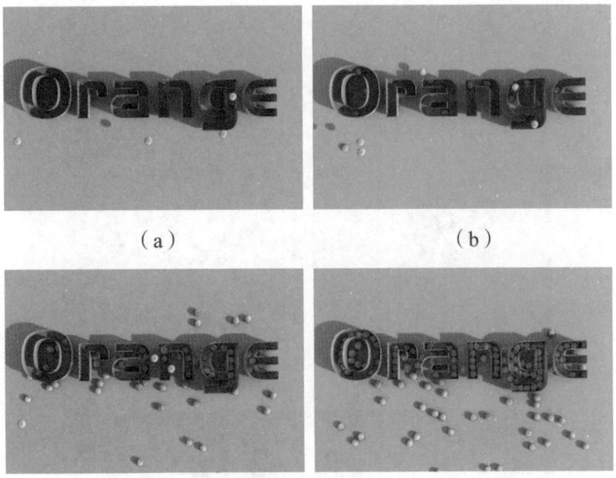

（a）　　　　　　　　　　（b）

（c）　　　　　　　　　　（d）

图 14-94

步骤 01 打开本书场景文件【场景文件.c4d】，如图14-95所示。

图 14-95

步骤 02 执行【模拟】|【粒子】|【发射器】命令，如图14-20所示。

步骤 03 旋转发射器的方向，如图14-96所示。

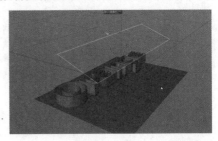

图 14-96

步骤 04 选择【橙子】，并按住鼠标左键将其拖曳到【发射器】上，出现▮图标时松开鼠标，如图14-97所示。

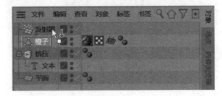

图 14-97

中文版Cinema 4D R21从入门到精通（微课视频（全彩版）

步骤 05 创建完成后在【对象】选项卡中选择【发射器】，在【粒子】选项卡中设置【编辑器生成比率】为50，【渲染器生成比率】为50，选中【显示对象】复选框；在【发射器】选项卡中设置【水平尺寸】为70cm，【垂直尺寸】为20cm，如图14-98所示。

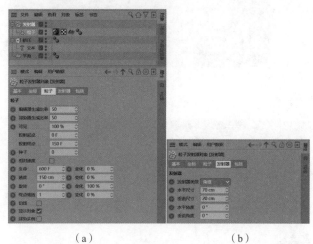

（a） （b）

图 14-98

步骤 06 此时发射器发射出很多橘子，但是穿透了三维文字和平面模型，如图14-99所示。

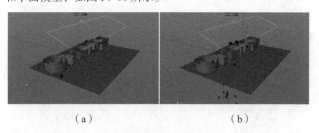

（a） （b）

图 14-99

步骤 07 选择【发射器】，执行【标签】|【模拟标签】|【刚体】命令，如图14-100所示。

步骤 08 选择【挤压】和【平面】，执行【标签】|【模拟标签】|【碰撞体】命令，如图14-101所示。

图 14-100

图 14-101

步骤 09 设置时间轴中的数值为200F。拖曳时间轴中右侧的图标，使其变为200F，如图14-102所示。

图 14-102

步骤 10 最终动画效果如图14-103所示。

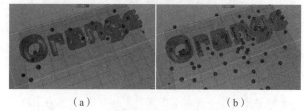

（a） （b）

图 14-103

实例：使用【发射器】【样条约束】制作心形花瓣动画

案例路径:Chapter14 炫酷的粒子→实例：使用【发射器】【样条约束】制作心形花瓣动画

本实例使用【发射器】【样条约束】制作心形花瓣动画，如图14-104所示。

扫一扫，看视频

（a） （b）

（c） （d）

图 14-104

步骤 01 打开本书场景文件【场景文件.c4d】，如图14-105所示。

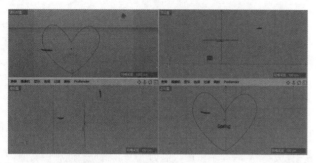

图 14-105

步骤 02 执行【模拟】|【粒子】|【发射器】命令，如图14-20所示。

步骤 03 按住鼠标左键并拖曳【花】到【发射器】上，出现圖标时松开鼠标，如图14-106所示。

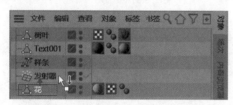

图 14-106

步骤 04 在【对象】选项卡中选择【发射器】，并在【粒子】选项卡中设置【投射终点】为1000F，【速度】为150cm，【旋转】为80°，【旋转】的【变化】为20%，选中【显示对象】复选框，如图14-107所示。

步骤 05 将发射器移动至中心形的交汇处，如图14-108所示。

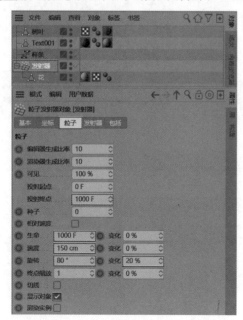

图 14-107

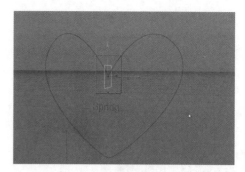

图 14-108

步骤 06 此时花沿着直线发射的动画如图14-109所示。

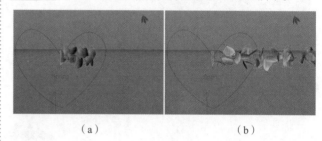

（a）　　　　　　　　　　（b）

图 14-109

步骤 07 创建一个空白，如图4-67所示。

步骤 08 按住鼠标左键并拖曳【发射器】到【空白】上，出现圖标时松开鼠标，如图14-110所示。

步骤 09 此时的【空白】【发射器】【花】的关系如图14-111所示。

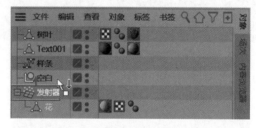

图 14-110

图 14-111

步骤 10 执行【创建】|【变形器】|【样条约束】命令，创建一个样条约束，并选择【样条约束】。在【对象】选项卡中设置【模式】为【保持长度】，单击【样条】后方的按钮，最后单击拾取场景中的心形样条线，如图14-112所示。

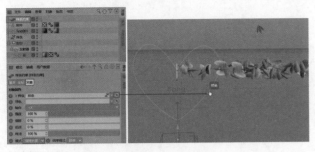

图 14-112

步骤 11 按住鼠标左键并拖曳【样条约束】到【空白】上，出现↓图标时松开鼠标，如图 14-113 所示。

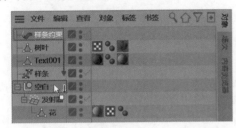

图 14-113

步骤 12 此时的花瓣沿着心形样条线产生了动画，如图 14-114 所示。

（a）	（b）

图 14-114

步骤 13 制作树叶动画。继续创建一个发射器，按住鼠标左键并拖曳【树叶】到【发射器】上，出现↓图标时松开鼠标，如图 14-115 所示。

图 14-115

步骤 14 在【对象】选项卡中选择【发射器】，并在【粒子】选项卡中设置【投射终点】为 200F，【生命】为 800F，【速度】的【变化】为 60%，【旋转】为 100°，【旋转】的【变化】为 80%，选中【显示对象】复选框，如图 14-116 所示。

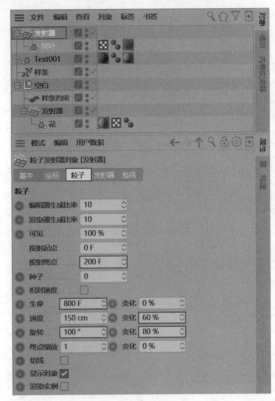

图 14-116

步骤 15 设置时间轴中的数值为 800F，拖曳时间轴中右侧的图标，使其变为 800F，如图 14-117 所示。

图 14-117

步骤 16 最终动画效果如图 14-118 所示。

（a）	（b）

图 14-118

Chapter
15

第15章

扫一扫，看视频

趣味动力学

本章内容简介

本章将学习动力学技巧。动力学是Cinema 4D中比较有特色的功能，可以为物体添加不同的动力学标签，从而模拟真实的自然作用，如物体下落动画、玻璃破碎动画、建筑倒塌动画、窗帘布料动画等。动力学是用于模拟真实自然动画的工具，比传统的关键帧动画要真实很多，但是其效果是不可控的，需要反复测试才能得到合适的动画效果。

重点知识掌握

- 了解动力学标签
- 掌握动力学标签和布料标签的使用

通过本章学习，我能做什么？

通过对本章的学习，我们将学会使用动力学制作物体之间的碰撞、自由落体、带有动画的物体的真实运动、布料运算等，并且这些效果可以综合使用。

佳作欣赏

15.1 认识动力学

本节将讲解动力学的基本知识，包括动力学概念、用途等。

15.1.1 动力学概述

动力学是Cinema 4D中比较有特色的功能，可以为物体添加不同的动力学方式，从而模拟真实的自然作用，如蔬菜落下动画、玻璃破碎动画、建筑倒塌动画等，如图15-1～图15-4所示。

图15-1

图15-2

图15-3

图15-4

15.1.2 动力学的用途

Cinema 4D中的动力学可以为项目添加真实的物理模拟效果，可以制作比关键帧动画更为真实、自然的动画效果。动力学常用来制作刚体与刚体之间的碰撞、重力下落、抛出动画、布料动画、破碎动画等，多应用于电视栏目包装动画设计、LOGO演绎动画、影视特效设计等。

15.2 模拟标签

在【对象/场次/内容浏览器】中选择模型，执行【标签】|【模拟标签】命令，即可看到7种模拟标签类型，分别是刚体、柔体、碰撞体、检测体、布料、布料碰撞器、布料绑带，如图15-5所示。

扫一扫，看视频

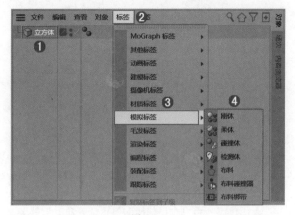

图15-5

【重点】15.2.1 刚体

刚体主要用于制作参与动力学运算的坚硬的对象，如砖块。

1. 【动力学】选项卡

【动力学】选项卡中可以设置是否启用动力学、激发的时间、速度等参数，如图15-6所示。

图15-6

重点参数：

- 启用：设置是否在视图中启用动力学。当取消选中该复选框时，在【对象/场次/内容浏览器】中物体的标签由 ⚫ 变为 ⚫（灰色）。

- 动力学：包含开启、关闭和检测3种类型。设置为关闭时，刚体标签转化为碰撞体标签；设置开启时为刚体标签，默认为开启方式；设置为检测时，刚体标签转化为碰撞体标签。当动力学为检测时，不会发生碰撞。

- 设置初始形态：当动力学计算完成后单击该按钮，可以将对象当前的动力学设置恢复到初始位置。

- 清除初状态：单击该按钮后，可以清除初始状态。
- 激发：设置物体之间发生碰撞，影响动力学产生的时间。
- 自定义初速度：选中该复选框后，即可激活初始线速度、初始角速度、对象坐标参数。
  - ◆ 初始线速度：设置物体在下落过程中沿着X、Y、Z轴的位移距离。
  - ◆ 初始角速度：设置物体在下落过程中沿着X、Y、Z轴的旋转角度。
  - ◆ 对象坐标：选中该复选框后，表示使用物体本身的坐标系统；取消选中该复选框后，表示使用世界坐标系统。
- 动力学转变：可以在任何时间停止计算动力学效果。
- 转变时间：设置使动力学对象返回初始状态的时间。
- 线/角速度阈值：可以优化动力学计算。

2.【碰撞】选项卡

【碰撞】选项卡可以设置继承标签、独立元素、本体碰撞等参数，如图15-7所示。

图 15-7

重点参数：

- 继承标签：针对父级关系的成组的物体，使碰撞效果针对父级中的子集产生作用。
- 独立元素：对克隆对象和文本中的元素进行不同级别的碰撞。
- 本体碰撞：选中该复选框后，克隆对象之间会发生碰撞；取消选中该复选框后，物体在碰撞时会发生穿插效果。
- 使用已变形对象：用于设置是否使用已经变形的对象。
- 外形：可选择其中一种外形类型，用于替换碰撞对象本身进行计算。
- 尺寸增减：设置碰撞的范围大小。
- 使用/边界：选中【使用】复选框后，可以设置边界。当边界数值为0cm时，可以减少渲染时间，但会降低碰撞时的稳定性，会出现物体间的相交效果。通常情况下不会选中该复选框。

- 保持柔体外形：选中该复选框，在计算时该对象被碰撞后会产生真实的反弹。
- 反弹：对象撞击刚体时反弹的程度。当反弹值为0%时，不会出现反弹效果。
- 摩擦力：设置物体之间的摩擦力。
- 碰撞噪波：设置物体下落碰撞的效果。数值越高，碰撞后的动画效果越真实。

3.【质量】选项卡

【质量】选项卡可以设置物体的密度、旋转的质量和自定义中心等，如图15-8所示。

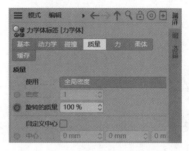

图 15-8

重点参数：

- 使用：设置物体质量的密度，分为全局密度、自定义密度和自定义质量3种类型。
- 旋转的质量：设置下落物体旋转的质量。
- 自定义中心/中心：默认时取消选中该复选框，物体的中心为真实的动力学对象。

4.【力】选项卡

【力】选项卡可以设置物体的跟随位移、跟随旋转、阻尼等，如图15-9所示。

图 15-9

重点参数:

- 跟随位移: 设置物体位移时的速度。数值越大, 跟随位移的速度越小。
- 跟随旋转: 当物体自身具有旋转动画时, 可以设置物体在原始动画的基础上再次进行旋转的速度。
- 线性阻尼/角度阻尼: 设置动力学运动过程中, 对象发生位移和旋转时的阻尼。
- 力模式: 包含排除和包括两种模式。
- 力列表: 当【力】模式为【排除】时, 在列表中的力场不会受到影响。
- 粘滞: 可以使物体在下落过程中受到阻力, 减缓下落速度。
- 升力: 设置物体在下落过程中碰撞的反向作用力。
- 双面: 选中该复选框后, 对物体多个面都有影响。

(1) 选择【立方体】, 执行【标签】|【模拟标签】|【刚体】命令, 如图15-5所示。

(2) 单击【向前播放】按钮 ▶, 即可观看到立方体下落的动画效果, 如图15-10所示。

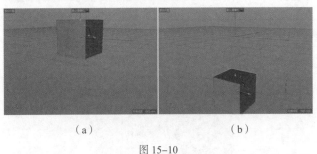

（a）　　　　　　　　　　（b）

图 15-10

15.2.2　柔体

【柔体】主要用于制作参与动力学运算的柔软、有弹性的对象, 如皮球。

(1) 选择【平面】, 执行【标签】|【模拟标签】|【碰撞体】命令, 如图15-11所示。

(2) 选择【圆环】, 执行【标签】|【模拟标签】|【柔体】命令, 如图15-12所示。

图 15-11

图 15-12

(3) 单击【向前播放】▶按钮, 即可观看到圆环下落的动画效果, 如图15-13所示。

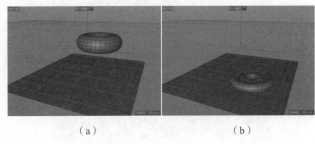

（a）　　　　　　　　　　（b）

图 15-13

15.2.3　碰撞体

碰撞体在动力学计算中是静止的, 主要用于与刚体或柔体等进行碰撞, 若没有碰撞体, 那么刚体或柔体将一直下落。也可以简单地将碰撞体理解为地面。

(1) 选择【平面】, 执行【标签】|【模拟标签】|【碰撞体】。如图15-14所示。

(2) 选择【立方体】, 执行【标签】|【模拟标签】|【刚体】命令, 如图15-15所示。

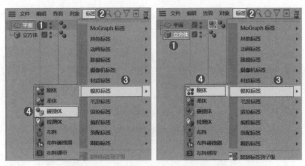

图 15-14　　　　　　　图 15-15

(3) 单击【向前播放】▶按钮, 即可观看到立方体下落的动画效果, 如图15-16所示。

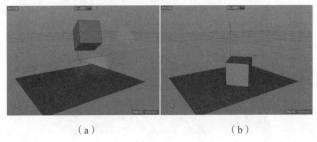

（a）　　　　　　　　　　（b）

图 15-16

15.2.4　检测体

检测体可以用于动力学的检测, 其参数设置与刚体基本相同, 如图15-17所示。

图 15-17

[重点] 15.2.5　布料

布料用于设置模型为布料属性，从而与布料碰撞器进行碰撞，可修改【基本】【标签】【影响】【修整】【缓存】和【高级】选项卡中的参数，如图15-18所示。

图 15-18

[重点] 15.2.6　布料碰撞器

布料碰撞器用于设置是否使用碰撞，并可以设置反弹和摩擦参数，如图15-19所示。

图 15-19

（1）选择【平面】和【立方体】，执行【标签】|【模拟标签】|【布料碰撞器】命令，如图15-20所示。

（2）此时【平面】和【立方体】如图15-21所示。

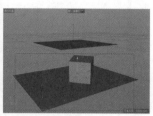

图 15-20　　　　　　　图 15-21

（3）选择【平面.1】，执行【标签】|【模拟标签】|【布料】命令，如图15-22所示。

图 15-22

（4）选择【平面.1】模型，单击【转为可编辑对象】按钮，如图15-23所示。

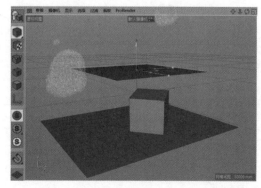

图 15-23

（5）单击【向前播放】▶按钮，即可观看到布料下落的动画效果，如图15-24所示。

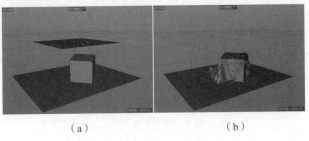

（a）　　　　　　（b）

图15-24

15.2.7 布料绑带

布料绑带用于设置影响、悬停等参数，如图15-25所示。

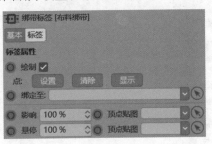

图15-25

实例：使用【刚体】【碰撞体】制作掉落的茶壶

案例路径：Chapter15 趣味动力学→实例：使用【刚体】【碰撞体】制作掉落的茶壶

本实例使用【刚体】【碰撞体】制作茶壶模型掉落在地面上产生碰撞的动画，如图15-26所示。

扫一扫，看视频

（a）　　　（b）

（c）　　　　　　（d）

图15-26

步骤01 打开本书场景文件【场景文件.c4d】，如图15-27所示。

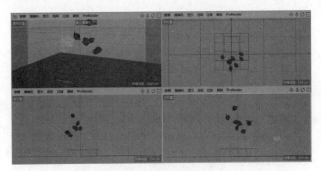

图15-27

步骤02 选择除去【大平面】【长方体】以外的9个模型，执行【标签】|【模拟标签】|【刚体】命令，如图15-28所示。

图15-28

步骤03 选择【大平面】【长方体】这2个模型，执行【标签】|【模拟标签】|【碰撞体】命令，如图15-29所示。

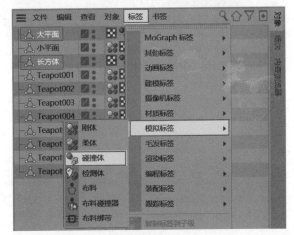

图15-29

步骤04 此时每个模型的后方都显示出了相应的标签，如图15-30所示。

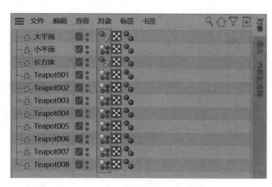

图 15-30

步骤 05 设置完成后单击【向前播放】▶按钮，如图15-31所示。

（a） （b）

图 15-31

实例：使用【刚体】【碰撞体】制作运动的球撞倒砖墙

扫一扫，看视频

案例路径：Chapter15 趣味动力学→实例：使用【刚体】【碰撞体】制作运动的球撞倒砖墙

本实例使用【刚体】【碰撞体】制作运动的球撞倒砖墙的动画效果，如图15-32所示。

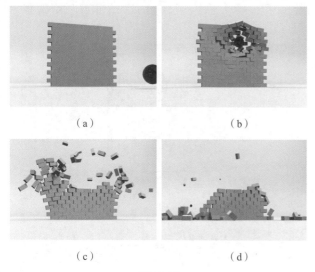

（a） （b）

（c） （d）

图 15-32

步骤 01 打开本书场景文件【场景文件.c4d】，如图15-33所示。

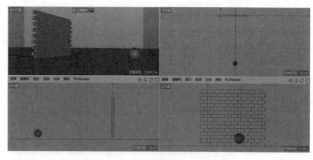

图 15-33

步骤 02 选择【平面】，执行【标签】|【模拟标签】|【碰撞体】命令，如图15-34所示。

步骤 03 选择除去【平面】以外的145个模型，执行【标签】|【模拟标签】|【刚体】命令，如图15-35所示。

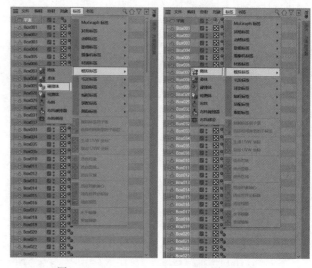

图 15-34 图 15-35

步骤 04 此时每个模型的后方都显示出了相应的标签，如图15-36所示。

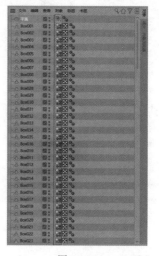

图 15-36

步骤 05 设置小球动画。选择球体模型，将时间轴移动至第0F，单击【自动关键帧】⊙按钮，然后单击【记录活动对象】⊙按钮，此时在第0F产生第1个关键帧，如图15-37所示。

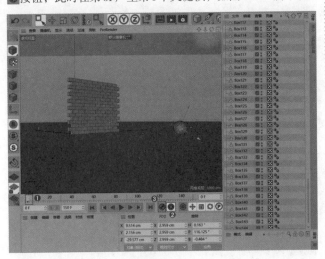

图 15-37

步骤 06 将时间轴移动至第3F，将小球模型移动至穿透墙体的位置，如图15-38所示。

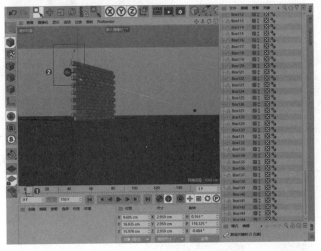

图 15-38

步骤 07 完成小球动画后，再次单击【自动关键帧】⊙按钮，完成小球动画。设置完成后单击【向前播放】▶按钮，即可看到小球撞击砖墙的动画，如图15-39所示。

（a） （b）

图 15-39

实例：使用【破碎】【引力】【刚体】【碰撞体】制作文字碎裂动画

案例路径：Chapter15 趣味动力学→实例：使用【破碎】【引力】【刚体】【碰撞体】制作文字碎裂动画

扫一扫，看视频

本实例使用【破碎】【引力】【刚体】【碰撞体】制作文字碎裂动画，如图15-40所示。

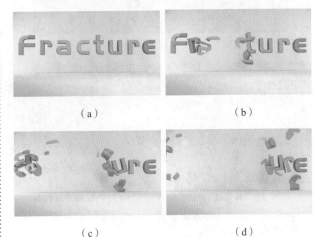

（a） （b）

（c） （d）

图 15-40

步骤 01 执行【创建】|【参数对象】|【平面】命令，如图12-78所示。创建完成后，在【对象】选项卡中设置【宽度】为1300cm，【高度】为1200cm，如图15-41所示。

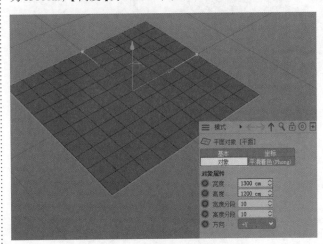

图 15-41

步骤 02 执行【创建】|【样条】|【文本】命令，如图12-118所示。创建完成后，在【对象】选项卡中设置合适的文本和字体，设置【高度】为200cm，【水平间隔】为22cm，如图15-42所示。设置完成后将其向上移动。

图 15-42

步骤 03 执行【创建】|【生成器】|【挤压】命令，如图5-156所示。在【对象/场次/内容浏览器】中选择【文本】，按住鼠标左键将其拖曳到【挤压】位置上，当出现↓图标时松开鼠标，效果如图15-43所示。

图 15-43

步骤 04 在选择【挤压】的状态下，在【对象】选项卡中设置【移动】的第3个数值为50cm，如图15-44所示；在【封盖】选项卡中设置【尺寸】为5cm，如图15-45所示。

图 15-44

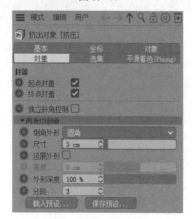

图 15-45

步骤 05 执行【运动图形】|【破碎（Voronoi）】命令，如图12-56所示。在【对象/场次/内容浏览器】中选择【挤压】，按住鼠标左键将其拖曳到【破碎（Voronoi）】位置上，当出现↓图标时松开鼠标，效果如图15-46所示。

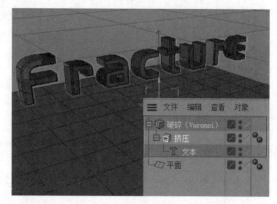

图 15-46

步骤 06 执行【模拟】|【力场】|【引力】命令，如图15-47所示。选择【衰减】选项卡，在下方双击，如图15-48所示。

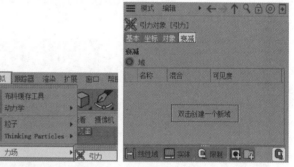

图 15-47　　　　　　　图 15-48

步骤 07 选择【球体域】，在【域】选项卡中设置【尺寸】为400cm，如图15-49所示。将其放置在合适的位置，如图15-50所示。

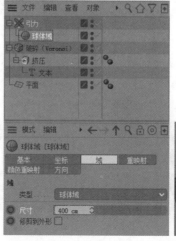

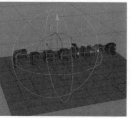

图 15-49　　　　　　　图 15-50

步骤 08 选择【平面】并右击，在弹出的快捷菜单中执行【模拟标签】|【碰撞体】命令，如图15-51所示；选择【破碎（Voronoi）】并右击，在弹出的快捷菜单中执行【模拟标签】|【刚体】命令，如图15-52所示。

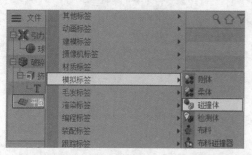

图 15-51

图 15-52

步骤 09 执行【编辑】|【工程设置】命令，如图15-53所示。在【动力学】选项卡中取消选中【跳帧时禁用】复选框，设置【重力】为0cm，如图15-54所示。

图 15-53　　　　　图 15-54

步骤 10 选择【引力】，选择【对象】选项卡，在视图中将时间轴拖曳到20F，设置【强度】为50，单击【强度】前方的○按钮使其变成●，如图15-55所示；将时间轴拖曳到21F，在【对象】选项卡中设置【强度】为-200，单击【强度】前方的○按钮使其变成●，如图15-56所示。

步骤 11 设置完成后单击【向前播放】▶按钮，如图15-57所示。

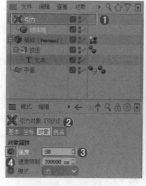
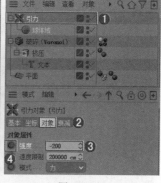

图 15-55　　　　　图 15-56

（a）　　　　　　　（b）

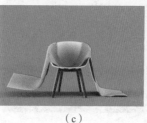

（c）　　　　　　　（d）

图 15-57

实例：使用【布料】【布料碰撞器】制作布落在凳子上

案例路径：Chapter15 趣味动力学→实例：使用【布料】【布料碰撞器】制作布落在凳子上

本实例使用【布料】【布料碰撞器】制作布料下落，并与凳子和地面产生碰撞，布料自然搭在凳子和地面上的动画，如图15-58所示。

扫一扫，看视频

（a）　　　　　　　（b）

（c）　　　　　　　（d）

图 15-58

步骤 01 打开本书场景文件【场景文件.c4d】，如图15-59所示。

图 15-59

步骤 02 创建一个平面模型，设置【宽度】为160cm，【高度】为40cm，【宽度分段】为100，【高度分段】为40，如图15-60所示。

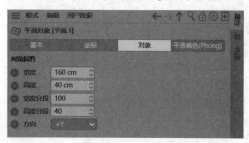

图 15-60

步骤 03 旋转平面模型，使其停在椅子上方倾斜的位置，如图15-61所示。

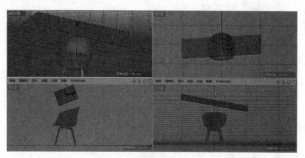

图 15-61

步骤 04 选择平面模型，单击【转为可编辑对象】按钮，如图15-62所示。

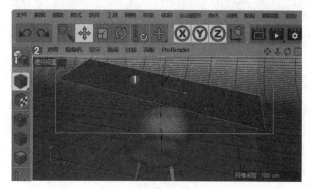

图 15-62

步骤 05 选择【平面】，执行【标签】|【模拟标签】|【布料】命令，如图15-63所示。

图 15-63

步骤 06 选择【凳子1】【凳子2】【地面】，执行【标签】|【模拟标签】|【布料碰撞器】命令，如图15-64所示。

图 15-64

步骤 07 此时每个模型的后方都显示出了相应的标签，如图15-65所示（注意：布料是指物体用于布料的真实物理属性，布料碰撞器用于与布料产生物理碰撞）。

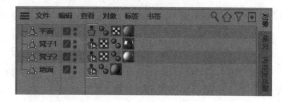

图 15-65

步骤 08 设置完成后单击【向前播放】按钮，如图15-66所示。

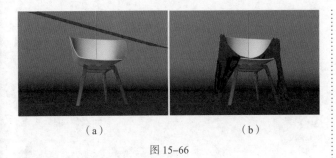

（a）　　　　　　　　　（b）

图 15-66

15.3 动力学

执行【模拟】|【动力学】命令，可以看到【连接器】【弹簧】【力】【驱动器】等动力学参数，如图 15-67 所示。

图 15-67

15.3.1 连接器

为两个或两个以上的对象增加连接器可使原本没有联系的对象互相之间产生关联，以产生更真实的效果。其参数如图 15-68 所示。

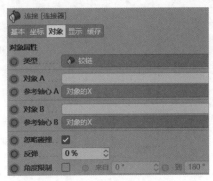

图 15-68

15.3.2 弹簧

弹簧可使对象之间产生弹簧般的拉长或缩短效果，其参数如图 15-69 所示。

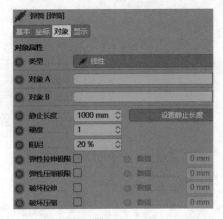

图 15-69

15.3.3 力

力可以在动力学中使用，其参数如图 15-70 所示。

图 15-70

15.3.4 驱动器

驱动器可以参与动力学模拟，其参数如图 15-71 所示。

图 15-71

角色与毛发

本章内容简介

本章将学习Cinema 4D中比较复杂的部分——角色与毛发技术。本章将通过两个经典案例，让读者对角色与毛发技术的学习变得更轻松。

重点知识掌握

- 掌握角色动画的工具使用及创建
- 学会为模型设置毛发效果

通过本章学习，我能做什么？

通过对本章的学习，我们将学会制作模型生长毛发、制作毛茸茸的毛发质感、为驯鹿模型添加骨骼系统，并进行绑定，制作真实的驯鹿行走动画。

佳作欣赏

16.1 认识角色动画

本节将讲解创建骨骼系统，并将模型与骨骼系统绑定在一起，最终制作完整的动画效果。

16.1.1 角色动画概述

角色动画是指以人或物为形态，产生动画的变化，最常见的是三维动画电影。角色动画的应用领域非常广泛，常应用于游戏设计、广告设计、影视动画设计等行业，如图16-1～图16-4所示。

图 16-1　　　　　　图 16-2

图 16-3

图 16-4

16.1.2 Cinema 4D中的角色动画工具

在【角色】菜单中可以看到很多种与角色动画相关的工具，如图16-5所示。

图 16-5

16.2 详解角色动画工具

角色动画工具包括管理器、约束、角色、CMotion、角色创建、关节工具、关节、蒙皮、肌肉、肌肉蒙皮及其他工具。

扫一扫，看视频

16.2.1 管理器和约束

执行【角色】|【管理器】命令，如图16-6所示，会在其级联菜单中出现两个选项，分别是【权重管理器】【顶点映射转移工具（VAMP）】。

图 16-6

【约束】命令能够将两个或两个以上的对象之间的运动关系进行管理和关联。执行【角色】|【约束】命令，会在其级联菜单中出现多个约束命令，如图16-6所示。

【重点】16.2.2　角色、CMotion、角色创建

角色、CMotion、角色创建是角色动画中比较常用的几种工具，可以对角色骨骼系统进行创建和修改，如图16-7所示。

图 16-7

16.2.3　关节工具

关节工具主要用于创建关节骨骼及IK链等，使骨骼与骨骼之间产生联系，如图16-8所示。

图 16-8

16.2.4　关节、蒙皮、肌肉、肌肉蒙皮

关节、蒙皮、肌肉、肌肉蒙皮用于创建关节、设置肌肉、进行蒙皮等操作，如图16-9所示。

图 16-9

16.2.5　其他工具

除此之外，角色动画工具还包括簇、创建簇、添加点变形、添加PSR变形、衰减，如图16-10所示。

图 16-10

实例：使用【角色】制作驯鹿走路动画

案例路径：Chapter16 角色与毛发→实例：使用【角色】制作驯鹿走路动画

扫一扫，看视频

本实例使用角色工具创建四足动物的骨骼系统，并进行绑定，制作驯鹿沿着样条走路的动画效果，如图16-11所示。

图 16-11

步骤 01 打开本书场景文件【场景文件.c4d】，如图16-12所示。

步骤 02 执行【角色】|【角色】命令，如图16-13所示。

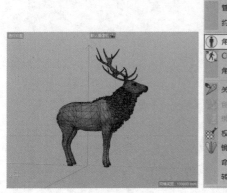

图 16-12   图 16-13

步骤 03 在【对象】选项卡中设置【模板】为【Advanced Quadruped】，单击【组件】下的 Root 按钮，如图16-14所示。

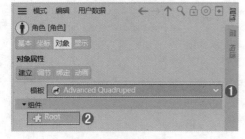

图 16-14

步骤 04 单击 Spine 按钮，如图16-15所示。

图 16-15

步骤 05 此时出现了4个按钮，如图16-16所示。

图 16-16

步骤 06 选择【对象/场次/内容浏览器】中的 Spine，单击 Tail (FK) 按钮，如图16-17所示。

图 16-17

步骤 07 再次选择【对象/场次/内容浏览器】中的 Spine，单击 Back_Leg 按钮，如图16-18所示。

图 16-18

步骤 08 再次选择【对象/场次/内容浏览器】中的 Spine，单击 Front_Leg 按钮，如图16-19所示。

图 16-19

步骤 09 再次选择【对象/场次/内容浏览器】中的 Spine，单击 Back_Leg 按钮，如图16-20所示。

图 16-20

步骤 10 再次选择【对象/场次/内容浏览器】中的 Spine，单击 Front_Leg 按钮，如图16-21所示。

图 16-21

步骤 11 再次选择【对象/场次/内容浏览器】中的 Spine，单击 Neck (FK) 按钮，此时创建的骨骼如图16-22所示。

图 16-22

步骤 12 此时创建中的骨骼系统已经出现，如图16-23所示。

图 16-23

步骤 13 选择【对象/场次/内容浏览器】中的【角色】，在【坐标】选项卡中设置【S.X】为2，【S.Y】为2，【S.Z】为2，如图16-24所示。

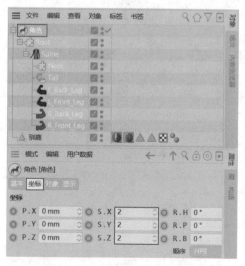

图 16-24

步骤 14 移动驯鹿模型，将驯鹿模型与骨骼系统对齐放置，如图16-25所示。

图 16-25

步骤 15 选择【对象/场次/内容浏览器】中的【角色】，在【对象】选项卡中单击【调节】按钮，如图 16-26 所示。

图 16-26

步骤 16 选择骨骼系统中的点并移动位置，将其与驯鹿的骨骼位置对齐。图 16-27 所示为调整头部位置的骨骼点。

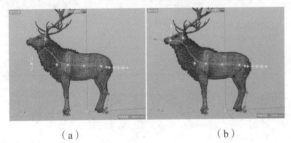

（a）　　　　　　　　（b）

图 16-27

步骤 17 继续仔细将骨骼点与驯鹿相应的位置对齐。注意，腿部顶端的骨骼尽量分开一些，否则在后面绑定之后容易产生由于距离较近带来的运动错误。调整完成后的骨骼如图 16-28 所示。

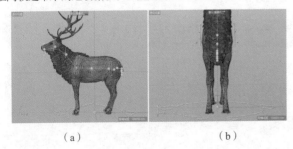

（a）　　　　　　　　（b）

图 16-28

步骤 18 选择【对象/场次/内容浏览器】中的【角色】，在【对象】选项卡中单击【绑定】按钮，将【驯鹿】拖曳至【对象】后方的列表中，如图 16-29 所示。

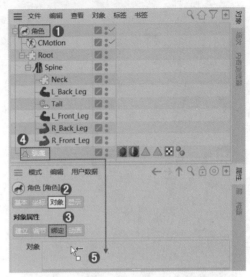

图 16-29

步骤 19 单击【动画】按钮，再单击【添加行走】按钮，如图 16-30 所示。

图 16-30

步骤 20 单击【向前播放】▶按钮，此时看到驯鹿在原地踏步走，如图 16-31 所示。

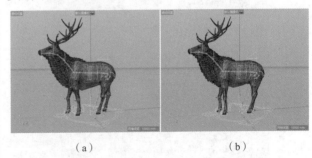

（a）　　　　　　　　（b）

图 16-31

步骤 21 选择【对象/场次/内容浏览器】中的【CMotion】，在【对象】选项卡中设置【行走】为【路径】，【跨步】为 1500mm，如图 16-32 所示。

步骤 22 在顶视图中绘制一条样条，如图 16-33 所示。

步骤 23 将样条拖曳至【路径】后方，如图 16-34 所示。

图 16-32

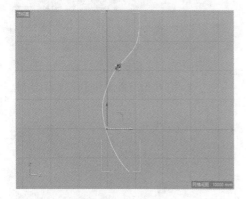

图 16-33

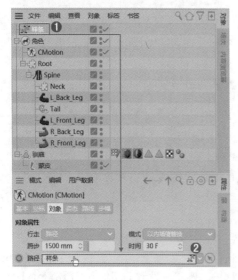

图 16-34

步骤 24 单击【向前播放】▶按钮，此时看到驯鹿沿着曲线行走，如图16-35所示。

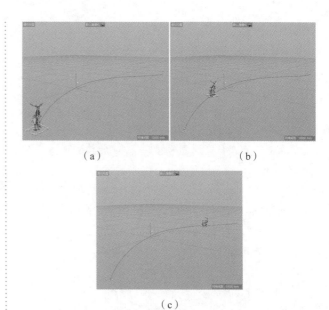

（a）　　　　　　　　（b）

（c）

图 16-35

步骤 25 将【场景.c4d】文件导入该场景中，单击【向前播放】▶按钮，如图16-36所示。

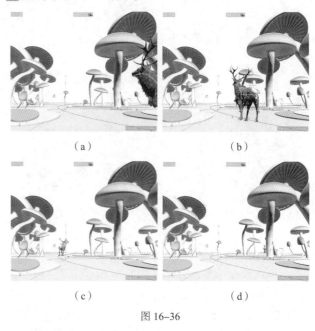

（a）　　　　　　　　（b）

（c）　　　　　　　　（d）

图 16-36

16.3 认识毛发

本节将讲解毛发的应用，通过对本节的学习，我们将学习模型生长毛发的效果。

16.3.1 毛发概述

毛发是指具有毛状的物体，在3ds Max中毛发工具的参

中文版Cinema 4D R21从入门到精通（微课视频 全彩版）

数虽然比较简单，但是要模拟非常真实的毛发效果，则需要反复调试。常见的毛发类型有人类头发、动物皮毛、植物杂草、软装饰地毯等，如图16-37和图16-38所示。

图 16-37　　　　　　图 16-38

16.3.2　Cinema 4D中的毛发工具

Cinema 4D中的毛发工具包括毛发对象、毛发模式、毛发编辑、毛发选择、毛发工具、毛发选项，如图16-39所示。

图 16-39

重点 16.4　详解毛发工具

扫一扫，看视频

16.4.1　毛发对象

毛发对象包括添加毛发、羽毛对象、绒毛，如图16-40所示。

图 16-40

图16-41所示为选择模型，并添加毛发的效果。

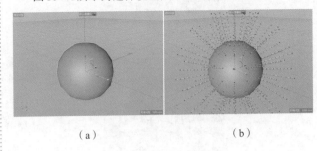

（a）　　　　　　　　（b）

图 16-41

此时材质编辑器中出现了一个【毛发材质】材质球，双击该材质球，如图16-42所示。

图 16-42

此时在材质编辑器中可以对毛发的材质进行设置，如颜色、高光、粗细、卷发、弯曲、波浪等，如图16-43所示。

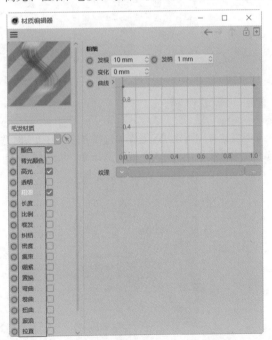

图 16-43

16.4.2　毛发模式

在毛发模式中可以切换毛发的模式，包括发梢、发根、点、引导线、顶点等，如图16-44所示。

图 16-44

16.4.3 毛发编辑

在毛发编辑中可以对已经创建完成的毛发进行编辑处理，包括平滑分段、毛发转为样条等，如图 16-45 所示。

图 16-45

16.4.4 毛发选择

在毛发选择中可以切换毛发的选择方式，包括实时选择、框选、套索选择、全部选择、取消选择等，如图 16-46 所示。

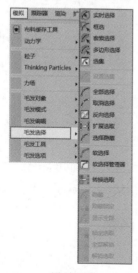

图 16-46

16.4.5 毛发工具

毛发工具可以对毛发进行梳理、卷曲、修剪等处理，如图 16-47 所示。

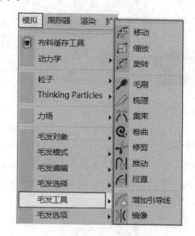

图 16-47

图 16-48 所示为使用梳理工具，并拖曳鼠标的效果，可以改变发型。

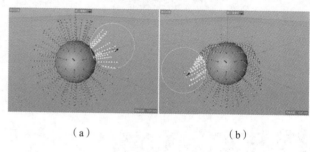

（a）　　　　　　　　　（b）

图 16-48

图 16-49 所示为使用修剪工具，并拖曳鼠标的效果，可以将毛发剪短。

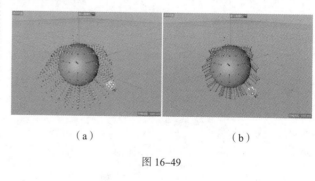

（a）　　　　　　　　　（b）

图 16-49

16.4.6 毛发选项

毛发选项中包括对称、对称管理器、交互动力学等参数，如图 16-50 所示。

中文版Cinema 4D R21从入门到精通（微课视频 全彩版）

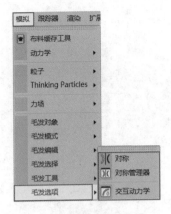

图 16-50

实例：使用【添加毛发】制作可爱的毛茸茸文字

案例路径:Chapter16 角色与毛发→实例:
使用【添加毛发】制作可爱的毛茸茸文字

本实例使用添加毛发工具为三维文字设置
毛发效果，最终制作出毛茸茸的文字效果，如
图 16-51 所示。

 扫一扫，看视频

图 16-51

步骤 01 打开本书场景文件【场景文件.c4d】，如图 16-52
所示。

步骤 02 单击选中文字，如图 16-53 所示。

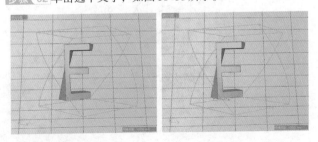

图 16-52　　　　　图 16-53

步骤 03 执行【模拟】|【毛发对象】|【添加毛发】命令，如
图 16-54 所示。

步骤 04 选择【引导线】选项卡，设置【数量】为24，【分段】
为8，【长度】为150mm，如图 16-55 所示。

图 16-54

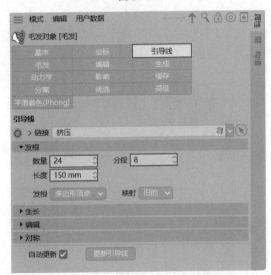

图 16-55

步骤 05 选择【毛发】选项卡，设置【数量】为500000，【分
段】为8，如图 16-56 所示。

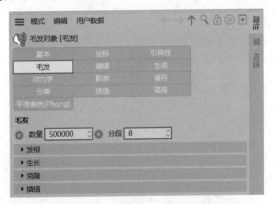

图 16-56

步骤 06 此时材质编辑器中出现了【毛发材质】的材质球，
双击该材质球，开始修改参数。选中【粗细】复选框，设置
【发根】为3mm，如图 16-57 所示。

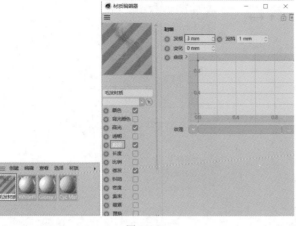

图 16-57

步骤 07 选中【卷发】复选框，设置【卷发】为30%，【变化】为30%，如图 16-58 所示。

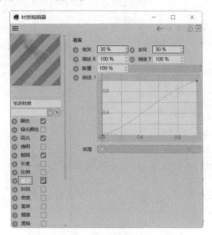

图 16-58

步骤 08 选中【弯曲】复选框，设置【弯曲】为30%，【变化】为30%，如图 16-59 所示。

图 16-59

步骤 09 选中【卷曲】复选框，设置【卷曲】为20°，如图 16-60 所示。

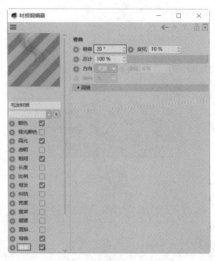

图 16-60

步骤 10 此时场景毛发效果如图 16-61 所示。

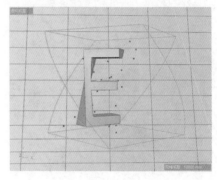

图 16-61

步骤 11 单击【渲染到图片查看器】按钮，渲染效果如图 16-62 所示。

图 16-62

Chapter
17

第17章

综合案例：洗护用品展示广告

本章内容简介

通过本案例的学习，我们将学习如何在Cinema 4D中制作一个优秀的洗护用品的展示广告，从而在淘宝电商广告宣传或其他平台宣传中使用。本案例的难点在于使用"三点布光"创建柔和均匀的光照，以及制作光滑的材质。

重点知识掌握

- 渲染参数
- 使用"区域光"布置"三点布光"
- 制作光滑的洗护用品瓶身质感

通过本章学习，我能做什么？

通过本章的学习，我们将掌握使用Cinema 4D制作电商平台常见的产品宣传广告，让产品更具吸引力。

佳作欣赏

案例路径:Chapter17 综合案例: 洗护用品展示广告

本章将学习如何在Cinema 4D中制作一幅优秀的洗护用品的展示广告,从而应用于淘宝电商广告或其他平台中。本案例的难点在于使用三点布光创建柔和均匀的光照,并且制作光滑的材质。本案例最终渲染效果如图17-1所示。

图 17-1

17.1 设置渲染参数

步骤 01 打开本书场景文件【场景文件.c4d】,如图17-2所示。

步骤 02 单击【编辑渲染设置】按钮,开始设置渲染参数。设置【渲染器】为【物理】,如图9-80所示。

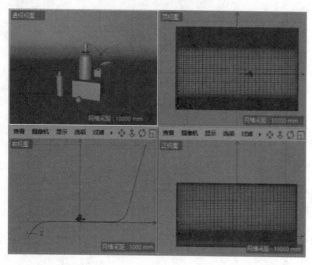

图 17-2

步骤 03 在【输出】选项组中设置【宽度】为1200,【高度】为1200,并选中【锁定比率】复选框,如图17-3所示;在【抗锯齿】选项组中设置【过滤】为【Mitchell】,如图17-4所示。

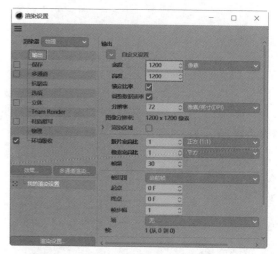

图 17-3

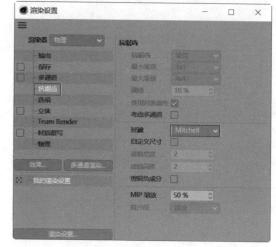

图 17-4

步骤 04 在【物理】选项组中设置【采样器】为【递增】,如图17-5所示。

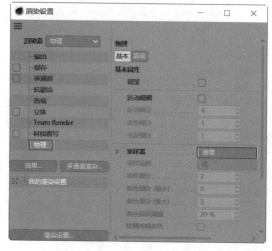

图 17-5

中文版Cinema 4D R21从入门到精通(微课视频 全彩版)

17.2 设置灯光

本案例为了模拟更柔和的光线，使用了经典的三点布光技巧。

17.2.1 左侧灯光

步骤 01 执行【创建】|【灯光】|【区域光】命令，创建一盏区域光。在透视视图中将其放置在左侧，适当旋转，位置如图17-6所示。

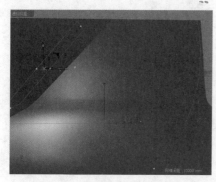

图 17-6

步骤 02 设置该灯光参数。在【常规】选项卡中设置【颜色】为白色，【强度】为70%，【投影】为【区域】，如图17-7所示。

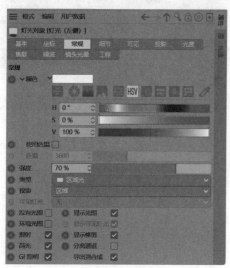

图 17-7

步骤 03 在【细节】选项卡中设置【外部半径】为1175mm，【水平尺寸】为2350mm，【垂直尺寸】为7030mm，如图17-8所示；在【可见】选项卡中设置【内部距离】为79.909mm，【外部距离】为79.909mm，【采样属性】为998.858mm，如图17-9所示。

步骤 04 单击【渲染到图片查看器】按钮，渲染效果如图17-10所示。

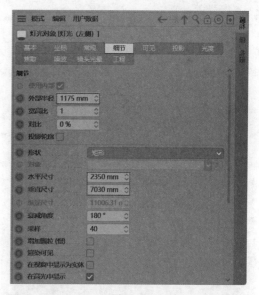

图 17-8

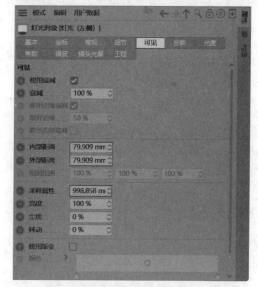

图 17-9

图 17-10

17.2.2　右侧灯光

步骤 01 执行【创建】|【灯光】|【区域光】命令，创建一盏区域光。在透视视图中将其放置在右侧，适当旋转，如图17-11所示。

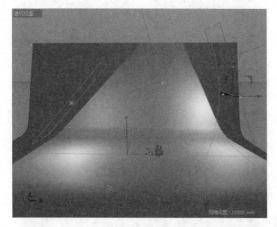

图 17-11

步骤 02 设置该灯光参数。在【常规】选项卡中设置【颜色】为白色，【强度】为36%，【投影】为【区域】，如图17-12所示。

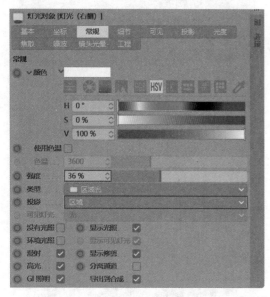

图 17-12

步骤 03 在【细节】选项卡中设置【外部半径】为1175mm，【水平尺寸】为2350mm，【垂直尺寸】为10000mm，如图17-13所示；在【可见】选项卡中设置【内部距离】为79.909mm，【外部距离】为79.909mm，【采样属性】为998.858mm，如图17-14所示。

步骤 04 单击【渲染到图片查看器】按钮，渲染效果如图17-15所示。

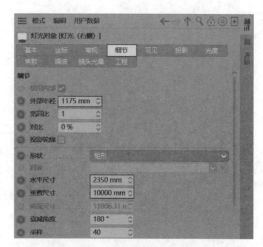

图 17-13

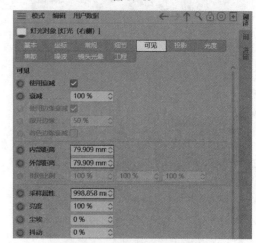

图 17-14

图 17-15

17.2.3　正面灯光

步骤 01 执行【创建】|【灯光】|【区域光】命令，创建一盏区域光。在透视视图中将其放置在正面，适当旋转，如图17-16所示。

步骤 02 设置该灯光参数。在【常规】选项卡中设置【颜色】为白色，【强度】为30%，【投影】为【区域】，如图17-17所示。

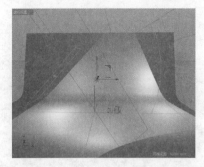

图 17-16

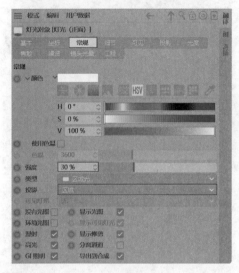

图 17-17

步骤 03 在【细节】选项卡中设置【外部半径】为1175mm，【水平尺寸】为2350mm，【垂直尺寸】为10000mm，如图17-18所示；在【可见】选项卡中设置【内部距离】为79.909mm，【外部距离】为79.909mm，【采样属性】为998.858mm，如图17-19所示。

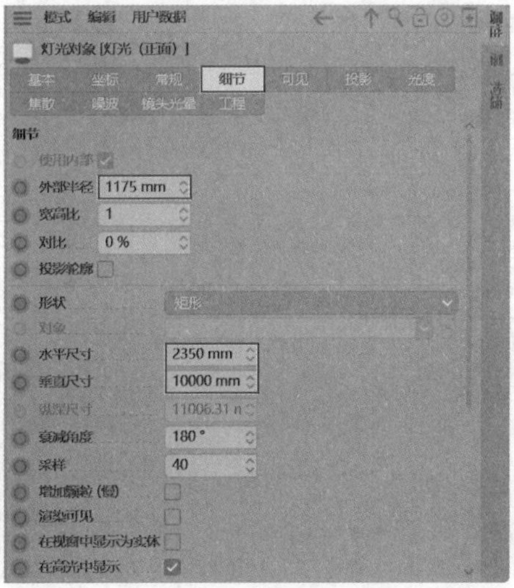

图 17-18

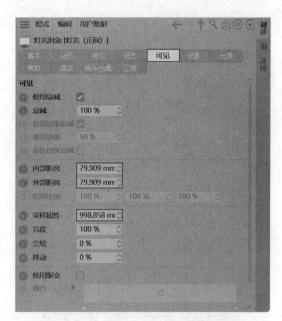

图 17-19

步骤 04 单击【渲染到图片查看器】■按钮，渲染效果如图17-20所示。

图 17-20

17.3 设置材质

本案例的材质部分主要包括背景材质、彩色化妆瓶材质、彩球材质、拉丝金属材质、树叶材质、标签材质。

17.3.1 背景材质

步骤 01 执行【创建】|【新的默认材质】命令，新建一个材质球，命名为【背景】。双击该材质球，选中【颜色】复选框，设置【颜色】为青色，如图17-21所示。

步骤 02 该材质设置完成，将该材质球拖曳到相应的模型上，即可赋予模型材质，如图17-22所示。

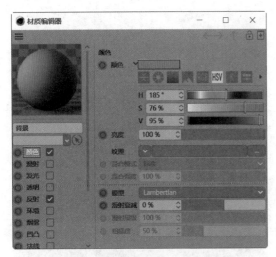

图 17-21

图 17-22

17.3.2 彩色化妆瓶材质

步骤 01 执行【创建】|【新的默认材质】命令，新建一个材质球，命名为【彩色化妆瓶】。双击该材质球，选中【颜色】复选框，单击【纹理】后方的 ✓ 图标，加载【渐变】，并设置渐变的颜色为七彩色，如图17-23所示。

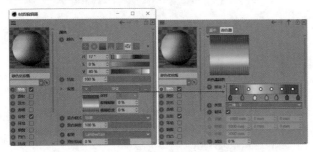

图 17-23

步骤 02 选中【发光】复选框，设置【颜色】为橙色，如图17-24所示。

步骤 03 选中【透明】复选框，设置【颜色】为橙色，【折射率预设】为【自定义】，【折射率】为1，如图17-25所示。

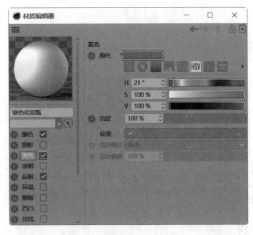

图 17-24

图 17-25

步骤 04 选中【反射】复选框，在【透明度】选项卡中设置【类型】为【反射（传统）】，【粗糙度】为9%，如图17-26所示。

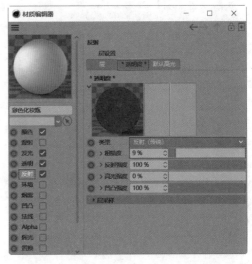

图 17-26

中文版Cinema 4D R21从入门到精通（微课视频 全彩版）

步骤 05 选中【反射】复选框，在【层】选项卡中单击【添加】按钮，添加【反射（传统）】，如图17-27所示。

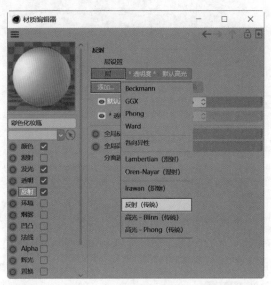

图 17-27

步骤 06 单击新增的【层1】按钮，设置【粗糙度】为9%；单击纹理后方的 ✓ 图标，添加【菲涅耳（Fresnel）】，如图17-28所示。

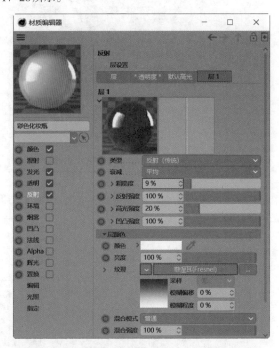

图 17-28

步骤 07 将【层】中的【默认高光】【层1】【透明度】调整顺序，如图17-29所示。

步骤 08 该材质设置完成，将该材质球拖曳到相应的模型上，即可赋予模型材质，如图17-30所示。

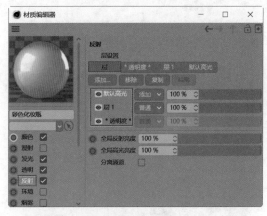

图 17-29

图 17-30

17.3.3 彩球材质

步骤 01 执行【创建】|【新的默认材质】命令，新建一个材质球，命名为【彩球】。双击该材质球，选中【颜色】复选框，单击【纹理】后方的 ✓ 图标，加载【渐变】，并设置渐变的颜色为七彩色，设置【类型】为【二维-星形】，如图17-31所示。

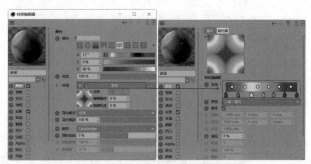

图 17-31

步骤 02 选中【发光】复选框，设置【颜色】为橙色，如图17-32所示。

步骤 03 选中【透明】复选框，设置【颜色】为橙色，【折射率预设】为【自定义】，【折射率】为1，如图17-33所示。

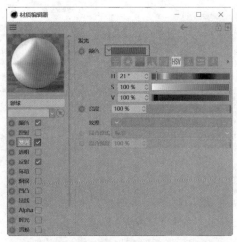

图 17-32

图 17-33

步骤 04 选中【反射】复选框,在【透明度】选项卡中设置【类型】为【反射(传统)】,【粗糙度】为9%,如图17-34所示。

步骤 05 选中【反射】复选框,在【层】选项卡中单击【添加】按钮,添加【反射(传统)】,如图17-35所示。

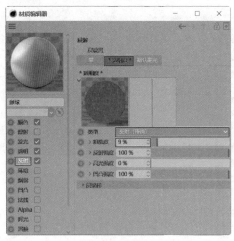

图 17-34

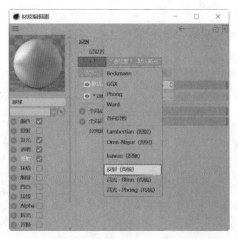

图 17-35

步骤 06 单击新增的【层1】按钮,设置【粗糙度】为9%;单击纹理后方的 图标,添加【菲涅耳(Fresnel)】,如图17-36所示。

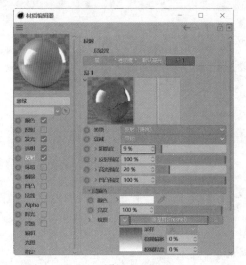

图 17-36

步骤 07 将【层】中的【默认高光】【层1】【透明度】调整顺序,如图17-37所示。

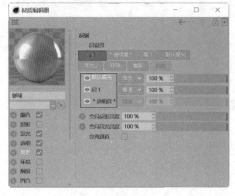

图 17-37

中文版Cinema 4D R21从入门到精通(微课视频 全彩版)

步骤 08 该材质设置完成，将该材质球拖曳到相应的模型上，即可赋予模型材质，如图17-38所示。

图 17-38

17.3.4 拉丝金属材质

步骤 01 执行【创建】|【新的默认材质】命令，新建一个材质球，命名为【拉丝金属】。双击该材质球，选中【颜色】复选框，单击【纹理】后方的 ✓ 图标，加载【过滤】，如图17-39所示。

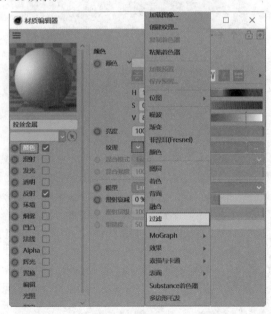

图 17-39

步骤 02 单击进入【过滤】界面，单击【纹理】后方的 ✓ 图标，执行【效果】|【各向异性】命令，如图17-40所示。

步骤 03 单击进入【各向异性】界面，在【着色器】选项卡中设置【颜色】为灰色，【光照】为59%，如图17-41所示。

步骤 04 在【高光1】选项卡中设置【强度】为129%，【尺寸】为5%，【闪耀】为198%，如图17-42所示。

步骤 05 在【高光2】选项卡中设置【颜色】为灰色，如图17-43所示。

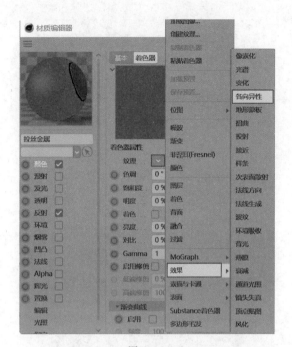

图 17-40

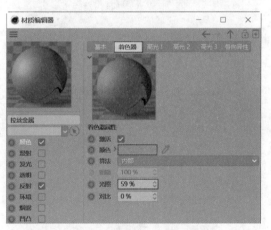

图 17-41

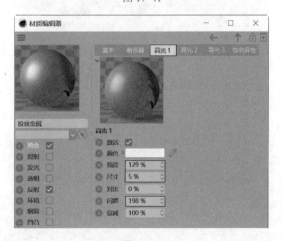

图 17-42

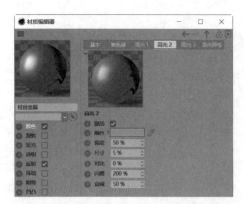

图 17-43

步骤 06 在【高光3】选项卡中设置【颜色】为深灰色，如图 17-44 所示。

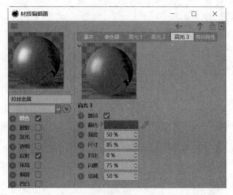

图 17-44

步骤 07 在【各向异性】选项卡中选中【激活】复选框，设置【投射】为【平面】，【振幅】为100%，【缩放】为238%，如图 17-45 所示。

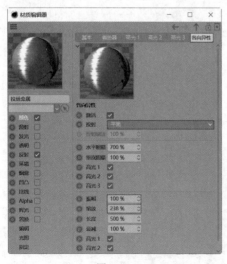

图 17-45

步骤 08 选中【反射】复选框，设置【类型】为【高光-Phong（传统）】，【高光强度】为70%，【凹凸强度】为100%；单击【纹

理】后方的 ˅ 图标，加载【过滤】。单击进入【过滤】界面，单击【纹理】后方的 ˅ 图标，加载【颜色】，如图 17-46 所示。

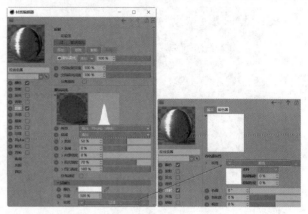

图 17-46

步骤 09 单击【添加】按钮，添加【反射（传统）】，如图 17-47 所示。

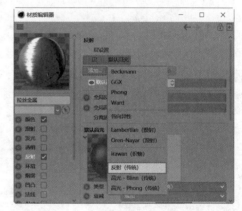

图 17-47

步骤 10 单击新增的【层1】按钮，设置【高光强度】为0%，【亮度】为65%，【混合模式】为【减去】，【混合强度】为17%；单击纹理后方的 ˅ 图标，加载【过滤】。单击进入【过滤】界面，单击【纹理】后方的 ˅ 图标，加载【颜色】，如图 17-48 所示。

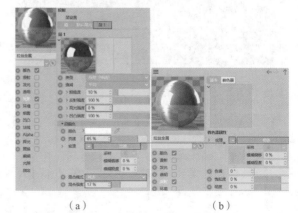

（a）　　　　　　　　　　（b）

图 17-48

中文版Cinema 4D R21从入门到精通（微课视频 全彩版）

步骤 11 该材质设置完成，将该材质球拖曳到瓶口的模型上，即可赋予模型材质，如图17-49所示。

图 17-49

17.3.5 树叶材质

步骤 01 执行【创建】|【新的默认材质】命令，新建一个材质球，命名为【树叶】。双击该材质球，弹出【材质编辑器】对话框，修改参数。选中【颜色】复选框，单击【纹理】后方的 ∨ 图标，选择【加载图像】，添加本书场景文件中的位图贴图【Leaf.png】，如图17-50所示。

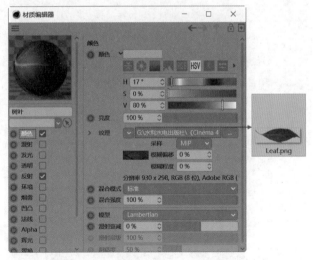

图 17-50

步骤 02 选中【透明】复选框，设置【折射率预设】为【自定义】，【折射率】为1；单击【纹理】后方的 ∨ 图标，选择【加载图像】，添加本书场景文件中的位图贴图【Leaf2.jpg】，如图17-51所示。

步骤 03 选中【反射】复选框，设置【宽度】为29.442%，【高光强度】为100%，如图17-52所示。

步骤 04 选择【透明度】选项卡，设置【粗糙度】为0%，如图17-53所示。

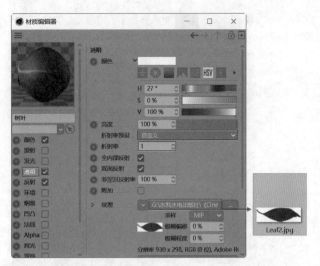

图 17-51

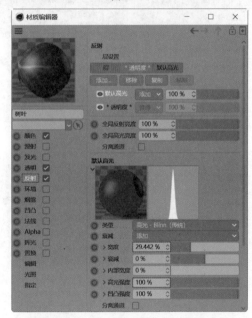

图 17-52

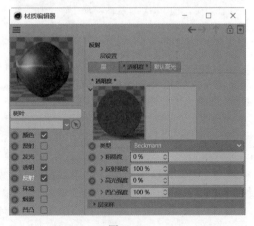

图 17-53

步骤 05 该材质设置完成，将该材质球拖曳到树叶上，即可赋予模型材质。但是，此时的树叶贴图显示并不正确，如图17-54所示。

步骤 06 单击【Leaf body】后方的■按钮，设置【投射】为【UVW贴图】，如图17-55所示。

图17-54　　　　　　图17-55

步骤 07 此时贴图显示正确，如图17-56所示。

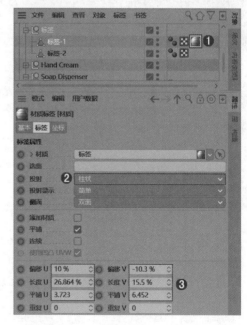

图17-56

17.3.6　标签材质

步骤 01 执行【创建】|【新的默认材质】命令，新建一个材质球，命名为【标签】。双击该材质球，选中【颜色】复选框，单击【纹理】后方的▼图标，选择【加载图像】，添加本书场景文件中的位图贴图【Liquid_soap.jpg】，如图17-57所示。

步骤 02 选中【反射】复选框，设置【宽度】为29.442%，【高光强度】为100%，如图17-58所示。

步骤 03 该材质设置完成，将该材质球拖曳到相应的模型上，即可赋予模型材质。但是，此时贴图显示的效果并不正确，如图17-59所示。

步骤 04 单击【标签-1】后方的■按钮，设置【投射】为【柱状】，【偏移U】为10%，【长度U】为26.864%，【平铺U】为3.723，【偏移V】为-10.3%，【长度V】为15.5%，【平铺V】为6.452，如图17-60所示。

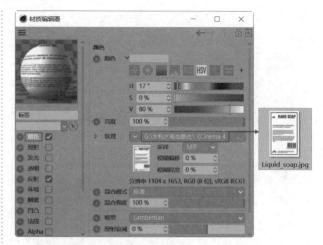

图17-57

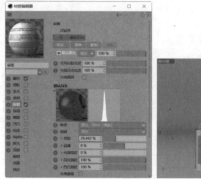

图17-58　　　　　　　图17-59

图17-60

步骤 05 此时贴图显示正确，如图17-61所示。

步骤 06 将剩余材质制作完成，如图17-62所示。

图 17-61

图 17-62

17.4 设置摄像机并渲染

接下来开始为视图创建摄像机，并进行最终渲染。

17.4.1 设置摄像机

步骤 01 进入透视视图，按住Alt键拖曳鼠标旋转视图；滚动鼠标中轮缩放视图；按住Alt键拖曳鼠标中轮，将视图效果调整至当前效果，如图 17-63 所示。

步骤 02 执行【创建】|【摄像机】|【摄像机】命令，如图 9-22 所示。

图 17-63

步骤 03 单击【摄像机】后方的 按钮，如图 17-64 所示，使其变为 ，如图 17-65 所示。

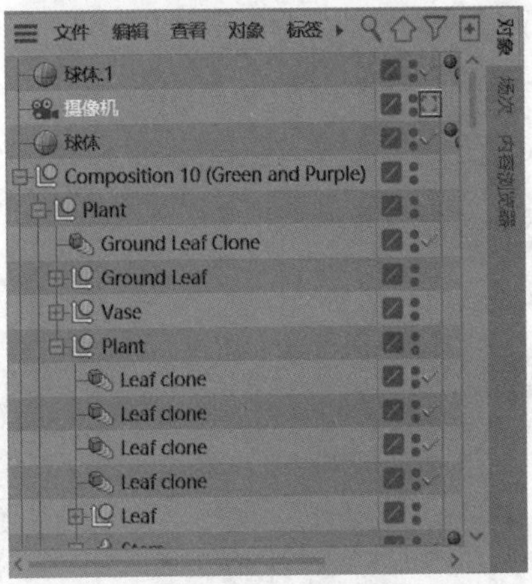

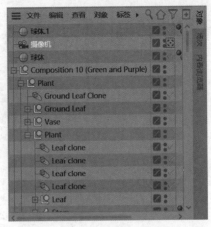
图 17-65

17.4.2 渲染作品

确认【摄像机】后方的按钮为 ，并且当前的视角正确后，单击【渲染到图片查看器】 按钮，渲染效果如图 17-66 所示。

图 17-66

图 17-64

Chapter 18

第18章

扫一扫，看视频

综合案例：品牌鞋包电商广告设计

本章内容简介

通过本案例的学习，我们将学习如何打造一个唯美的、仙境般意境的产品场景。也给大家一些启发，在为产品制作广告设计时，可以将产品放置在更有趣的场景氛围中，这样会更吸引消费者眼球。本案例制作难点在于如何模拟出更受女性欢迎的甜腻感的广告风格。

重点知识掌握

- 柔和光线的营造
- 粉嫩感材质的模拟

通过本章学习，我能做什么？

通过本章的学习，我们将掌握使用Cinema 4D制作电商平台常见的产品促销广告，可以利用本案例的思路更换元素，适用于各种类型的产品宣传。并且可以从中更清晰地认识到如何渲染唯美风格的作品。

佳作欣赏

案例路径：Chapter18 综合案例：品牌鞋包电商广告设计

本章将学习如何打造一个唯美的、仙境般意境的产品场景。本章也会给大家一些启发，在为产品进行广告设计时，可以将产品放置在更有趣的场景氛围中，这样会更吸引消费者眼球。本案例制作难点在于如何模拟出更受女性欢迎的甜腻感的广告风格。本案例最终渲染效果如图18-1所示。

图 18-1

18.1 设置渲染参数

步骤 01 打开本书场景文件【场景文件.c4d】，如图18-2所示。

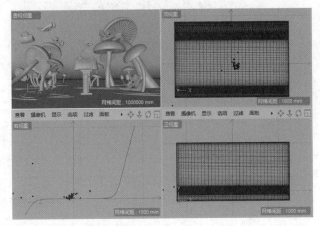

图 18-2

步骤 02 单击【编辑渲染设置】按钮，开始设置渲染参数。设置【渲染器】为【物理】，如图9-80所示。

步骤 03 单击【效果】按钮，添加【全局光照】，如图9-81所示。并设置【首次反弹算法】和【二次反弹算法】为【辐照缓存】。单击【效果】，添加【环境吸收】，并设置【最大光线长度】为1500mm，【对比】为-10%。

步骤 04 在【输出】选项组中设置【宽度】为1600，【高度】为960，并选中【锁定比率】复选框，如图18-3所示。

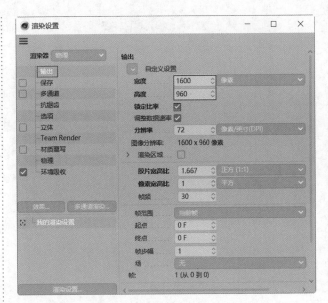

图 18-3

步骤 05 在【抗锯齿】选项组中设置【过滤】为【Mitchell】，如图17-4所示。

步骤 06 在【物理】选项组中设置【采样器】为【递增】，如图17-5所示。

18.2 设置灯光

本案例为了模拟更柔和的光线，使用了经典的三点布光技巧，主要使用区域光模拟。渲染后发现作品整体偏暗，因此最后创建灯光进行辅助照明。

18.2.1 左侧灯光

步骤 01 执行【创建】|【灯光】|【区域光】命令，创建一盏区域光。在透视视图中将其放置在左侧，适当旋转，如图18-4所示。

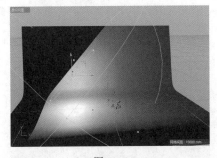

图 18-4

步骤 02 设置该灯光参数。在【常规】选项卡中设置【颜色】为白色，【强度】为80%，【投影】为【区域】，如图18-5所示。

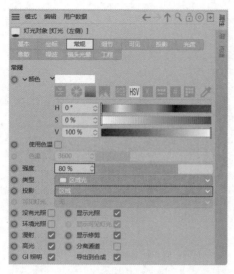

图 18-5

步骤 03 在【细节】选项卡中设置【外部半径】为1175mm，【水平尺寸】为2350mm，【垂直尺寸】为7030mm，如图17-8所示；在【可见】选项卡中设置【内部距离】为79.909mm，【外部距离】为79.909mm，【采样属性】为998.858mm，如图17-9所示。

步骤 04 单击【渲染到图片查看器】按钮，渲染效果如图18-6所示。

图 18-6

18.2.2 右侧灯光

步骤 01 执行【创建】|【灯光】|【区域光】命令，创建一盏区域光。在透视视图中将其放置在右侧，适当旋转，如图18-7所示。

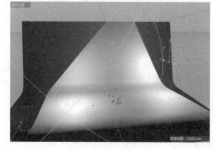

图 18-7

步骤 02 设置该灯光参数。在【常规】选项卡中设置【颜色】

为白色，【强度】为40%，【投影】为【区域】，如图18-8所示。

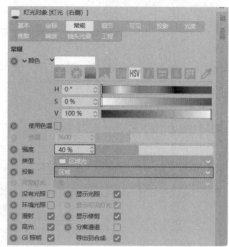

图 18-8

步骤 03 在【细节】选项卡中设置【外部半径】为1175mm，【水平尺寸】为2350mm，【垂直尺寸】为10000mm，如图17-13所示；在【可见】选项卡中设置【内部距离】为79.909mm，【外部距离】为79.909mm，【采样属性】为998.858mm，如图17-14所示。

步骤 04 单击【渲染到图片查看器】按钮，渲染效果如图18-9所示。

图 18-9

18.2.3 正面灯光

步骤 01 执行【创建】|【灯光】|【区域光】命令，创建一盏区域光。在透视视图中将其放置在正面，适当旋转，如图18-10所示。

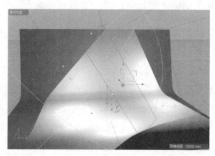

图 18-10

步骤 02 设置该灯光参数。在【常规】选项卡中设置【颜色】为白色，【强度】为40%，【投影】为【区域】，如图18-11所示。

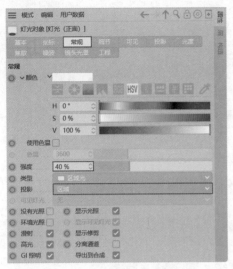

图 18-11

步骤 03 在【细节】选项卡中设置【外部半径】为1175mm，【水平尺寸】为2350mm，【垂直尺寸】为10000mm，如图17-18所示；在【可见】选项卡中设置【内部距离】为79.909mm，【外部距离】为79.909mm，【采样属性】为998.858mm，如图17-19所示。

步骤 04 单击【渲染到图片查看器】■按钮，渲染效果如图18-12所示。

图 18-12

18.2.4 辅助灯光

此时发现渲染的作品稍微偏暗，可以使用Photoshop调整亮度，也可以继续创建灯光，使场景更亮。

步骤 01 执行【创建】|【灯光】|【灯光】命令，创建一盏灯光，如图18-13所示。

步骤 02 设置该灯光参数，在【常规】选项卡中设置【颜色】为浅蓝色，【强度】为62%，【类型】为【泛光灯】，如图18-14所示。

步骤 03 单击【渲染到图片查看器】■按钮，渲染效果如图18-15所示。

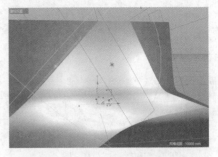

图 18-13

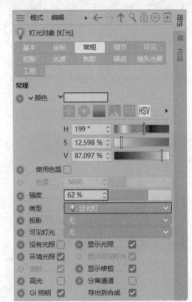

图 18-14

图 18-15

18.3 设置材质

本案例材质部分主要包括背景材质、蘑菇材质、反光地面材质、皮鞋材质。

18.3.1 背景材质

步骤 01 执行【创建】|【新的默认材质】命令，新建一个材质球，命名为【背景】。双击该材质球，选中【颜色】复选框，设置【颜色】为粉色，如图18-16所示。

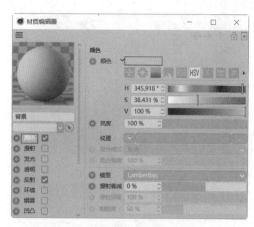

图 18-16

步骤 02 选中【反射】复选框，单击【移除】按钮，如图18-17所示。

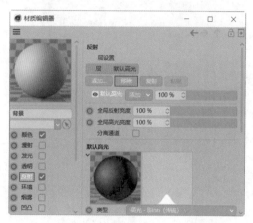

图 18-17

步骤 03 此时的【反射】属性如图18-18所示。

图 18-18

步骤 04 该材质设置完成，将该材质球拖曳到相应的模型上，

即可赋予模型材质，如图18-19所示。

图 18-19

18.3.2 蘑菇材质

步骤 01 执行【创建】|【新的默认材质】命令，新建一个材质球，命名为【蘑菇】。双击该材质球，选中【颜色】复选框，单击【纹理】后方的 ∨ 图标，加载【渐变】，并设置粉色到红色的渐变，设置【类型】为【二维−V】，如图18-20所示。

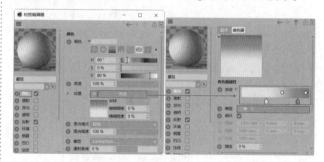

图 18-20

步骤 02 选中【反射】复选框，单击【移除】按钮，如图18-21所示。

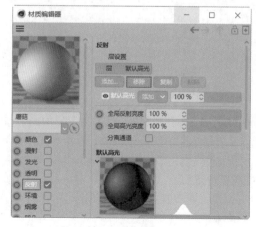

图 18-21

步骤 03 单击【添加】按钮，添加【反射（传统）】，如图18-22所示。

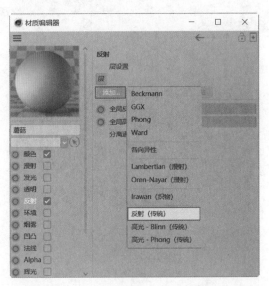

图 18-22

步骤 04 设置【粗糙度】为8%，【反射强度】为200%，【高光强度】为0%，【亮度】为10%；单击【纹理】后方的 ∨ 图标，加载【菲涅耳（Fresnel）】，设置【混合强度】为25%，如图 18-23 所示。

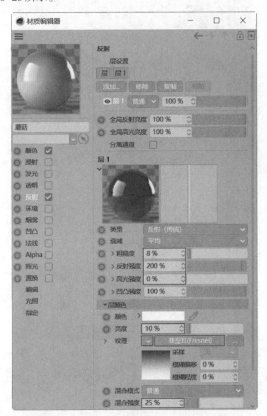

图 18-23

步骤 05 该材质设置完成，将该材质球拖曳到相应的蘑菇模型上，即可赋予模型材质，如图 18-24 所示。

图 18-24

18.3.3 反光地面材质

步骤 01 执行【创建】|【新的默认材质】命令，新建一个材质球，命名为【反光地面】。双击该材质球，选中【颜色】复选框，设置【颜色】为粉色，如图 18-25 所示。

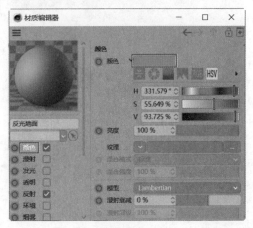

图 18-25

步骤 02 选中【反射】复选框，单击【移除】按钮，如图 18-26 所示。最后单击【添加】，添加【反射（传统）】。

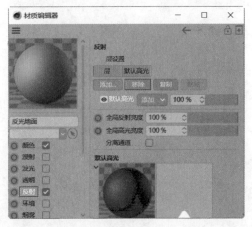

图 18-26

步骤 03 设置【粗糙度】为8%，【反射强度】为100%，【高光强度】为0%，【亮度】为5%，【混合强度】为23%；单击【纹理】后方的 图标，加载【菲涅耳（Fresnel）】，如图18-27所示。

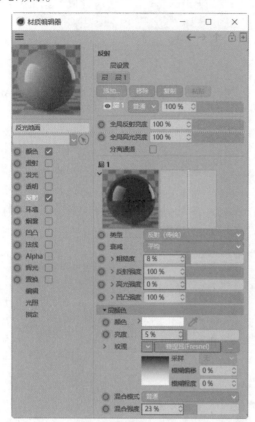

图18-27

步骤 04 该材质设置完成，将该材质球拖曳到相应的模型上，即可赋予模型材质，如图18-28所示。

图18-28

18.3.4 皮鞋材质

步骤 01 执行【创建】|【新的默认材质】命令，新建一个材质球，命名为【皮鞋】。双击该材质球，选中【颜色】复选框，设置【颜色】为红棕色，如图18-29所示。

图18-29

步骤 02 选中【反射】复选框，设置【宽度】为66%，【衰减】为-39%，【高光强度】为89%，【亮度】为165%，如图18-30所示。

图18-30

步骤 03 选中【反射】复选框，单击【添加】按钮，添加【反射（传统）】，如图18-31所示。

步骤 04 单击新增的【层1】按钮，设置【粗糙度】为15%，【高光强度】为0%，【混合模式】为【正片叠底】；单击纹理后方的 图标，添加【菲涅耳（Fresnel）】，单击进入【菲涅耳（Fresnel）】界面，选中【物理】复选框，设置【折射率（IOR）】

为1.35，如图18-32所示。

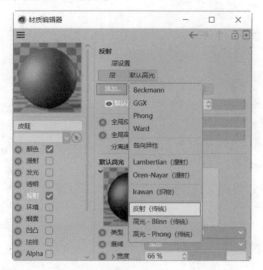

图 18-31

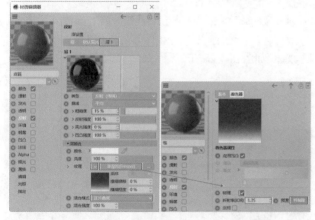

图 18-32

步骤 05 将【层】中的【默认高光】【层1】调整顺序，如图18-33所示。

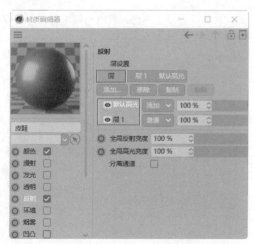

图 18-33

步骤 06 选中【凹凸】复选框，设置【强度】为29%，单击纹理后方的 ∨ 图标，添加【图层】，如图18-34所示。

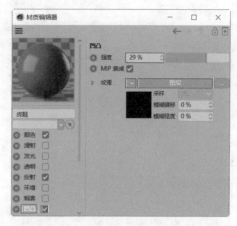

图 18-34

步骤 07 单击进入【图层】界面，单击【效果】按钮，添加【变换】，如图18-35所示。

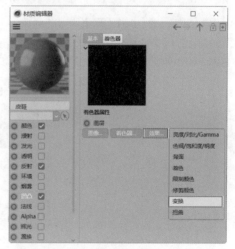

图 18-35

步骤 08 设置【缩放】为0.1、0.1、0.1，如图18-36所示。

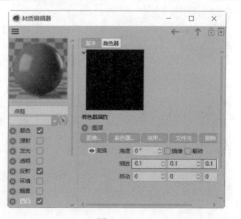

图 18-36

步骤 09 单击进入【图层】界面，单击【着色器】按钮，添加【噪波】，如图18-37所示。

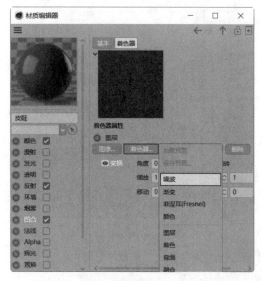

图 18-37

步骤 10 设置【噪波】为【正片叠底】；单击【噪波】后方的 ■■ 按钮，设置【颜色1】为深灰色，【噪波】为【波状湍流】，【全局缩放】为150%，如图18-38所示。

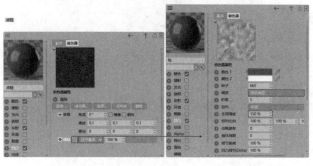

图 18-38

步骤 11 单击【效果】按钮，添加【变换】，如图18-39所示。

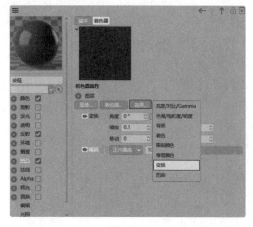

图 18-39

步骤 12 单击【着色器】按钮，添加【噪波】，如图18-40所示。

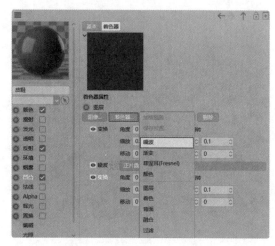

图 18-40

步骤 13 此时调整一下【变换】和【噪波】的上下顺序。设置【噪波】为82%；单击【噪波】后方的 ■■ 按钮，设置【噪波】为【沃洛1】，【全局缩放】为10%，【高端修剪】为88%，【亮度】为-2%，如图18-41所示。

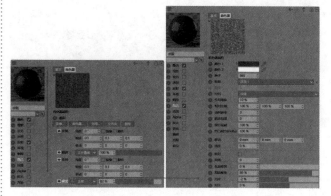

图 18-41

步骤 14 该材质设置完成，将该材质球拖曳到相应的模型上，即可赋予模型材质，如图18-42所示。

图 18-42

步骤 15 将剩余的材质制作完成，如图18-43所示。

图 18-43

18.4 设置摄像机并渲染

接下来开始为视图创建摄像机，并进行最终渲染。

18.4.1 设置摄像机

步骤 01 进入透视视图，按住 Alt 键拖曳鼠标左键旋转视图；滚动鼠标中轮缩放视图；按住 Alt 键拖曳鼠标中轮，将视图效果调整至当前效果，如图 18-44 所示。

步骤 02 执行【创建】|【摄像机】|【摄像机】命令，如图 9-22 所示。

图 18-44

步骤 03 单击【摄像机】后方的▓按钮，如图 18-45 所示，使其变为▓，如图 18-46 所示。

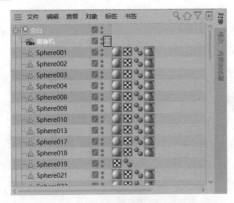

图 18-45

图 18-46

18.4.2 渲染作品

确认【摄像机】后方的按钮为▓，并且当前的视角正确后，单击【渲染到图片查看器】▓按钮，渲染效果如图 18-47所示。

图 18-47

综合案例：汽车产品展示设计

本章内容简介

通过本案例的学习，我们将了解如何打造炫酷的汽车场景渲染效果。要充分考虑汽车的车漆、玻璃、轮胎、轮毂等极具质感的材质制作，还要考虑到汽车放置在什么场景中，通过汽车表面的强烈反射让渲染效果更震撼。

重点知识掌握

- 炫酷场景的贴图使用技巧
- 汽车车漆质感的制作

通过本章学习，我能做什么？

通过本章的学习，我们将掌握使用Cinema 4D制作汽车等产品的广告。除此之外，还可以将汽车模型更换为其他模型，同样可以打造炫酷风格的广告设计。

佳作欣赏

案例路径:Chapter19 综合案例:汽车产品展示设计

通过本案例的学习,我们将了解如何打造炫酷的汽车场景渲染效果。在设计时,要充分考虑汽车的车漆、玻璃、轮胎、轮毂等极具质感的材质制作,还要考虑汽车放置在什么场景中,通过汽车表面的强烈反射让渲染效果更震撼。本案例最终渲染效果如图19-1所示。

图 19-1

19.1 设置渲染参数

步骤 01 打开本书场景文件【场景文件.c4d】,如图19-2所示。

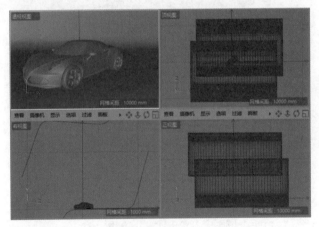

图 19-2

步骤 02 单击【编辑渲染设置】⚙按钮,开始设置渲染参数。设置【渲染器】为【物理】,如图19-3所示。

步骤 03 在【输出】选项组中设置【宽度】为1200,【高度】为900,并选中【锁定比率】复选框,如图19-4所示。

步骤 04 在【抗锯齿】选项组中设置【过滤】为【Mitchell】,如图10-29所示。

步骤 05 在【物理】选项组中设置【采样器】为【递增】,如图10-30所示。

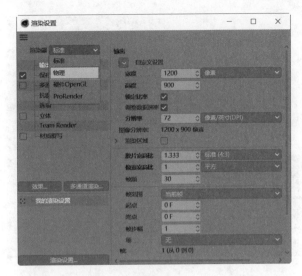

图 19-3

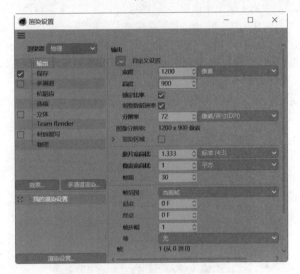

图 19-4

19.2 设置灯光

本案例为了模拟更柔和的光线,使用了经典的三点布光技巧。

19.2.1 左侧灯光

步骤 01 执行【创建】|【灯光】|【区域光】命令,创建一盏区域光。在透视视图中将其放置在左侧,适当旋转,如图19-5所示。

步骤 02 设置该灯光参数。在【常规】选项卡中设置【颜色】为白色,【强度】为75%,【投影】为【区域】,如图19-6所示。

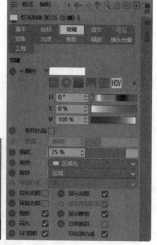

图 19-5　　　　　　　　图 19-6

图 19-8　　　　　　　　图 19-9

步骤 03 在【细节】选项卡中设置【外部半径】为1175mm，【水平尺寸】为2350mm，【垂直尺寸】为7030mm，如图17-8所示；在【可见】选项卡中设置【内部距离】为79.909mm，【外部距离】为79.909mm，【采样属性】为998.858mm，如图17-9所示。

步骤 04 单击【渲染到图片查看器】██按钮，渲染效果如图19-7所示。

步骤 04 单击【渲染到图片查看器】██按钮，渲染效果如图19-10所示。

图 19-10

19.2.3　正面灯光

步骤 01 执行【创建】|【灯光】|【区域光】命令，创建一盏区域光。在透视视图中将其放置在正面，适当旋转，如图19-11所示。

步骤 02 设置该灯光参数。在【常规】选项卡中设置【颜色】为白色，【强度】为100%，【投影】为【区域】，如图19-12所示。

步骤 03 在【细节】选项卡中设置【外部半径】为1175mm，【水平尺寸】为2350mm，【垂直尺寸】为10000mm，如图17-18所示；在【可见】选项卡中设置【内部距离】为79.909mm，【外部距离】为79.909mm，【采样属性】为998.858mm，如图17-19所示。

步骤 04 单击【渲染到图片查看器】██按钮，渲染效果如图19-13所示。

图 19-7

19.2.2　右侧灯光

步骤 01 执行【创建】|【灯光】|【区域光】命令，创建一盏区域光。在透视视图中将其放置在右侧，适当旋转，如图19-8所示。

步骤 02 设置该灯光参数。在【常规】选项卡中设置【颜色】为白色，【强度】为35%，【投影】为【区域】，如图19-9所示。

步骤 03 在【细节】选项卡中设置【外部半径】为1175mm，【水平尺寸】为2350mm，【垂直尺寸】为10000mm，如图17-13所示；在【可见】选项卡中设置【内部距离】为79.909mm，【外部距离】为79.909mm，【采样属性】为998.858mm，如图17-14所示。

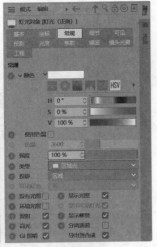

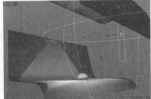

图 19-11　　　　　　　图 19-12

图 19-13

19.3 设置材质

本案例中材质主要包括条纹地面材质、红色车漆材质、轮胎材质、轮毂材质、玻璃材质。

19.3.1　条纹地面材质

步骤 01 执行【创建】|【新的默认材质】命令，新建一个材质球，命名为【条纹地面】。双击该材质球，选中【颜色】复选框，加载【渐变】，并设置渐变的颜色为蓝色、浅蓝色、深蓝色的渐变，设置【类型】为【三维-球面】，设置【半径】为300mm，如图 19-14 所示。

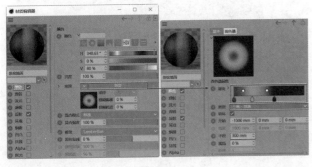

图 19-14

步骤 02 取消选中【反射】复选框，如图 19-15 所示。

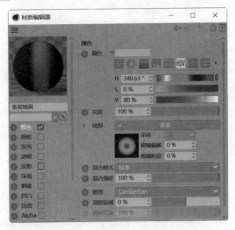

图 19-15

步骤 03 该材质设置完成，将该材质球拖曳到相应的模型上，即可赋予模型材质，如图 19-16 所示。

图 19-16

19.3.2　红色车漆材质

步骤 01 执行【创建】|【新的默认材质】命令，新建一个材质球，命名为【红色车漆】。双击该材质球，选中【颜色】复选框，设置【颜色】为酒红色，如图 19-17 所示。

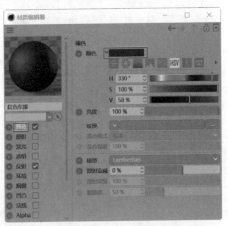

图 19-17

步骤 02 单击【纹理】后方的 ✓ 图标，执行【效果】|【各向异性】命令，如图19-18所示。

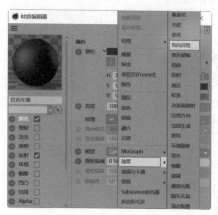

图 19-18

步骤 03 单击进入【各向异性】界面，选择【着色器】选项卡，设置【颜色】为红色，【光照】为100%，如图19-19所示。

图 19-19

步骤 04 选择【高光1】选项卡，取消选中【激活】复选框，如图19-20所示。

图 19-20

步骤 05 选择【高光2】选项卡，取消选中【激活】复选框，如图19-21所示。

图 19-21

步骤 06 选择【高光3】选项卡，取消选中【激活】复选框，如图19-22所示。

图 19-22

步骤 07 设置【混合模式】为【添加】，如图19-23所示。

图 19-23

中文版Cinema 4D R21从入门到精通（微课视频 全彩版）

步骤 08 选中【颜色】复选框，单击【纹理】后方的 ⌄ 图标，选择【复制着色器】，如图 19-24 所示。

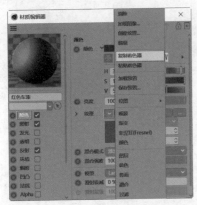

图 19-24

步骤 09 单击【效果】按钮，添加【全局光照】，如图 9-81 所示。

步骤 10 选择【全局光照】，设置【首次反弹算法】和【二次反弹算法】为【辐照缓存】，如图 9-104 所示。

步骤 11 选中【漫射】复选框，单击【纹理】后方的 ⌄ 图标，选择【粘贴着色器】，如图 19-25 所示。

图 19-25

步骤 12 单击进入【漫射】中的【各向异性】界面，在【着色器】选项卡中设置【颜色】为红色，如图 19-26 所示。

图 19-26

步骤 13 选中【反射】复选框，设置【类型】为【GGX】，【粗糙度】为 65%，【高光强度】为 35%，【颜色】为红色，【混合模式】为【添加】；单击【纹理】后方的 ⌄ 图标，加载【菲涅耳（Fresnel）】，并设置颜色为黑色和红色的渐变，如图 19-27 所示。

步骤 14 单击【添加】按钮，添加【反射（传统）】，如图 19-28 所示。

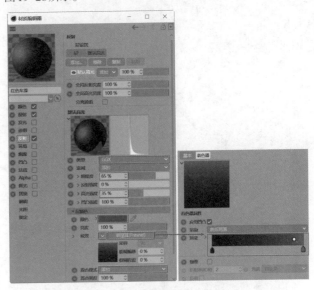

图 19-27

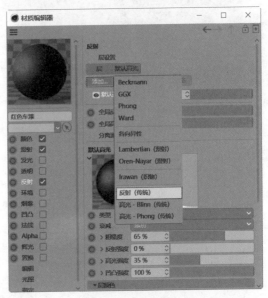

图 19-28

步骤 15 单击新增的【层 1】按钮，设置【类型】为【Beck-mann】，【衰减】为【金属】，【粗糙度】为 75%，【反射强度】为 0%，【高光强度】为 50%，【颜色】为粉色；单击【纹理】后方的 ⌄ 图标，添加【噪波】。单击进入【噪波】界面，设置【噪波】为【细胞沃洛】，【空间】为【UV（二维）】，【全局缩放】为1%，【相对比例】为50%、50%、50%，【低端修剪】为50%，如图19-29所示。

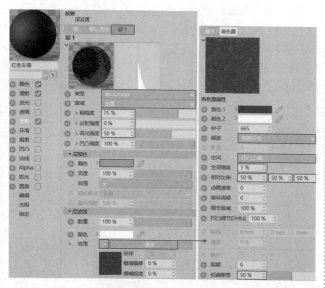

图 19-29

步骤 16 单击【添加】按钮，添加【反射（传统）】，如图19-30所示。

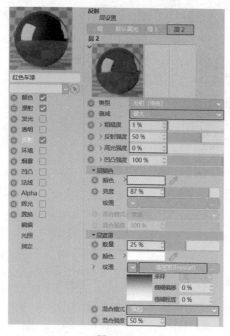

图 19-30

步骤 17 单击新增的【层2】按钮，设置【衰减】为【最大】，【粗糙度】为1%，【反射强度】为50%，【高光强度】为0%，【颜色】为浅粉色，【亮度】为87%，【数量】为25%，【混合模式】为【添加】，【混合强度】为50%；单击【纹理】后方的 图标，添加【菲涅耳（Fresnel）】，如图19-31所示。

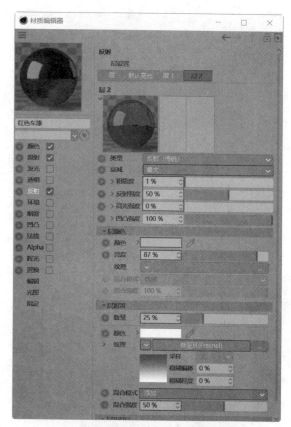

图 19-31

步骤 18 单击【添加】按钮，添加【反射（传统）】，如图19-32所示。

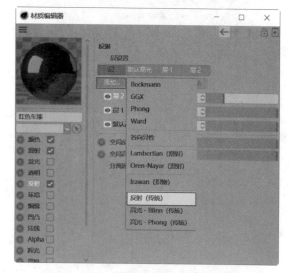

图 19-32

步骤 19 单击新增的【层3】按钮，设置【类型】为【GGX】，【衰减】为【添加】，【反射强度】为0%，【高光强度】为5%，【颜色】为浅粉色，【亮度】为87%，【菲涅耳】为【导体】，【折射率（IOR）】为2.5，如图19-33所示。

中文版Cinema 4D R21从入门到精通（微课视频 全彩版）

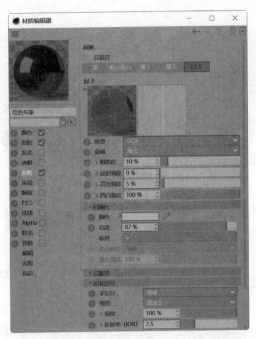

图 19-33

步骤 20 将【层】中的【层2】【层1】【层3】【默认高光】调整顺序，并且设置后方的选项为【普通】，如图19-34所示。

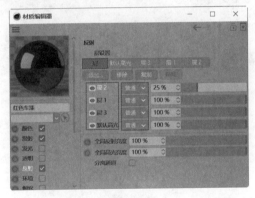

图 19-34

步骤 21 该材质设置完成，将该材质球拖曳到相应的模型上，即可赋予模型材质，如图19-35所示。

图 19-35

19.3.3 轮胎材质

步骤 01 执行【创建】|【新的默认材质】命令，新建一个材质球，命名为【轮胎】。双击该材质球，选中【颜色】复选框，设置【颜色】为黑色，如图19-36所示。

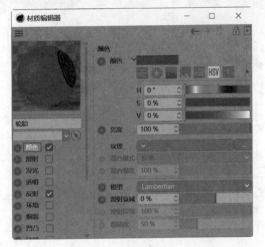

图 19-36

步骤 02 选中【反射】复选框，设置【宽度】为45%，【衰减】为-10%，【高光强度】为100%，如图19-37所示。

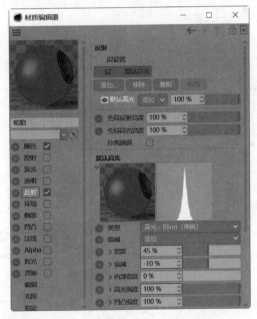

图 19-37

步骤 03 单击【添加】按钮，添加【反射(传统)】，如图19-38所示。

步骤 04 单击新增的【层1】按钮，设置【粗糙度】为20%，【高光强度】为0%，【亮度】为0%，【混合强度】为20%；单击【纹理】后方的 ∨ 图标，加载【菲涅耳(Fresnel)】，如图19-39所示。

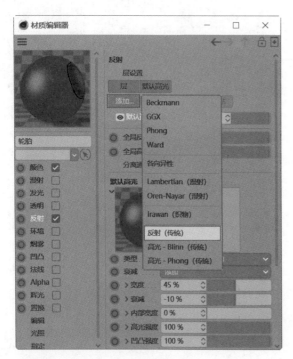

图 19-38

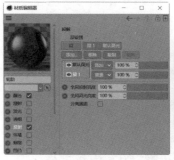

图 19-40

图 19-41

19.3.4 轮毂材质

步骤 01 执行【创建】|【新的默认材质】命令,新建一个材质球,命名为【轮毂】。双击该材质球,选中【颜色】复选框,设置【颜色】为深蓝灰色,如图 19-42 所示。

图 19-42

步骤 02 选中【漫射】复选框,单击【漫射】。取消选中【影响高光】复选框,选中【影响反射】复选框,设置【混合模式】为【正片叠底】。单击【纹理】后方的☑图标,添加【融合】。单击进入【融合】界面,设置【模式】为【正片叠底】;单击【混合通道】后方的☑图标,添加【菲涅耳(Fresnel)】,并设置颜色为深蓝色、蓝色、浅蓝色渐变。单击【基本通道】后方的☑图标,添加【环境吸收】,如图 19-43 所示。

步骤 03 选中【反射】复选框,设置【宽度】为61%,【衰减】为-42%,【内部宽度】为15%,【高光强度】为87%,【亮度】为150%,如图 19-44 所示。

步骤 04 单击【添加】按钮,添加【反射(传统)】,如图 19-45 所示。

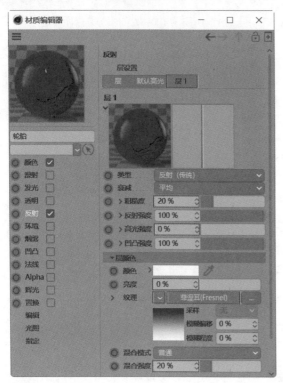

图 19-39

步骤 05 将【层】中的【默认高光】【层1】调整顺序,如图 19-40 所示。

步骤 06 该材质设置完成,将该材质球拖曳到相应的模型上,即可赋予模型材质,如图 19-41 所示。

中文版Cinema 4D R21从入门到精通(微课视频 全彩版)

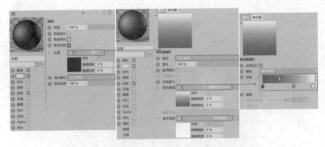

图 19-43

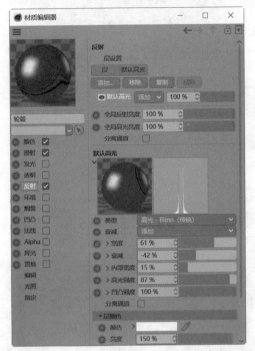

图 19-44

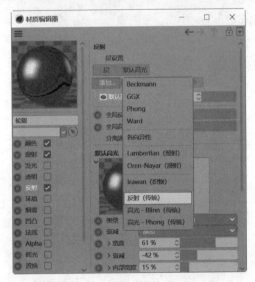

图 19-45

步骤 05 选择新增的【层1】选项卡，设置【粗糙度】为1%，

【高光强度】为0%，【颜色】为浅蓝色，【混合强度】为50%；单击【纹理】后方的 ✓ 图标，加载【菲涅耳（Fresnel）】，并选中【物理】复选框；设置【折射率（IOR）】为15，【预置】为【自定义】，如图19-46所示。

步骤 06 该材质设置完成，将该材质球拖曳到相应的轮毂模型上，即可赋予模型材质，如图19-47所示。

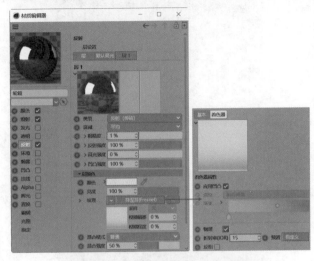

图 19-46

图 19-47

19.3.5 玻璃材质

步骤 01 执行【创建】|【新的默认材质】命令，新建一个材质球，命名为【玻璃】。双击该材质球，取消选中【颜色】复选框，选中【透明】复选框，设置【颜色】为黑色，【折射率预设】为【自定义】，【折射率】为1.01，【菲涅耳反射率】为60%，如图19-48所示。

步骤 02 选中【反射】复选框，设置【类型】为【高光-Phong（传统）】，【宽度】为89%，【衰减】为-25%，【内部宽度】为3%，【高光强度】为66%，如图19-49所示。

步骤 03 选择【透明度】选项卡，设置【类型】为【反射（传统）】，【粗糙度】为0%，如图19-50所示。

步骤 04 选中【反射】复选框，单击【添加】按钮，添加【反射（传统）】，如图19-51所示。

图 19-48

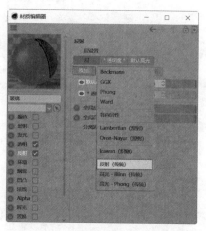

图 19-51

步骤 05 选择新增的【层1】选项卡，设置【衰减】为【添加】，【粗糙度】为0%，【高光强度】为0%，【亮度】为20%；单击【纹理】后方的 图标，加载【菲涅耳（Fresnel）】，设置颜色为白色和黑色，并设置颜色的位置，如图19-52所示。

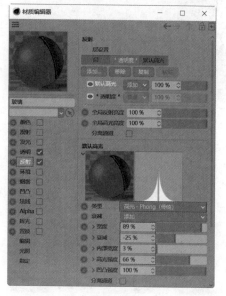

图 19-49

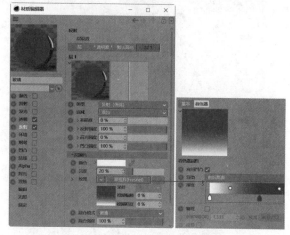

图 19-52

步骤 06 将【层】中的【默认高光】【层1】调整顺序，如图19-53所示。

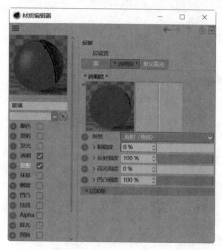

图 19-50

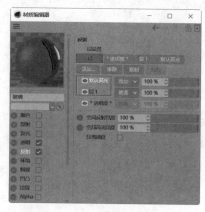

图 19-53

中文版Cinema 4D R21从入门到精通（微课视频 全彩版）

步骤 07 该材质设置完成，将该材质球拖曳到相应的模型上，即可赋予模型材质，如图19-54所示。

步骤 08 将剩余材质制作完成，如图19-55所示。

图 19-54 　　　　　　　　　图 19-55

19.4　设置摄像机并渲染

接下来开始为视图创建摄像机，并进行最终渲染。

19.4.1　设置摄像机

步骤 01 进入透视视图，按住Alt键拖曳鼠标左键旋转视图；滚动鼠标中轮缩放视图；按住Alt键拖曳鼠标中轮，将视图效果调整至当前效果，如图19-56所示。

步骤 02 执行【创建】|【摄像机】|【摄像机】命令，如图9-22所示。

图 19-56

步骤 03 单击【摄像机】后方的█按钮，如图19-57所示，使其变为█，如图19-58所示。

 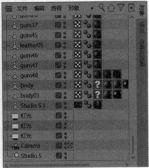

图 19-57 　　　　　　　　　图 19-58

19.4.2　渲染作品

确认【摄像机】后方的按钮为█，并且当前的视角正确后，单击【渲染到图片查看器】█按钮，渲染效果如图19-59所示。

图 19-59

Chapter 20
第20章

综合案例：天猫"双11"购物狂欢节大促广告动画

本章内容简介

通过本案例的学习，我们将模拟电商广告动画效果，使用动画技术将作品制作出更符合"双11"购物狂欢节的热闹气氛。并使用更鲜艳的色彩搭配，让视觉冲击力更强。

重点知识掌握

- 电商促销广告设计常用元素
- 电商促销广告的色彩搭配
- 电商促销广告的动画

通过本章学习，我能做什么?

通过本章的学习，我们将认识到Cinema 4D不仅可以制作静态的作品，还可以通过设置动画，让画面"动起来"。认真学完本案例，自己尝试一下制作动画作品吧!

佳作欣赏

案例路径:Chapter20 综合案例:天猫"双11"购物狂欢节大促广告动画

本案例将模拟电商广告动画效果,使用动画技术将作品制作出更符合"双11"购物狂欢节的热闹气氛,并使用更鲜艳的色彩搭配,让视觉冲击力更强。本案例最终渲染效果如图20-1所示。

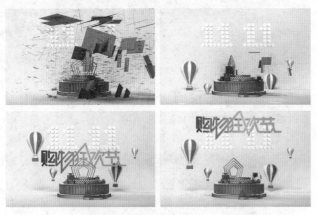

图 20-1

20.1 设置渲染参数

步骤 01 打开本书场景文件【场景文件.c4d】,如图20-2所示。

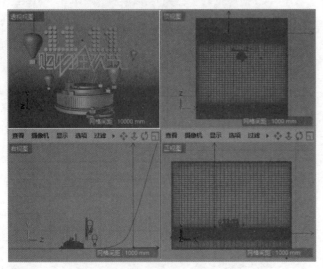

图 20-2

步骤 02 单击【编辑渲染设置】 ⚙ 按钮,开始设置渲染参数。设置【渲染器】为【物理】,如图9-80所示。单击【效果】按钮,添加【全局光照】,如图9-81所示。

步骤 03 在【输出】选项组中设置【宽度】为1600,【高度】为1000,并选中【锁定比率】复选框,设置【分辨率】为300,如图20-3所示;在【抗锯齿】选项组中设置【过滤】为【Mitchell】,如图20-4所示。

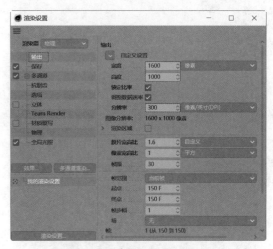

图 20-3

图 20-4

步骤 04 在【物理】选项组中设置【采样器】为【递增】,如图20-5所示。

图 20-5

步骤 05 在【全局光照】选项组中设置【预设】为【自定义】,【二次反弹算法】为【辐照缓存】,【采样】为【高】,如

图20-6所示。

图 20-6

20.2 设置灯光

本案例为了模拟更柔和的光线，使用了经典的三点布光技巧。

20.2.1 左侧灯光

步骤 01 执行【创建】|【灯光】|【区域光】命令，创建一盏区域光。在透视视图中将其放置在左侧，适当旋转，如图20-7所示。

步骤 02 设置该灯光参数。在【常规】选项卡中设置【颜色】为白色，【强度】为70%，【投影】为【区域】，如图17-7所示。

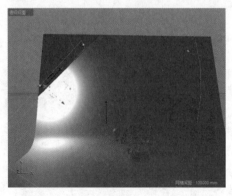

图 20-7

步骤 03 在【细节】选项卡中设置【外部半径】为1175mm，【水平尺寸】为2350mm，【垂直尺寸】为7030mm，如图17-8所示；在【可见】选项卡中设置【内部距离】为79.909mm，【外部距离】为79.909mm，【采样属性】为998.858mm，如17-9所示。

步骤 04 单击【渲染到图片查看器】■按钮，渲染效果如图20-8所示。

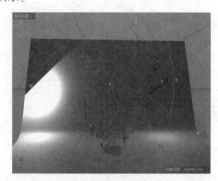

图 20-8

20.2.2 右侧灯光

步骤 01 执行【创建】|【灯光】|【区域光】命令，创建一盏区域光。透视视图中将其放置在右侧，适当旋转，如图20-9所示。

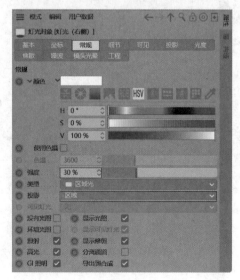

图 20-9

步骤 02 设置该灯光参数。在【常规】选项卡中设置【颜色】为白色，【强度】为30%，【投影】为【区域】，如图20-10所示。

图 20-10

步骤 03 在【细节】选项卡中设置【外部半径】为1175mm，【水平尺寸】为2350mm，【垂直尺寸】为10000mm，如图17-13所示；在【可见】选项卡中设置【内部距离】为

中文版Cinema 4D R21从入门到精通（微课视频 全彩版）

79.909mm，【外部距离】为79.909mm，【采样属性】为998.858mm，如图17-14所示。

步骤 04 单击【渲染到图片查看器】▶按钮，渲染效果如图20-11所示。

图 20-11

20.2.3 正面灯光

步骤 01 执行【创建】|【灯光】|【区域光】命令，创建一盏区域光。在透视视图中将其放置在正面，适当旋转，如图20-12所示。

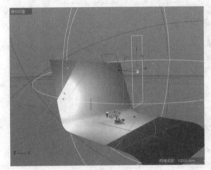

图 20-12

步骤 02 设置该灯光参数。【常规】选项卡中设置【颜色】为白色，【强度】为100%，【投影】为【区域】，如图19-12所示。

步骤 03 在【细节】选项卡中设置【外部半径】为1175mm，【水平尺寸】为2350mm，【垂直尺寸】为10000mm，如图17-18所示；在【可见】选项卡中设置【内部距离】为79.909mm，【外部距离】为79.909mm，【采样属性】为998.858mm，如图17-19所示。

步骤 04 单击【渲染到图片查看器】▶按钮，渲染效果如图20-13所示。

图 20-13

20.3 设置材质

本案例材质主要包括渐变背景材质、彩色渐变文字材质、热气球材质、金材质、磨砂金属材质、棋盘格底座材质。

20.3.1 渐变背景材质

步骤 01 执行【创建】|【新的默认材质】命令，新建一个材质球，命名为【渐变背景】。双击该材质球，选中【颜色】复选框，单击【纹理】后方的▼图标，加载【渐变】，并设置浅黄色到黄色的渐变，取消选中【反射】，如图20-14所示。

步骤 02 该材质设置完成，将该材质球拖曳到相应的模型上，即可赋予模型材质，如图20-15所示。

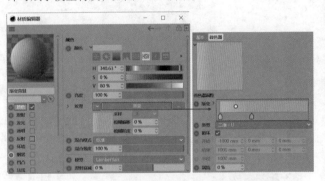

图 20-14

图 20-15

20.3.2 彩色渐变文字材质

步骤 01 执行【创建】|【新的默认材质】命令，新建一个材质球，命名为【彩色渐变文字】。双击该材质球，取消选中【颜色】复选框，选中【发光】复选框，单击【纹理】后方的▼图标，加载【过滤】；单击进入【过滤】界面，单击【纹理】后方的▼图标，加载【渐变】，设置渐变的颜色为蓝色、橙色、绿色，如图20-16所示。

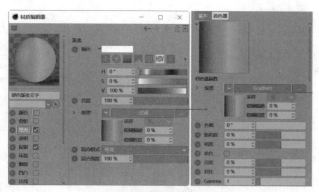

（a）

（b）

图 20-16

步骤 02 选中【反射】复选框，设置【类型】为【高光-Phong（传统）】，如图20-17所示。

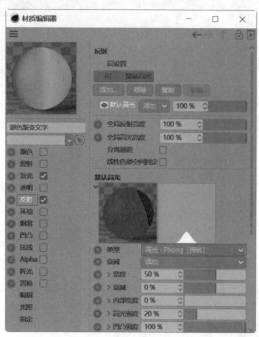

图 20-17

步骤 03 该材质设置完成，将该材质球拖曳到相应的模型上，即可赋予模型材质，如图20-18所示。

图 20-18

20.3.3 热气球材质

步骤 01 执行【创建】|【新的默认材质】命令，新建一个材质球，命名为【热气球】。双击该材质球，选中【颜色】复选框，单击【纹理】后方的 图标，加载【过滤】；单击进入【过滤】界面，单击【纹理】后方的 图标，加载【渐变】，设置渐变的颜色为红、白、橙、白、黄、白、绿，如图20-19所示。

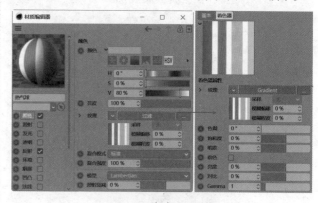

（a）

（b）

图 20-19

步骤 02 选中【透明】复选框，设置【亮度】为10%，【折射率预设】为【自定义】，【折射率】为1，如图20-20所示。

步骤 03 选中【反射】复选框，设置【类型】为【高光-Phong（传统）】；单击【纹理】后方的 图标，加载【过滤】；单击进入【过滤】界面，单击【纹理】后方的 ∨ 图标，加载【颜色】，如图20-21所示。

图20-20

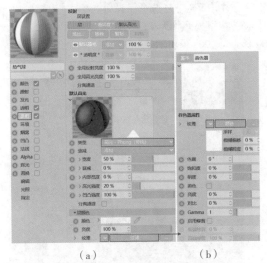

（a） （b）

图20-21

步骤 04 选择【透明度】选项卡，设置【类型】为【反射(传统)】，【粗糙度】为0%，如图20-22所示。

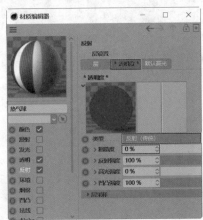

图20-22

步骤 05 选中【反射】复选框，单击【添加】按钮，添加【反射(传统)】，如图20-23所示。

图20-23

步骤 06 选择【默认反射】选项卡，设置【粗糙度】为0%，【高光强度】为0%，【亮度】为6%；单击【纹理】后方的 ∨ 图标，加载【过滤】；单击进入【过滤】界面，单击【纹理】后方的 ∨ 图标，加载【Fresnel】，最后设置【混合强度】为26%，如图20-24所示。

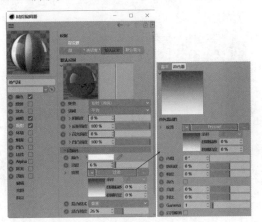

图20-24

步骤 07 将【层】中的【默认高光】【层1】调整顺序，如图20-25所示。

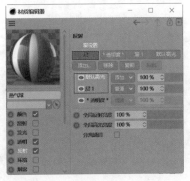

图20-25

步骤08 该材质设置完成，将该材质球拖曳到相应的模型上，即可赋予模型材质，如图20-26所示。

图 20-26

20.3.4 金材质

步骤01 执行【创建】|【新的默认材质】命令，新建一个材质球，命名为【金】。双击该材质球，选中【颜色】复选框，设置【颜色】为金色，【混合模式】为【添加】；单击【纹理】后方的 ∨ 图标，加载【菲涅耳（Fresnel）】；单击进入【菲涅耳（Fresnel）】界面，设置颜色为咖啡色和金色，如图20-27所示。

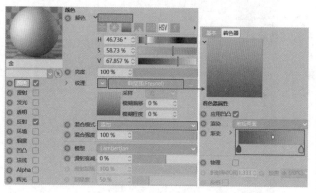

图 20-27

步骤02 选中【漫射】复选框，选中【影响反射】复选框，设置【混合模式】为【正片叠底】；单击【纹理】后方的 ∨ 图标，加载【菲涅耳（Fresnel）】；单击进入【菲涅耳（Fresnel）】界面，设置颜色为咖啡色和金色，如图20-28所示。

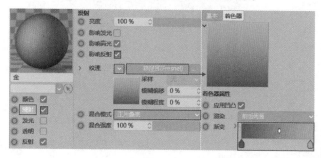

图 20-28

步骤03 选中【凹凸】复选框，设置【强度】为1%，单击【纹理】后方的 ∨ 图标，加载【噪波】，如图20-29所示。

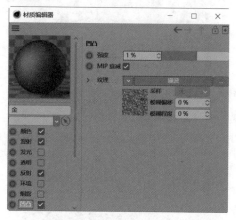

图 20-29

步骤04 选中【反射】复选框，设置【宽度】为54%，【衰减】为-18%，【内部宽度】为4%，【高光强度】为100%，【亮度】为200%，如图20-30所示。

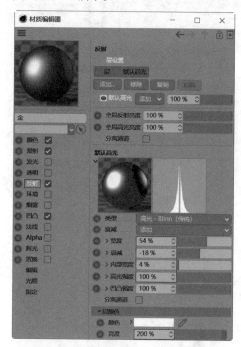

图 20-30

步骤05 单击【添加】按钮，添加【反射（传统）】，如图20-31所示。

步骤06 选择新增的【层1】选项卡，设置【衰减】为【添加】，【高光强度】为0%，【亮度】为70%，【混合模式】为【添加】；单击【纹理】后方的 ∨ 图标，加载【菲涅耳（Fresnel）】；单击进入【菲涅耳（Fresnel）】界面，选中【物理】复选框，设置【折射率（IOR）】为2.1，【预置】为【自定义】，如图20-32所示。

中文版Cinema 4D R21从入门到精通（微课视频 全彩版）

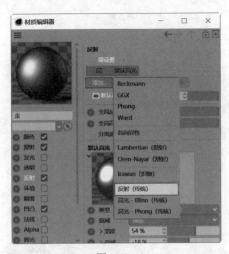

图 20-31

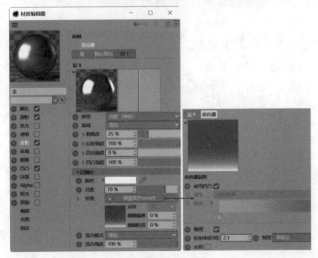

图 20-32

步骤07 将【层】中的【默认高光】【层1】调整顺序，如图20-33所示。

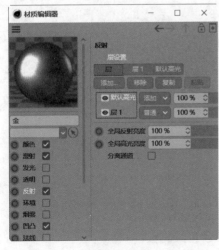

图 20-33

步骤08 该材质设置完成，将该材质球拖曳到相应的模型上，即可赋予模型材质，如图20-34所示。

图 20-34

20.3.5 磨砂金属材质

步骤01 执行【创建】|【新的默认材质】命令，新建一个材质球，命名为【磨砂金属】。双击该材质球，选中【颜色】复选框，设置【颜色】为黑色，如图20-35所示。

图 20-35

步骤02 选中【漫射】复选框，设置【亮度】为10%，选中【影响反射】复选框，设置【混合强度】为87%；单击【纹理】后方的 图标，加载【图层】，如图20-36所示。

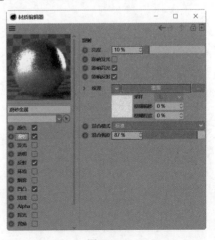

图 20-36

步骤 03 单击进入【图层】界面，单击【着色器】按钮，加载【融合】，如图20-37所示。

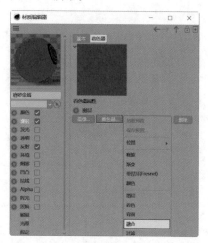

图 20-37

步骤 04 单击【效果】按钮，加载【变换】，如图20-38所示。

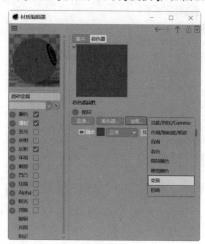

图 20-38

步骤 05 设置【变换】中的【缩放】为0.1、0.1、0.1，如图20-39所示。

图 20-39

步骤 06 单击【融合】后方的■按钮，设置【模式】为【覆盖】，选中【使用蒙版】复选框，如图20-40所示。

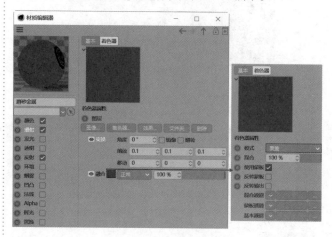

图 20-40

步骤 07 单击【混合通道】后方的☑图标，加载【噪波】，设置【颜色1】为深灰色，【噪波】为【波状湍流】，【全局缩放】为150%；单击【蒙版通道】后方的☑图标，加载【噪波】，设置【颜色1】为深灰色，【噪波】为【沃洛1】，【全局缩放】为30%；单击【基本通道】后方的☑图标，加载【噪波】，设置【颜色1】为浅灰色，【噪波】为【沃洛1】，【全局缩放】为30%，如图20-41所示。

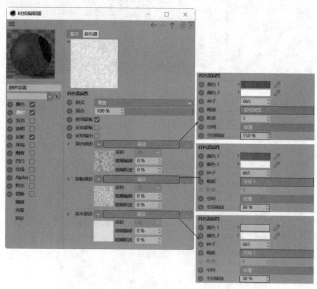

图 20-41

步骤 08 选中【反射】复选框，设置【宽度】为74%，【衰减】为-18%，【内部宽度】为5%，【高光强度】为19%，【亮度】为200%，如图20-42所示。

步骤 09 单击【添加】按钮，添加【反射（传统）】，如图20-43所示。

中文版Cinema 4D R21从入门到精通（微课视频 全彩版）

图 20-42

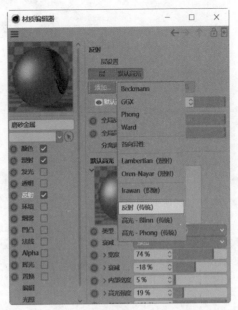

图 20-43

步骤 10 选择新增的【层 1】选项卡, 设置【衰减】为【添加】,【高光强度】为 0%,【混合模式】为【添加】; 单击【纹理】后方的 图标, 加载【融合】, 如图 20-44 所示。

步骤 11 单击进入【融合】界面, 设置【模式】为【屏幕】, 选中【使用蒙版】复选框; 单击【混合通道】后方的 图标, 加载【菲涅尔 (Fresnel)】; 单击进入【菲涅尔 (Fresnel)】界面, 选中【物理】, 设置【折射率 (IOR)】为 2.56,【预置】为【自定义】, 如图 20-45 所示。

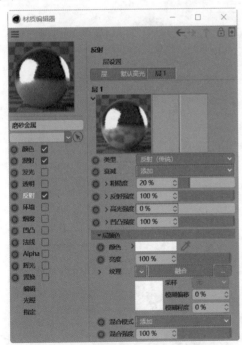

图 20-44

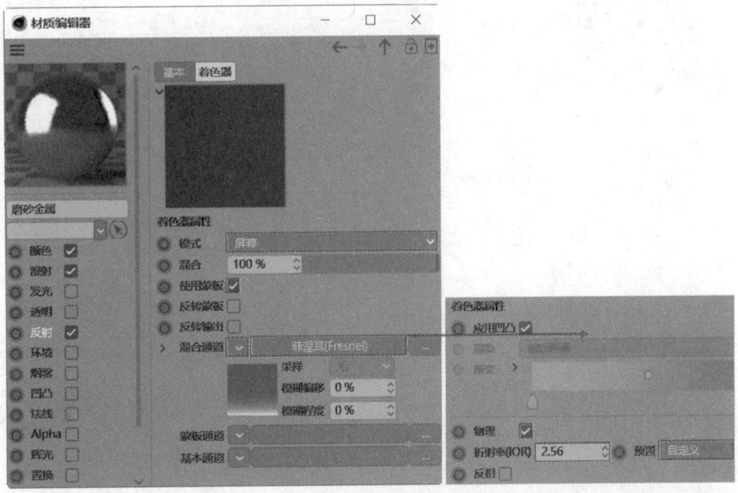

图 20-45

步骤 12 单击【蒙版通道】后方的 图标, 加载【各向异性】。单击进入【各向异性】界面, 在【着色器】选项卡中设置【颜色】为浅黄色; 在【高光 2】选项卡中设置【颜色】为白色; 在【高光 3】选项卡中设置【颜色】为白色; 在【各向异性】选项卡中选中【激活】复选框, 设置【投射】为【径向平面】,【振幅】为 100%,【缩放】为 54%, 如图 20-46 所示。

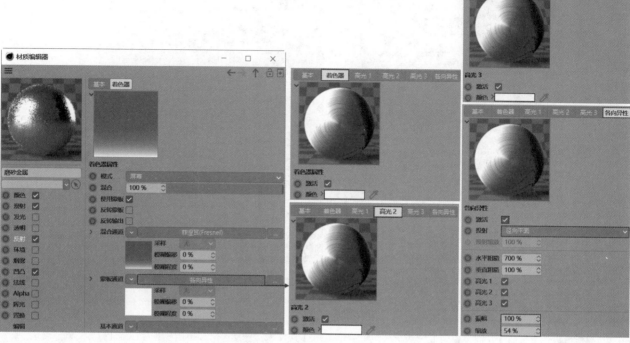

图 20-46

步骤 13 单击【蒙版通道】后方的 ∨ 图标，加载【复制着色器】，如图 20-47 所示。

步骤 14 单击【基本通道】后方的 ∨ 图标，加载【粘贴着色器】，如图 20-48 所示。

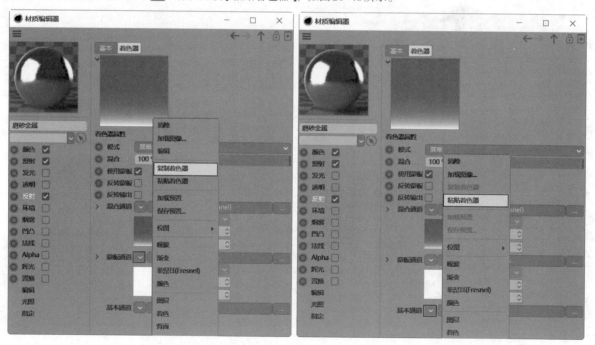

图 20-47   图 20-48

步骤 15 将【层】中的【默认高光】【层 1】调整顺序，如图 20-49 所示。

步骤 16 单击【基本通道】后方的 ∨ 图标，加载【复制着色器】，如图 20-50 所示。

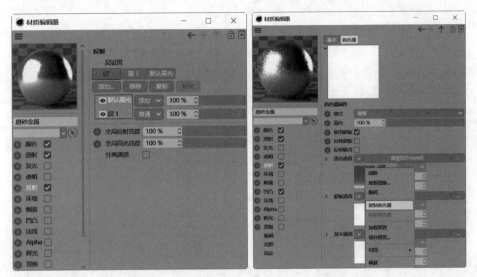

图 20-49   图 20-50

步骤 17 选中【凹凸】复选框，单击【纹理】后方的 ∨ 图标，加载【粘贴着色器】，如图 20-51 所示。
步骤 18 设置【强度】为 67%，如图 20-52 所示。

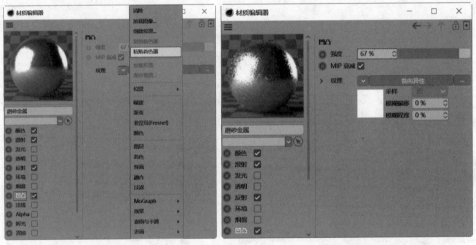

图 20-51   图 20-52

步骤 19 该材质设置完成，将该材质球拖曳到相应的模型上，即可赋予模型材质，如图 20-53 所示。

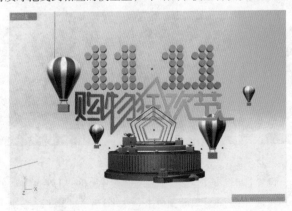

图 20-53

20.3.6 棋盘格底座材质

步骤 01 执行【创建】|【新的默认材质】命令，新建一个材质球，命名为【棋盘格底座】。双击该材质球，选中【颜色】复选框，单击【纹理】后方的 ∨ 图标，加载【过滤】；单击进入【过滤】界面，单击【纹理】后方的 ∨ 图标，加载【棋盘】，设置【U频率】为60，【V频率】为20，如图20-54所示。

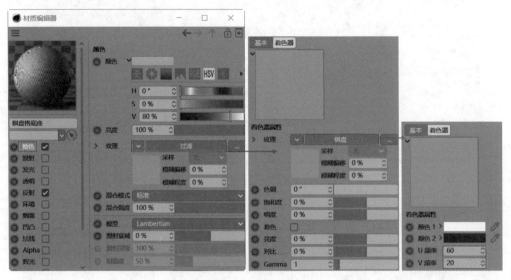

图 20-54

步骤 02 选中【反射】复选框，设置【类型】为【高光-Phong（传统）】，【高光强度】为52%；单击【纹理】后方的 ∨ 图标，加载【过滤】；单击进入【过滤】界面，单击【纹理】后方的 ∨ 图标，加载【颜色】，如图20-55所示。

步骤 03 单击【添加】按钮，添加【反射（传统）】，如图20-56所示。

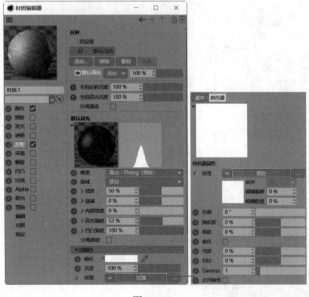

图 20-55

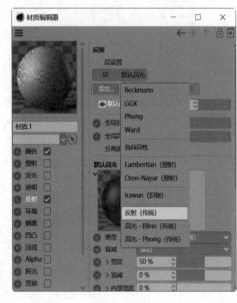

图 20-56

步骤 04 选择新增的【层1】选项卡，设置【粗糙度】为0%，【高光强度】为0%，【亮度】为3%，【混合强度】为48%；单击【纹理】后方的 ∨ 图标，加载【过滤】；单击进入【过滤】界面，单击【纹理】后方的 ∨ 图标，加载【Fresnel】，如图20-57所示。

步骤 05 将【层】中的【默认高光】【层1】调整顺序，如图20-58所示。

中文版Cinema 4D R21从入门到精通（微课视频 全彩版）

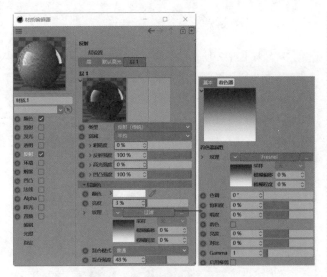

图 20-57

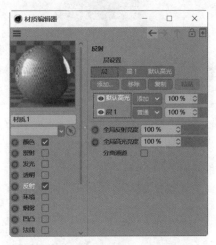

图 20-58

步骤 06 该材质设置完成，将该材质球拖曳到相应的模型上，即可赋予模型材质，如图 20-59 所示。

步骤 07 将剩余材质制作完成，如图 20-60 所示。

图 20-59　　　　　图 20-60

20.4 设置动画

本案例为了使画面感更丰富，将动画融入作品，其中包括位移动画、旋转动画、爆炸动画等。

20.4.1 位移动画

步骤 01 默认时间轴为 90F，如果不够用，可以修改时长。在时间轴下方输入【150】并按 Enter 键，如图 20-61 所示。

图 20-61

步骤 02 拖曳 90F 右侧的 ▮ 按钮到最右侧 150F 的位置，如图 20-62 所示。

图 20-62

步骤 03 选择【对象/场次/内容浏览器】中的【热气球】，将时间轴移动至第 90F，单击【自动关键帧】 ◎ 按钮，此时窗口四周出现红色框；单击【记录活动对象】 ◎ 按钮，此时在第 90F 产生第 1 个关键帧，如图 20-63 所示。

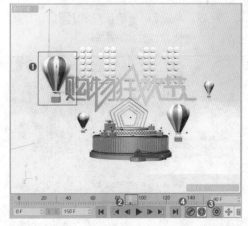

图 20-63

步骤 04 将时间轴移动至第 0F，将【热气球】向下方移动，此时在第 0F 产生第 2 个关键帧，如图 20-64 所示。

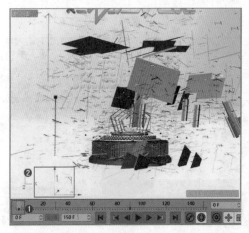

图 20-64

步骤 05 用同样的方法为另外几个热气球制作上升动画，如图20-65所示。

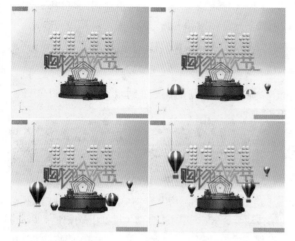

图 20-65

步骤 06 选择【挤压.4】，将时间轴移动至第40F，保持窗口四周出现红色框，单击【记录活动对象】❷按钮，此时在第40F产生第1个关键帧，如图20-66所示。

图 20-66

步骤 07 将时间轴移动至第100F，移动【挤压.4】至下方，此时在第100F产生第2个关键帧，如图20-67所示。

图 20-67

20.4.2 旋转动画

步骤 01 选择【对象/场次/内容浏览器】中的【五角星】（摆台上方的五角星线条模型），将时间轴移动至第100F，单击【记录活动对象】❷按钮，此时在第100F产生第1个关键帧，如图20-68所示。

图 20-68

步骤 02 将时间轴移动至第0F，设置【旋转】的【H】为180°，此时在第0F产生第2个关键帧，如图20-69所示。

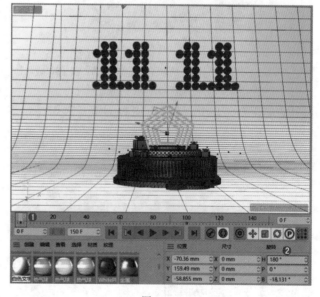

图 20-69

步骤 03 此时单击【向前播放】▶按钮，可以看到动画效果，如图20-70所示。

中文版Cinema 4D R21从入门到精通（微课视频 全彩版）

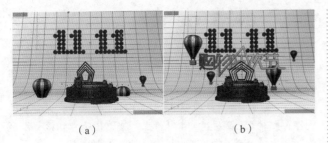

（a）　　　　　　　　　　（b）

图 20-70

20.4.3 爆炸动画

步骤 01 执行【创建】|【变形器】|【爆炸】命令，如图13-37所示，创建一个爆炸。

步骤 02 按住鼠标左键并拖曳【爆炸】到【礼物盒】上，出现↓↓图标时松开鼠标，此时两者的关系如图20-71所示。

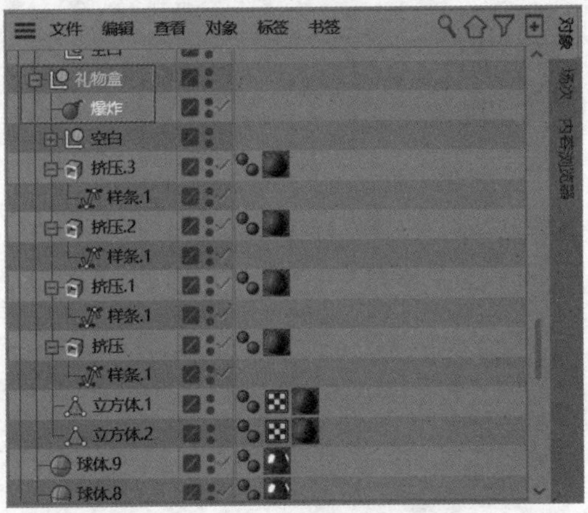

图 20-73

图 20-71

步骤 03 选择【爆炸】，设置【角速度】为200°，【终点尺寸】为20，【随机特性】为80%，如图20-72所示。

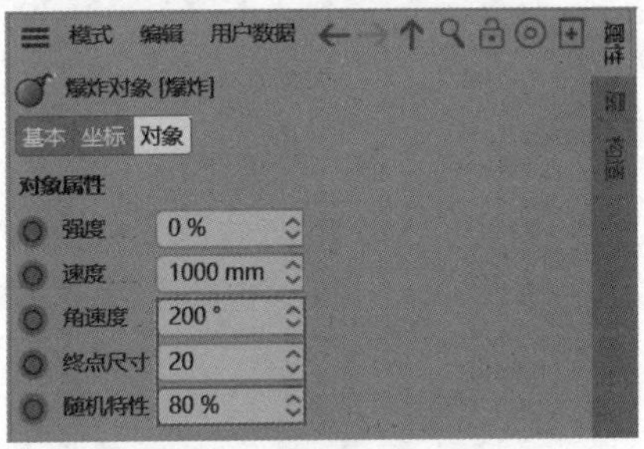

图 20-72

图 20-74

步骤 06 此时单击【向前播放】▶按钮，可以看到动画效果，如图20-75所示。

（a）　　　　　　　　　　（b）

图 20-75

步骤 07 用同样的方法制作完成另外4组爆炸动画，如图20-76所示。

步骤 04 继续保持窗口四周出现红色框，将时间轴移动至第0F，设置【强度】为20%，单击【强度】前方的○按钮，使其变为红色状态○，此时在第0F创建第1个关键帧，如图20-73所示。

步骤 05 将时间轴移动至第60F，设置【强度】为0%，此时在第60F创建第2个关键帧，如图20-74所示。

（a）　　　　　　　　　　（b）

图 20-76

20.5 设置摄像机并渲染

接下来开始为视图创建摄像机，并进行最终渲染。

20.5.1 设置摄像机

步骤 01 进入透视视图，按住Alt键拖曳鼠标左键旋转视图；滚动鼠标中轮缩放视图；按住Alt键拖曳鼠标中轮，将视图效果调整至当前效果，如图20-77所示。

步骤 02 执行【创建】|【摄像机】|【摄像机】命令，如图9-22所示。

图 20-77

步骤 03 单击【摄像机】后方的■按钮，如图20-78所示，使其变为■，如图20-79所示。

图 20-78

图 20-79

20.5.2 渲染作品

步骤 01 单击【编辑渲染设置】■按钮，开始修改渲染参数。在【输出】选项组中设置【帧范围】为【全部帧】，如图20-80所示。

步骤 02 在【保存】选项组中选中【保存】复选框，设置文件的保存路径（建议新建一个文件夹，将路径指定到该文件夹中），设置【格式】为【TGA】，如图20-81所示。

图 20-80

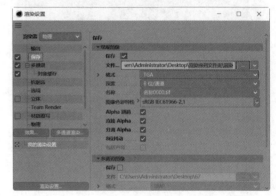

图 20-81

步骤 03 在【物理】选项组中设置【采样器】为【固定的】，如图20-82所示。

图 20-82

中文版Cinema 4D R21从入门到精通（微课视频 全彩版）

步骤 04 确认【摄像机】后方的按钮为 🎬，并且当前的视角正确后，单击【渲染到图片查看器】▶按钮，此时就会经历非常漫长的动画渲染过程，等待很长一段时间后动画就会完全渲染完成（如果渲染很慢，可以将渲染尺寸改小），如图 20-83 所示。

图 20-83